AI 超神筆記術

NotebookLM 250技
高效資料整理與分析

關於文淵閣工作室
ABOUT

常常聽到很多讀者跟我們說：我就是看你們的書學會用電腦的。

是的！這就是寫書的出發點和原動力，想讓每個讀者都能看我們的書跟上軟體的腳步，讓軟體不只是軟體，而是提升個人效率的工具。

文淵閣工作室創立於 1987 年，創會成員鄧文淵、李淑玲在學習電腦的過程中，就像每個剛開始接觸電腦的你一樣碰到了很多問題，因此決定整合自身的編輯、教學經驗及新生代的高手群，陸續推出「快快樂樂全系列」電腦叢書，冀望以輕鬆、深入淺出的筆觸、詳細的圖說，解決電腦學習者的徬徨無助，並搭配相關網站服務讀者。

隨著時代的進步與讀者的需求，文淵閣工作室除了原有的 Office、多媒體網頁設計系列，更將著作範圍延伸至各類 AI 實務應用、程式設計、影像編修與創意書籍。如果你在閱讀本書時有任何的問題，歡迎至文淵閣工作室網站或者使用電子郵件與我們聯絡。

- 文淵閣工作室網站　http://www.e-happy.com.tw
- 服務電子信箱　e-happy@e-happy.com.tw
- Facebook 粉絲團　http://www.facebook.com/ehappytw

總 監 製：鄧文淵　　　責任編輯：鄧君如
監　　督：李淑玲　　　執行編輯：熊文誠、鄧君怡、李昕儒
行銷企劃：鄧君如

本書學習資源
RESOURCE

本書精心規劃專屬學習地圖，讓讀者輕鬆上手 NotebookLM 筆記工具，透過整合關鍵資源與聚焦學習重點，全面提升應用能力。(內容以 Google Chrome 瀏覽器示範電腦操作並在 "連接網路" 的環境下進行說明；行動裝置則以 iPhone 介面為主要示範，並標註與 Android 系統的操作差異。)

✦ 學習地圖介紹

學習地圖頁面網址：https://bit.ly/e-happy-NotebookLM 以電腦瀏覽器開啟即可進入 (請注意！網址輸入時須確保字母大小寫正確，以避免無法正常開啟)。若使用行動裝置，可掃描右側 QR Code 進入。

- **各單元學習資源**：依各單元整理相關 AI 提示詞用句、主題範例的資源連結與聲音、文字、圖片...等檔案。

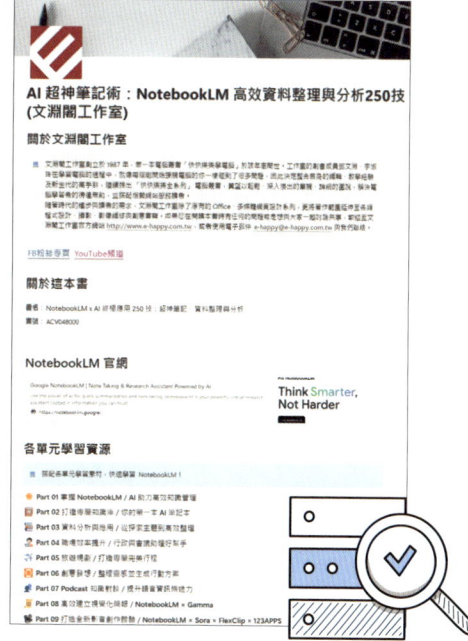

✦ 取得各單元範例 AI 提示詞與資料來源

於學習地圖 **各單元學習資源**，選按單元名稱即可進入該單元主頁，各單元會有 **ChatGPT 提示詞**、**NotebookLM 提示詞**、**資料來源** 三大主題，分別是章節中用到的 AI 提示詞與主題範例中需匯入的資料連結、檔案或文字。以 **Part 02** 為例：

- AI 提示詞：可直接選取複製，再依章節說明，於 ChatGPT 或 NotebookLM 對話框中貼上。

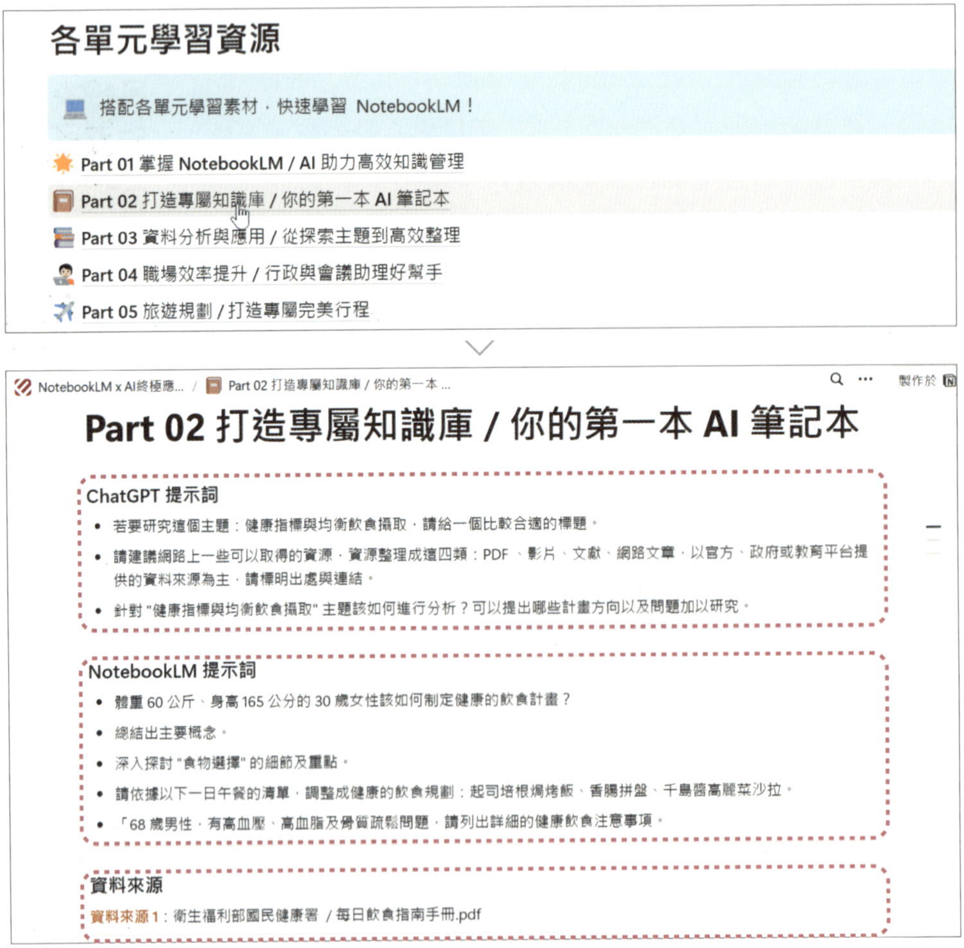

- 資料來源：以 "**資料來源 (編號)**" 標註，以方便讀者於閱讀書中範例的同時，可以快速找到相對的資料內容下載並新增至 NotebookLM 的來源。

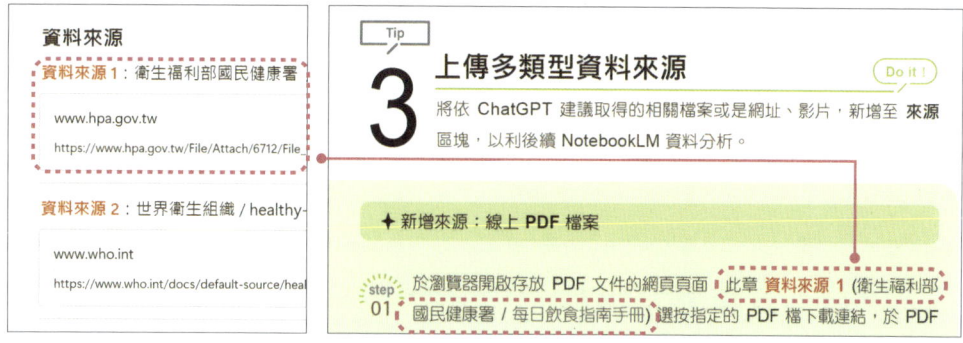

✦ 取得多媒體影音範例檔案

Part 04、**Part 06** 與 **Part 09**，這三個單元需運用影音檔案，讀者可使用自己錄製或生成的音檔，亦可下載本書提供的檔案進行練習。於學習地圖該單元選按資料來源，再依以下說明操作並取得所需檔案：

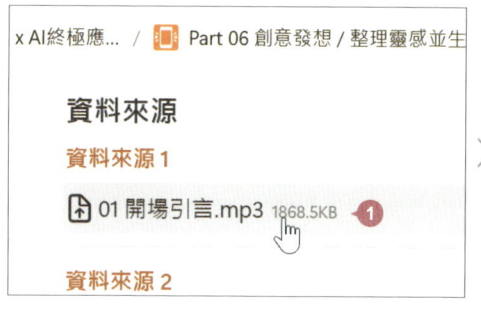

✦ 取得 Goolge 簡報雲端範例檔案

Part 04 會示範將 Google 簡報新增至 NotebookLM 來源，若欲使用書附檔案練習，請先於瀏覽器登入 Google 帳號 (需與登入 NoatebookLM 的 Google 帳號相同)，於學習地圖該單元選按資料來源，再依以下說明操作並取得：

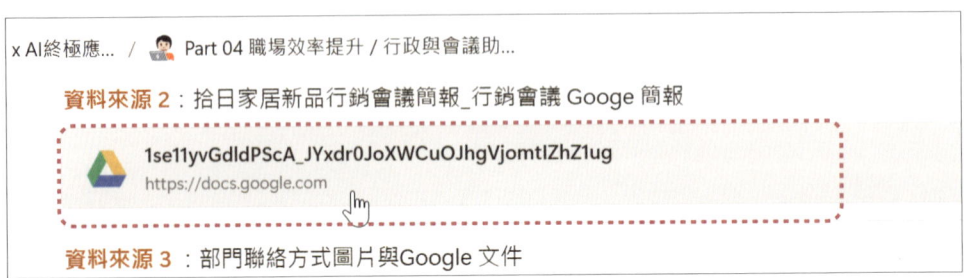

開啟 Google 簡報後，確認右上角是否已登入帳號，若仍未登入請選按 **登入** 鈕，指定正確的帳號登入。待登入後，此份 Google 簡報會自動存放於該帳號的 **與我共用** 清單中，於 NotebookLM 新增來源時即可看到此份簡報。

單元目錄
CONTENTS

▶ 新手篇

Part 1 掌握 NotebookLM
AI 助力高效知識管理

1	**NotebookLM 開啟知識管理新時代**	1-3
	✦ NotebookLM 能做什麼？	1-3
	✦ NotebookLM 五大特色	1-4
2	**誰適合使用 NotebookLM**	1-6
3	**零經驗新手該如何開始**	1-8
4	**初次使用 NotebookLM**	1-9
	✦ 登入並開啟第一本筆記本	1-9
	✦ 認識筆記本畫面	1-10
	✦ 認識首頁畫面	1-12
5	**NotebookLM 六大資料分析方式**	1-13
	✦ 智能摘要：萃取關鍵內容，幫助掌握核心資訊	1-13
	✦ 研讀指南：筆記內容結構化	1-14
	✦ 簡報文件：適用於演示與分享	1-14
	✦ 常見問題：歸納關鍵問題與解答，快速獲取核心資訊	1-14
	✦ 時間軸分析：讓事件推演更清晰	1-15
	✦ 語音摘要：對話式語音，方便隨時收聽重要資訊	1-15
6	**NotebookLM 常見問題**	1-16
	✦ NotebookLM 是否可免費使用？	1-16
	✦ NotebookLM 和 NotebookLM Plus 的差異	1-16

7

- ✦ NotebookLM 與其他 AI 工具有何不同？..................1-17
- ✦ NotebookLM 可以上傳的資料來源類型？..............1-17
- ✦ NotebookLM 來源檔案大小上限是多少？..............1-17
- ✦ 上傳的 PDF 檔無法辨識文字................................1-17
- ✦ Google 文件與 Google 簡報來源的限制................1-18
- ✦ YouTube 來源的限制..1-18
- ✦ 網頁網址來源的限制..1-19
- ✦ 為何來源上傳作業會失敗？................................1-19
- ✦ 是否適用於行動裝置..1-19

7 切換畫面為深色 / 淺色模式................................**1-20**

Part 2 打造專屬知識庫
你的第一本 AI 筆記本

1 提取關鍵資料與分析方向....................................**2-3**

2 建立筆記本..**2-5**
- ✦ 首次建立筆記本..2-5
- ✦ 回到首頁再次建立筆記本....................................2-6
- ✦ 修改筆記本名稱..2-6

3 上傳多類型資料來源..**2-7**
- ✦ 新增來源：線上 PDF 檔案..................................2-7
- ✦ 新增來源：YouTube 連結..................................2-9
- ✦ 管理來源：重新命名來源..................................2-10
- ✦ 管理來源：刪除來源..2-11

4 閱讀所有資料的摘要..**2-12**

5 閱讀每份資料摘要與重要主題..............................**2-13**

		✦ 閱讀每份資料來源的資料摘要..2-13
		✦ 理解重要主題與關鍵用詞...2-14
6	閱讀每份資料內容與逐字稿..**2-15**
		✦ 閱讀文件資料內容...2-15
		✦ 瀏覽影片逐字稿...2-16
7	常見的提問技巧與方法..**2-17**
		✦ 具體清晰的提問...2-17
		✦ 循序漸進的解析...2-18
		✦ 多種情境提問...2-20
		✦ 由建議問題開始提問...2-21
		✦ 刪除目前的對話重新開始...2-22
8	將重要回覆儲存至記事..**2-23**
		✦ 儲存回覆至記事...2-23
		✦ 重新命名記事名稱...2-25
		✦ 刪除記事...2-26
		✦ 一次刪除所有記事...2-26

▶ 實用篇

Part 3 資料分析與應用
從探索主題到高效整理

1	提取關鍵資料與分析方向..3-3
2	建立筆記本..3-5
	✦ 新建筆記本...3-5
	✦ 修改筆記本名稱...3-5

3	上傳多類型資料來源	3-6
	✦ 新增來源：線上 PDF 檔案	3-6
	✦ 新增來源：YouTube 連結	3-8
	✦ 新增來源：網站連結	3-9
4	一鍵生成核心內容、總結與重點關注	3-10
5	一鍵生成關鍵問題整理	3-12
6	一鍵生成學習問題研讀指南	3-14
7	問答與分析	3-16
	✦ 輸入問題提問	3-16
	✦ 以建議問題提問	3-18
	✦ 檢視引用來源	3-19
	✦ 依指定來源資料提問	3-20
8	將重要回覆儲存至記事	3-21
9	將記事轉換為來源	3-22
10	多層次重點摘要與完整筆記	3-24
	✦ 整理摘要 (分段落、字數)	3-24
	✦ 條列重點	3-25
	✦ 整理出完整的筆記資料並解析、補充	3-25
11	心智圖：讓思緒更清晰！	3-26
12	論文資料整理與總結	3-27
	✦ 指定重點、匯整摘要	3-27
	✦ 調整引註格式	3-28
	✦ 指定結構與階層式標題	3-29
	✦ APA 7 格式輸出觀點的對比、闡述	3-29

Part 4 職場效率提升
行政與會議助理好幫手

1	建立筆記本	4-3
	✦ 新建筆記本	4-3
	✦ 修改筆記本名稱	4-3
2	上傳會議錄音生成逐字稿	4-4
3	上傳會議簡報並整併錄音進行分析	4-7
	✦ 上傳 Google 簡報	4-7
	✦ 瀏覽簡報摘要	4-8
	✦ Google 簡報與 Google 雲端硬碟保持同步	4-9
	✦ 取得會議總結與特定人員報告事項	4-10
	✦ 取得會議重點與後續安排建議	4-11
4	上傳 Google 文件讀取手寫筆記	4-12
	✦ 開啟 Google 文件插入手寫筆記圖檔	4-12
	✦ 上傳 Google 文件	4-13
	✦ 提問並快速取得手寫筆記資訊	4-14
5	提取行銷問卷關鍵因素	4-15
	✦ 提取關鍵資料與分析方向	4-15
	✦ 上傳分析關鍵因素	4-17
6	行銷問卷製作與調查結果分析	4-19
	✦ ChatGPT 快速生成 Google 問卷	4-19
	✦ 上傳問卷調查結果	4-24
	✦ 指定來源資料分析問卷結果	4-25
7	有效整理回覆的表格內容	4-27
	✦ 將資料以表格格式整理	4-27
	✦ 保留表格格式：記事轉換為資料來源	4-28
	✦ 保留表格格式：整理至 Google 文件	4-30

Part 5 旅遊規劃
打造專屬完美行程

1. 提取關鍵資料與分析方向 5-3
2. 建立筆記本 5-6
   - ✦ 新建筆記本 5-6
   - ✦ 修改筆記本名稱 5-6
3. 上傳多類型資料來源 5-7
   - ✦ 新增來源：線上 PDF 檔案 5-7
   - ✦ 新增來源：網頁連結 5-9
   - ✦ 新增來源：YouTube 連結 5-10
   - ✦ 新增來源：ChatGPT 回覆的文字訊息 5-12
   - ✦ 新增來源：Line 文字訊息 5-13
   - ✦ 管理來源：重新命名來源 5-14
4. 一鍵掌握旅遊規劃重點 5-15
5. 一鍵生成關鍵的人事時地物 5-17
6. 根據資料生成景點推薦與行程建議 5-19
   - ✦ 依單一來源資料列項每日行程 5-19
   - ✦ 依多個來源資料生成旅遊規劃 5-20
7. 將重要回覆儲存至記事 5-22
   - ✦ 將對話生成的訊息儲存至記事 5-22
   - ✦ 手動新增記事內容 5-23
8. 用 Google 地圖儲存景點並共享 5-24
   - ✦ 將住宿與景點整理列項並存成記事 5-24
   - ✦ 在 Google 地圖標記重要地點 5-25
   - ✦ 將 Google 地圖分享給同行者 5-27

Part 6 創意發想
整理靈感並生成行動方案

1 提取關鍵資料與分析方向 6-3

2 用行動裝置錄音 6-6
- 安裝手機應用程式 6-6
- 建立檔案夾並開始錄音 6-6
- 重新取代錄音內容 6-8
- 將錄音檔儲存至雲端或手機資料夾 6-9

3 建立筆記本 6-10
- 新建筆記本 6-10
- 修改筆記本名稱 6-10

4 上傳來源與生成音檔逐字稿 6-11
- 新增來源：上傳錄音檔並自動生成逐字稿 6-11
- 新增來源：上傳 PDF 檔案 6-12
- 新增來源：ChatGPT 回覆的文字訊息 6-13

5 檢討、改進並生成完整行動清單 6-15
- 分析節目內容並提出建議與改善 6-15
- 生成社群平台宣傳貼文 6-16
- 生成後續節目主題與規劃 6-17
- 設計與聽眾互動的 Google 表單 6-19

6 依指定風格生成文章 6-21
- 指定仿寫來源與了解風格 6-21
- 說明主題與規格開始仿寫 6-22
- 優化文章細節並調整語氣 6-23

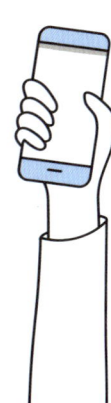

▶ 提升篇

Part 7 Podcast 知識對談
提升語音資訊傳遞力

1　生成關鍵資料與分析方向 7-3
2　建立筆記本 7-6
　✦ 新建筆記本 7-6
　✦ 修改筆記本名稱 7-6
3　上傳多類型資料來源 7-7
4　生成與管理語音摘要 7-8
　✦ 檢視資料來源內容 7-8
　✦ 自訂對話式語音摘要並生成 7-9
　✦ 分享語音摘要 7-10
　✦ 調整語音速度 7-10
　✦ 刪除並重新生成語音摘要 7-11
5　下載語音摘要音訊檔 7-12

| 6 | 語音摘要音訊檔上傳並分析 | 7-13 |

- 新增來源：語音摘要音訊檔 ... 7-13
- 生成語音摘要逐字稿 ... 7-14
- 彙整受訪者的內容並列項摘要 ... 7-15
- 摘錄精采語錄及可供社群宣傳的貼文金句 ... 7-16
- 分析並建議合適的短影音片段 ... 7-18
- 特定主題於語音摘要互動的建議 ... 7-19
- 重新命名已儲存的記事 ... 7-19

| 7 | 與語音摘要互動 | 7-20 |
| 8 | 用 Mixerbox AI 生成中文 Podcast 對話 | 7-22 |

Part 8　高效建立視覺化簡報
NotebookLM × Gamma

| 1 | 用 NotebookLM 生成簡報大綱 | 8-3 |

- 新建筆記本 ... 8-3
- 修改筆記本名稱 ... 8-3
- 新增來源：本機 PDF 檔案 ... 8-4
- 彙整簡報內容 ... 8-5
- 指定簡報大綱格式與分頁 ... 8-6

| 2 | Gamma 高效 AI 簡報設計 | 8-7 |

- 免費線上簡報 AI 生成編輯器 ... 8-7
- 註冊並登入 Gamma 帳號 ... 8-8
- 認識 Gamma 首頁畫面 ... 8-9

| 3 | 簡報大綱快速生成簡報 | 8-10 |

- 貼上文字自動將簡報分頁 ... 8-10
- 挑選主題並生成簡報 ... 8-13

4 用 Gamma 編輯工具進階設計 8-14
- 修改文字與格式 8-14
- 透過 AI 調整指定文句的寫作方式 8-15
- 透過 AI 調整所有文句的寫作方式 8-16
- 插入 AI 圖片 8-17
- 新增空白卡片 8-19
- 透過 AI 新增卡片 8-19
- 從範本新增卡片 8-20
- 複製單張卡片 8-21
- 複製多張卡片 8-21
- 刪除卡片 8-22
- 移動卡片順序 8-22
- 插入影片與媒體 8-22
- 插入檔案 8-24
- 復原上一個動作 8-25
- 回復上一個版本 8-26

5 匯出與分享簡報 8-28
- 展示、播放簡報 8-28
- 分享簡報連結 8-29
- 匯出 PDF 或 PowerPoint 檔案 8-30

6 管理 Gamma 簡報專案 8-31
- 回到首頁 8-31
- 編輯簡報專案 8-31
- 複製、刪除或修改簡報專案名稱 8-32

Part 9 打造全新影音創作體驗
NotebookLM × Sora × FlexClip × 123APPS

1 認識 Sora 9-3
- Sora 是什麼？ 9-3
- Sora 影片生成優勢 9-3
- Sora 影片生成限制 9-4

2 開始使用 Sora 9-5
- 登入帳號 9-5
- 畫面與功能導引 9-6

3 用 Sora 為語音摘要生成相對影片 9-8
- 輸入提示詞生成影片 9-8
- Loop 生成無限循環影片 9-9
- 下載生成影片 9-12

4 用 FlexClip 結合畫面與聲音 9-13
- 全方位的線上影片編輯器 9-13
- 註冊並登入 FlexClip 9-14
- 認識 FlexClip 首頁畫面 9-15
- 剪輯音訊檔案 9-15
- 建立影片 9-18
- 上傳並插入影片 9-18
- 上傳並加入音訊 9-20
- AI 生成影片字幕 9-21
- 編輯生成的字幕 9-22
- 翻譯成中文字幕 9-23
- 下載影片 9-24

5 123APPS 合併影片 9-26

Part 10 強化團隊知識整合力
筆記本共用協作

1 邀請夥伴加入筆記本 **10-3**
　　✦ 邀請的限制 10-3
　　✦ 分享筆記本與指定共用者 10-3
　　✦ 設定共用存取權 10-4
　　✦ 取得分享連結 10-5
　　✦ 完成分享共用設定 10-5

2 與協作夥伴共用筆記本 **10-6**
　　✦ 協作夥伴開啟共用筆記本 10-6
　　✦ 檢視者角色 10-6
　　✦ 編輯者角色 10-7
　　✦ 識別共用筆記本與自己的筆記本 10-7

3 變更共用存取權或移除協作者 **10-8**
　　✦ 變更共用存取權 10-8
　　✦ 移除協作者 10-9

PART

01

掌握 NotebookLM
AI 助力高效知識管理

單元重點

資訊爆炸時代，NotebookLM 與 AI 成為高效知識管理的關鍵工具，助你整理、分析與應用資訊，提升決策力與工作效率。

- ☑ NotebookLM 能做什麼？
- ☑ NotebookLM 五大特色
- ☑ 誰適合使用 NotebookLM
- ☑ 零經驗新手來說該如何開始
- ☑ 初次使用 NotebookLM
- ☑ NotebookLM 六大資料分析方式
- ☑ NotebookLM 常見問題
- ☑ 切換畫面為深色 / 淺色模式

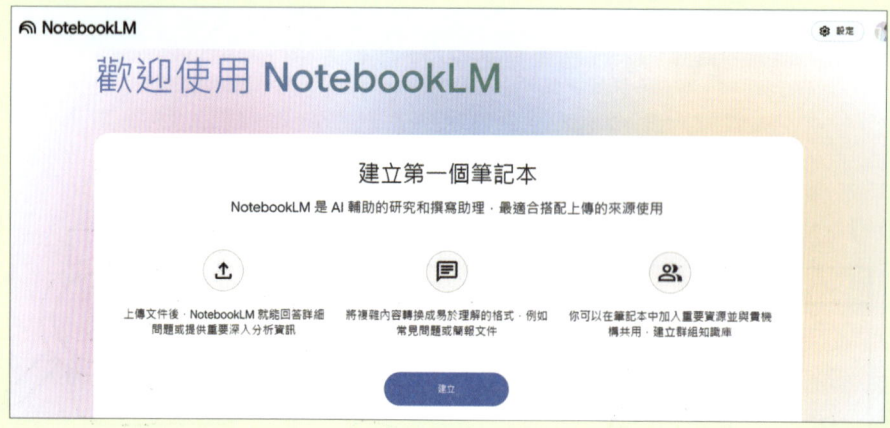

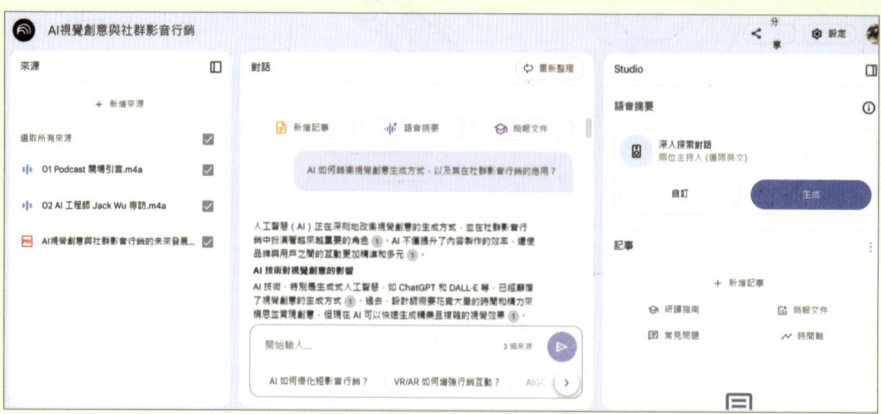

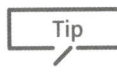

NotebookLM 開啟知識管理新時代

NotebookLM 是 Google 在 2023 年底推出的 AI 筆記工具，專為知識管理而設計，幫助你更輕鬆整理、理解和運用資訊！

✦ NotebookLM 能做什麼？

結合 AI 的強大能力，NotebookLM 透過 "互動式問答" 的方式，幫助你深入理解匯集的資料，讓知識變得更直覺易懂。並且可自動生成摘要、分析內容關聯，大幅提升學習、研究與決策效率。

過去在準備專案簡報時，往往需要從各種文件、會議記錄和市場報告中蒐集資料，經常需耗費數天時間進行搜尋與比對。現在，只要將所有資料匯入 NotebookLM，透過提問即可快速獲取關鍵資訊，甚至發掘未曾思考過的觀點。

NotebookLM 常見的應用場景：

- **學術研究**：快速理解論文內容、生成筆記、分析關鍵資訊，提升學習效率。
- **內容創作**：整理靈感、歸納重點與大綱，產出優質內容。
- **行政管理**：整理會議記錄、擬定報告摘要、歸納重要資訊，讓工作流程更有條理。
- **企業決策**：彙整市場報告、競爭分析，幫助企業做出更精準的決策。

✦ NotebookLM 五大特色

NotebookLM 結合 AI 助力知識管理，超越傳統筆記工具，成為一款智慧型學習與知識分析助手。協助你高效整理資訊、快速理解內容，提升學習、研究與決策效率，打造智慧知識管理新體驗。以下是 NotebookLM 的五大核心特色：

- **智慧摘要與多元媒體支援**：NotebookLM 可上傳 Google 文件、Google 簡報、PDF、YouTube 影片、純文字筆記…等多種媒體格式，不再受限於單一文件類型分析，並自動整合重點摘要，幫助使用者快速理解內容脈絡，節省大量閱讀時間。

- **內容關聯分析**：能識別筆記本中每項資料之間的關聯，幫助使用者發掘隱藏的資訊脈絡，無論是學術研究、內容創作及市場分析…等應用，提升資料整理與分析的效率。

- **知識整理與語音摘要**：會自動根據筆記中的資料，彙整成研讀指南、簡報文件、關鍵問題、人事時地物時間軸…等記事，方便使用者後續查找與引用，也能將資料轉換為雙人對話形式的 Podcast 語音摘要，讓學習變得更生動、靈活。

- **智慧問答降低 AI 幻覺風險，回應有依據**：NotebookLM 能像 ChatGPT 一樣，與使用者一問一答互動。但不同的是 NotebookLM 僅會<mark>根據使用者上傳的資料提供回答</mark>，避免 AI 模型偏離主題或產生錯誤資訊，可確保內容的<mark>準確性與相關性</mark>。此外，回覆的內容會附上來源依據，讓使用者能夠追溯來源、理解脈絡。

- **探索新觀點，突破思維框架**：

NotebookLM 不僅可整理資訊，還能主動提出未曾思考過的問題或觀點，幫助使用者從不同角度思考內容，激發創意與靈感。這對於研究人員、內容創作者、企業決策者而言，都是不可多得的 AI 助力！

Tip 2 誰適合使用 NotebookLM

NotebookLM 的應用範圍非常廣泛，無論是學習、研究、創作或職場應用，都能幫助使用者更高效地達成目標。

NotebookLM 不只是筆記工具，更是一款全方位 AI 助手，能幫助你高效整理與應用資訊。來看看如何應用在不同領域，幫助使用者發揮更大潛能！

■ 學生與研究人員

整理課程資料、生成複習大綱，快速理解學術內容。NotebookLM 透過 AI 生成筆記、摘要與研讀指南，提升學習與研究效率。

■ 教師與教育工作者

幫助老師們整理教案、生成課程大綱，快速歸納重點內容。還可分析教材、設計測驗題目，甚至轉換教材為 Podcast，提供創新教學方式，提升課堂互動。

■ 內容創作者與寫作者

NotebookLM 可為你整理靈感、優化寫作流程，生成文章大綱，分析資料，發掘新觀點，幫助創作者快速獲取靈感，提升寫作與策劃效率。

■ 職場與專業人士

協助新進員工快速適應公司文化，行政人員整理會議記錄、提取重點，NotebookLM 優化資訊分類，提升商業管理、專案規劃與文件整理效率。

■ 語言學習者

整合學習資源，快速查詢單字、語法、例句，生成學習指南，幫助使用者提升外語能力，優化語言學習體驗。

■ 健身與健康愛好者

彙整訓練計畫、營養知識，打造個人健身指南。NotebookLM 分析健康資訊，協助規劃飲食與運動計畫，提升健康管理效率。

■ 旅遊愛好者

整合旅遊資訊，NotebookLM 能幫助使用者規劃行程、管理攻略，整理當地美食與景點推薦，讓旅程更順暢。

■ 美食達人與家庭料理愛好者

建立個人食譜資料庫，整理烹飪技巧與食譜，讓使用者輕鬆查找與學習新菜色，提升料理體驗與創意。

■ 新手父母

彙整育兒知識、紀錄寶寶成長，快速查找解答日常育兒問題，NotebookLM 成為新手爸媽的貼心育兒助手。

■ 家電與設備管理

整合各類家電、電子產品的說明書與操作手冊，NotebookLM 可幫助你快速查找使用方法、故障排除資訊，甚至自動摘要關鍵內容，讓設備管理更高效，維護與操作更方便。

■ 多媒體內容發想與人物專訪

NotebookLM 可協助整理採訪資料、統整受訪者背景，快速擬定訪談提綱，生成重點摘要，讓專訪內容更具深度。適用於影片製作、Podcast、新聞報導…等，幫助創作者高效規劃多媒體內容。

零經驗新手該如何開始

NotebookLM 操作簡單直覺，只需上傳資料即可開始使用。透過 AI 生成摘要，無需擔心問錯問題，可大膽嘗試不同提問方式。

對零經驗的新手來說，NotebookLM 可能看起來有些複雜，但其實只要從熟悉的主題開始，再逐步探索更多功能，就能快速上手。以下是建議的入門方式：

■ **從簡單的資料開始**

選擇一篇短且熟悉的文章或是每日經常處理的文件，上傳 Google 文件或 PDF，透過 AI 生成摘要，熟悉操作介面與流程。

■ **提問互動，像對話一樣探索內容**

試著向 NotebookLM 提問，觀察 AI 的回應，嘗試使用 NotebookLM 建議的延伸問題，幫助深入理解內容，像與其他 AI 助理對話般探索資訊。

■ **嘗試多份資料，學習跨文件分析**

當熟悉基本功能後，試著上傳多份相關文件，請 AI 整合資訊、分析共同點或比較，讓 NotebookLM 幫助你快速串聯內容進行分析。

■ **逐步探索功能，提升應用深度**

試試 NotebookLM 的研讀指南、常見問題、簡報文件、時間軸...等功能，讓 AI 幫助整理學習重點，提升知識管理與資訊處理效率。

熟悉 NotebookLM 後，你會發現它直覺且高效，能大幅提升學習與工作效率。然而，NotebookLM 只是輔助工具，不能取代閱讀原始資料，僅依賴摘要可能錯過關鍵細節。善用 AI 並同時關注原始內容，才能真正發揮其價值！

初次使用 NotebookLM

只需使用 Google 帳號登入,即可免費體驗 NotebookLM 的各項服務,一起來試試吧!

✦ 登入並開啟第一本筆記本

step 01 開啟瀏覽器,於網址列輸入「https://notebooklm.google.com/」,首次進入會開啟 NotebookLM 官方歡迎畫面 (若未登入 Google 帳號,請先完成帳號登入。),接著選按 **建立** 鈕。

step 02 會開啟一本空白筆記本畫面,畫面左上角選取預設的名稱 Untitled notebook,再輸入合適的筆記本名稱,完成筆記本命名。

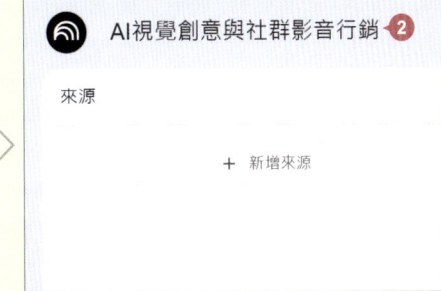

✦ 認識筆記本畫面

NotebookLM 的筆記本畫面設計簡潔，功能一目了然，讓你能輕鬆管理來源資料、提問問題、建立筆記。

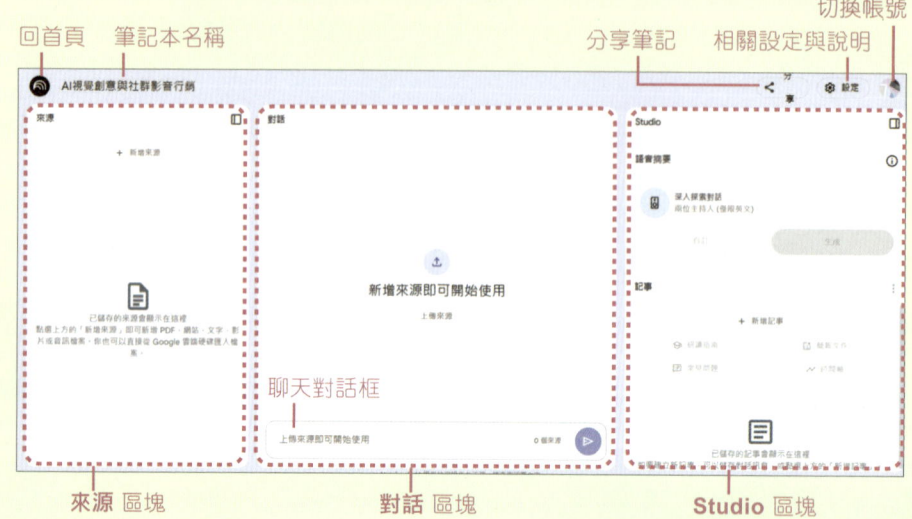

- **分享筆記**：可與他人共享筆記。選按 **分享** 按鈕，即可透過電子郵件指定共享對象，並設定權限 (如：**檢視者** 或 **編輯者**)。這讓團隊協作變得更加高效，確保所有成員都能瀏覽與分析最新資訊。

- **相關設定與說明**：NotebookLM 說明查詢、提供意見、裝置顯示模式切換、升級至 Plus。

- **來源** 區塊：列出已上傳的所有參考資料，如：PDF、文字檔、聲音檔、Google 文件、Google 簡報、Youtube 影片、網頁...等。可以選按某份資料項目來檢視內容、逐字稿與摘要，或核選特定資料項目讓 AI 回答問題。

- **對話** 區塊：透過下方聊天對話框輸入提問，AI 會基於目前的資料項目內容回覆；在此區塊可以看到一問一答的記錄，亦可透過編輯或調整問題來獲得更精確的回覆。

- **Studio** 區塊：用於自動生成創作與分析，如：語音摘要、研讀指南、常見問題、簡報文件、時間軸或手動建立筆記...等。

1-10

上傳來源資料後,即可於聊天對話框進行提問,如:「AI 個性化設計對品牌行銷的影響?」,NotebookLM 的 AI 會依資料內容給予相對的回覆。

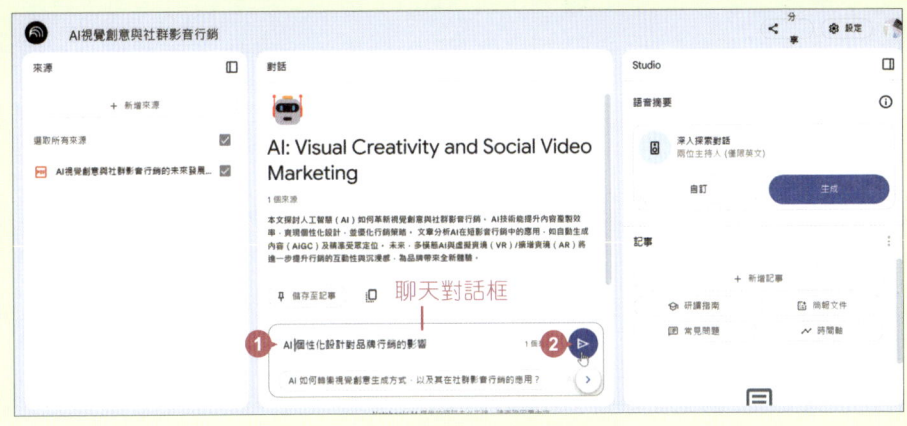

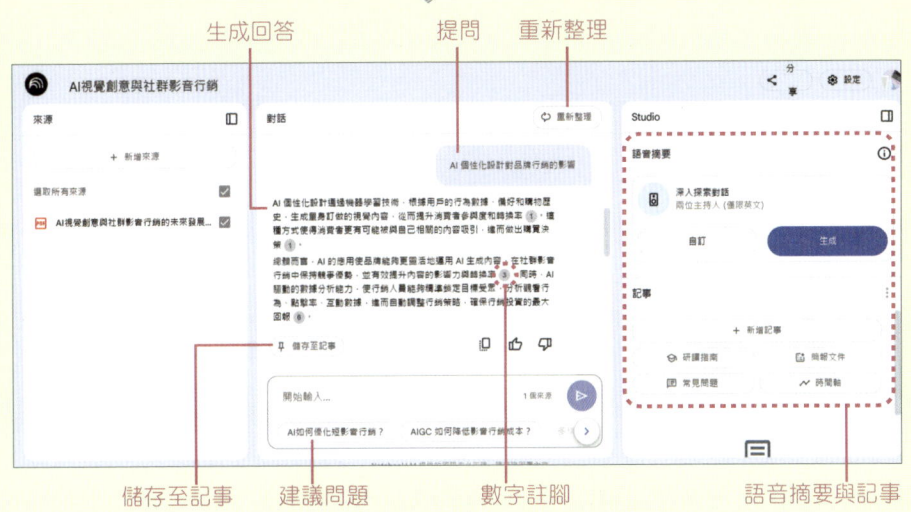

- 重新整理:選按 **重新整理** 鈕,對話紀錄會刷新並消失。
- 儲存至記事:選按 **重新整理** 鈕或回到首頁再重開筆記本時,對話紀錄會刷新並消失;如果想保留某則 AI 回覆內容,可選按 **儲存至記事** 鈕;會將該則回覆內容儲存為記事,整理於右側 Studio 區塊。
- 數字註腳:將滑鼠指標移至回覆內容中的數字註腳,即可顯示引用的來源資料項目以及引用內容。

✦ 認識首頁畫面

於筆記本畫面左上角，選按 NotebookLM 標誌可回到首頁，可由此進入其他筆記本或建立新筆記本；也可在此切換檢視模式與調整排序方式，方便使用者管理各主題筆記本。

- **+ 新建**：按 **+新建** 鈕，可建立新的筆記本。
- **筆記本**：每本筆記本以卡片形式呈現，顯示名稱、建立時間及來源數量；選按筆記本卡片可進入該筆記本畫面，進行編輯與互動。
- **檢視模式**：選擇合適的筆記本顯示方式，**網格模式** 以卡片方式排列；**列表模式** 以清單方式排列。
- **排序**：根據不同條件 (**最新**、**最舊**、**與我共用**) 調整筆記本顯示順序，以便快速找到所需筆記本。

NotebookLM 六大資料分析方式

面對大量資訊時，NotebookLM 的 AI 分析功能能協助使用者迅速掌握關鍵內容，提升資料處理能力。

除了可透過 "互動式問答" 的方式分析資料，NotebookLM 還提供六種 AI 分析方式，包括摘要、研讀指南、簡報、常見問題、時間軸與語音摘要，幫助用戶高效整理與理解資料。

✦ 智能摘要：萃取關鍵內容，幫助掌握核心資訊

NotebookLM 在來源資料上傳後，即會自動生成摘要，快速提取文件或影片、音檔的重點內容，去蕪存菁，讓使用者不需要逐字閱讀長篇資料，也能迅速理解主要資訊。這對於學術研究、報告分析、行銷策略擬定…等場景特別有幫助，不僅能提高閱讀效率，更能讓使用者在短時間內掌握重點。

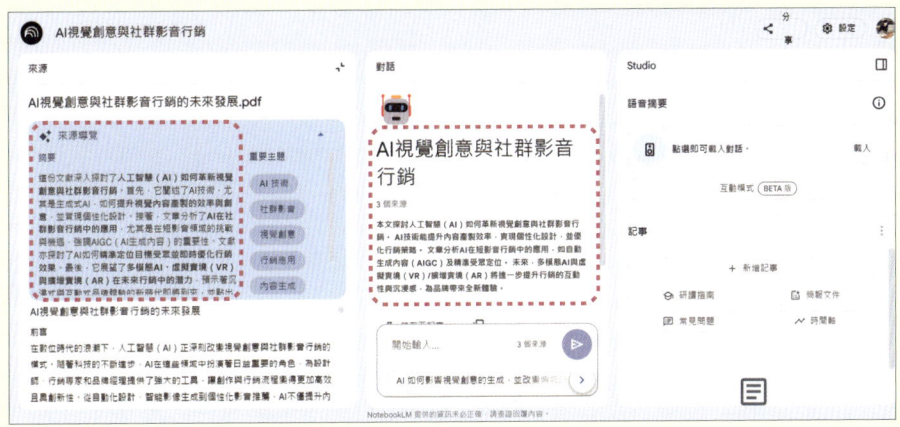

1-13

✦ 研讀指南：筆記內容結構化

根據主題自動分類內容，建立章節重點、關鍵概念，甚至提供測驗題目與解答，使學習者能循序漸進地理解知識，適合用於學術研究、備考或專業進修。

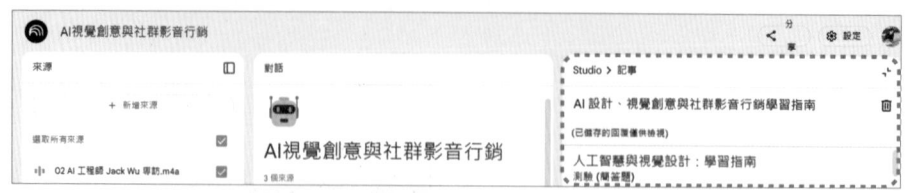

✦ 簡報文件：適用於演示與分享

將來源資料整理成條理分明的專業簡報內容，並提供適當的標題、重點摘要，讓使用者無需手動整理繁瑣資訊，就能快速產出清晰的簡報文案，適合用於會議報告、學術發表、專案簡介…等場合，幫助使用者快速掌握核心內容。

✦ 常見問題：歸納關鍵問題與解答，快速獲取核心資訊

提取重點和關鍵問題並生成解答，讓使用者能夠更直覺地理解資料。適合準備測驗題目的老師以及需閱讀長篇報告、產品手冊、政策文件…等的使用者，不僅能提升學習與查找效率，也能應用於客服、自動化知識管理…等場景。

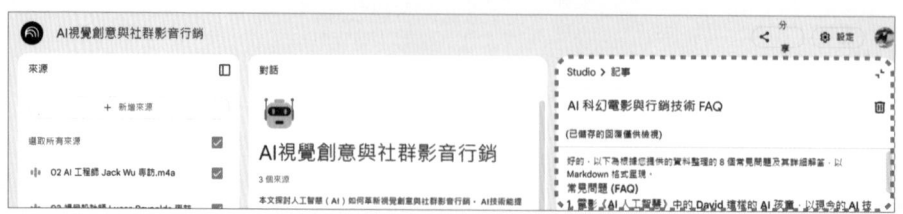

✦ 時間軸分析：讓事件推演更清晰

根據資料內容中的時間資訊，整理事件的發展脈絡；除此外，也會將人物、事件...等關鍵事項整理列項說明。這樣的分析文件，適用於歷史分析、新聞整理、專案管理...等場景，讓使用者輕鬆追蹤重點發展，將零散的資訊組織成結構化時間線。

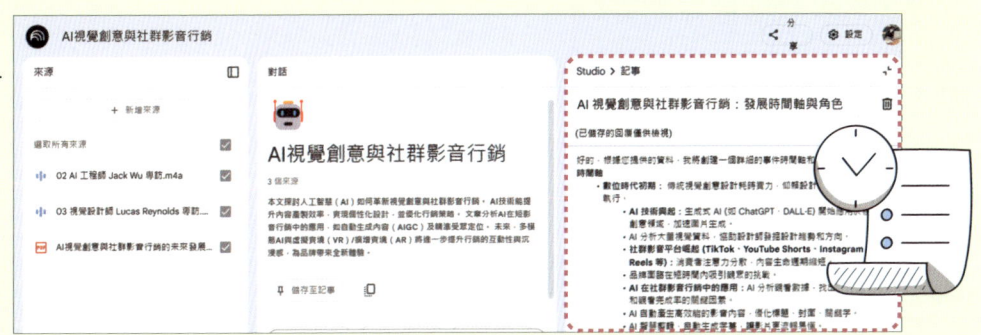

✦ 語音摘要： 對話式語音，方便隨時收聽重要資訊

將來源資料整併後轉換為對話式語音 (目前僅能生成英文語音) 讓使用者能夠在通勤、運動或休息時隨時收聽重點資訊，提高學習與資訊吸收的便利性與靈活度。特別適合需要長時間閱讀的研究人員、商業專業人士，或是希望在碎片時間持續學習的使用者。

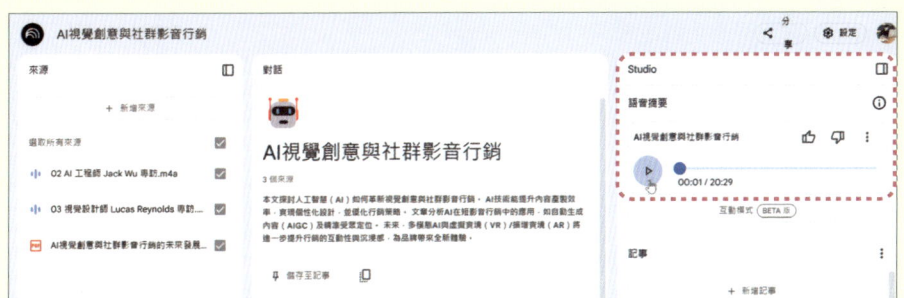

這六大 AI 分析模式，使 NotebookLM 不僅是一個筆記管理工具，更是強大的知識處理與內容優化助手，能有效提升學習、研究與資訊應用的效率。

NotebookLM 常見問題

許多人對 NotebookLM 的免費權限、支援格式、隱私安全及使用方式...等仍有許多疑問，在此整理了最常見的問題與解答。

✦ NotebookLM 是否可免費使用？

NotebookLM 目前只需擁有 Google 帳戶即可免費登入、使用。自 2025 年起，推出付費版 NotebookLM Plus，提供更進階的功能，滿足更多使用者的需求。

✦ NotebookLM 和 NotebookLM Plus 的差異

下表可快速比較差異並了解免費版的限制。

功能項目	NotebookLM	NotebookLM Plus
筆記本數量限制	每個帳號 100 本	每個帳號 500 本
每日對話次數	50 次	500 次
每本筆記本的來源數量	50 個資料來源	300 個資料來源
單一來源字數限制	500,000 字	500,000 字
每日語音摘要生成數	3 次	20 次
自訂回應風格與長度	不支援	支援
團隊筆記本共享與使用分析	指定對像共享	支援
隱私與安全保障	基本保護	企業級保護
適用對象	個人使用者	企業、學校、組織、高階需求個人使用者
取得方式	免費提供	透過 Google Workspace 或 Google Cloud 購買

即時資訊請參考官網「https://support.google.com/notebooklm」中 **關於 NotebookLM \ 升級至 NotebookLM Plus** 的詳細說明。

✦ NotebookLM 與其他 AI 工具有何不同？

與其他 AI 工具相比，NotebookLM 最大的特色在於強調 "有憑有據" 的回答。只依據使用者上傳的資料進行回應，確保資訊的準確性，並提供明確的資料來源引用標註，方便使用者輕鬆驗證與參考，確保內容可信度。

✦ NotebookLM 可以上傳的資料來源類型？

NotebookLM 支援多種資料來源，方便使用者整合與管理資訊。請確保擁有合法的上傳權限，避免上傳未經授權的內容。

- **Google 文件與簡報**：直接從 Google 雲端硬碟匯入。
- **本機或線上檔案：包括 PDF、純文字 (.txt)、Markdown (.md) 檔案。**
- **網頁連結**：網頁網址、公開影片的 YouTube 網址。
- **音訊檔案**：上傳音訊檔內容以進行處理。

✦ NotebookLM 來源檔案大小上限是多少？

每個來源的字數上限為 500,000 字，且上傳檔案的大小不得超過 200 MB，頁數則沒有限制。

✦ 上傳的 PDF 檔無法辨識文字

部分 PDF 檔案會將內容轉換為圖片，使 NotebookLM 無法正確辨識文字，進而影響文件分析的準確性。自 2024 年 9 月起，NotebookLM 開始支援包含圖片的 PDF，並強化對 PDF 圖片內容的處理，但相較之下，仍以非圖片型態的文件能提供更完整的擷取資料內容。

✦ Google 文件與 Google 簡報來源的限制

NotebookLM 取得 Google 雲端硬碟中的文件與簡報時，目前有以下限制：

- **無法刪除或自動更新檔案**：NotebookLM 僅能檢視並存取當前登入 Google 帳號所擁有權限的 Google 文件與 Google 簡報。NotebookLM 會建立原始檔案的副本，但不會自動同步或追蹤原始檔案的變更。
- **手動同步更新**：若原始檔案有變更，需在 NotebookLM 來源中選按 **按一下即可與 Google 雲端硬碟保持同步** 鈕即可重新整理並再次匯入原始檔案。

✦ YouTube 來源的限制

NotebookLM 取得 YouTube 影片時，目前有以下限制：

- 僅支援含有字幕 (使用者上傳或自動生成均可) 的公開 YouTube 影片。
- 影片長度不限，但字幕內容不得超過 50 萬個字。
- 只能匯入影片的文字轉錄稿，不包含影像或其他資料。

可能無法取得的情況 (具體狀況會因 NotebookLM 版本變更而有所不同)：

- 近期上傳的影片 (72 小時內) 可能無法新增，建議稍後再試。
- 沒有語音的影片不支援匯入。
- YouTube 連結無效、影片遭到刪除或設為私人，其內容將於 30 天內自動從筆記本移除。
- 另外有：影片內容可能不安全、來源字幕檔案無法讀取、影片語言目前不支援...等原因。

✦ 網頁網址來源的限制

NotebookLM 取得網頁資料時，目前僅能擷取指定網頁的文字內容，忽略圖片、嵌入影片或巢狀網頁。此外，對於設有付費牆或停用網路抓取功能的網頁，NotebookLM 無法支援。

✦ 為何來源上傳作業會失敗？

目前免費可使用的 NotebookLM，如果來源長度超過字數上限 (每個來源 50 萬字)、檔案超過上限 (200 MB)、原始 PDF 檔案禁止複製，或是 YouTube 影片、網頁網址或 Gopogle 文件與簡報權限...等限制因素 (參考此二頁說明)，均可能導致上傳失敗。

若上傳失敗，該項目會直接取消上傳操作，或呈粉紅色警告狀態，這時請確認來源是否符合 NotebookLM 支援條件，或嘗試更換其他符合要求的來源。

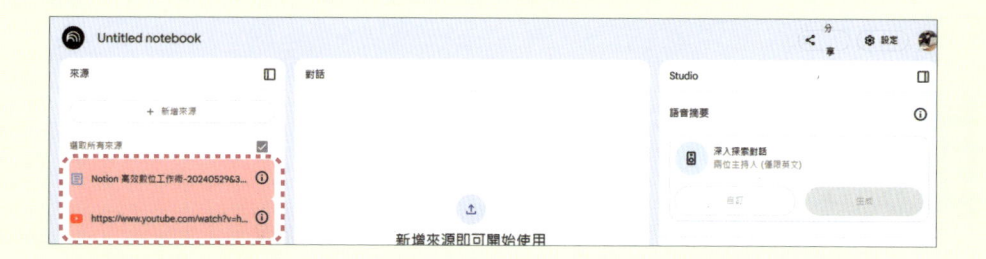

✦ 是否適用於行動裝置

NotebookLM 主要適用於桌面瀏覽器，但仍可透過行動裝置的瀏覽器存取其功能。未來，Google 可能會擴展對行動裝置的支援，方便使用者更輕鬆地在手機和平板上使用 NotebookLM。

(更多常見問題資訊請參考 NotebookLM 官網詳細說明。)

Tip 7 切換畫面為深色 / 淺色模式

Do it！

NotebookLM 畫面支援深色模式，可配合工作環境需求調整，提供使用者更舒適的視覺體驗與操作感受。

step 01 NotebookLM 畫面右上角選按 **設定**。

step 02 再選按 **裝置 \ 深色模式**，即可將介面切換為深色模式。

PART
02

打造專屬知識庫
你的第一本 AI 筆記本

單元重點

在 NotebookLM 建立第一本筆記本，上傳資料來源自動產生摘要。透過精準提問，可獲得關鍵回覆，並將產生的重要回覆儲存至記事。

- ☑ 提取關鍵資料與分析方向
- ☑ 建立筆記本
- ☑ 上傳多類型資料來源
- ☑ 閱讀所有資料的摘要
- ☑ 閱讀特定資料摘要與重要主題
- ☑ 閱讀每份資料內容與逐字稿
- ☑ 常見的提問技巧與方法
- ☑ 將重要回覆儲存至記事

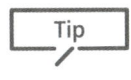

Tip 1　提取關鍵資料與分析方向　　Do it !

要開始以 NotebookLM 整理資料之前，可以先用 ChatGPT 詢問標題名稱，並尋求相關資源的建議與分析。

開啟瀏覽器，於網址列輸入：「https://chatgpt.com/」進入 ChatGPT，可以選擇登入帳號，或直接於畫面中開始提問。

step 01 希望 ChatGPT 提供一個更具吸引力、專業性或精確性的標題，以概括此章要分析的 "健康指標與均衡飲食攝取" 這一研究主題。

> 提示詞 💬
> 若要研究這個主題：健康指標與均衡飲食攝取，請給一個比較合適的標題。

⬇

　　「健康指標與均衡飲食：打造理想體質的關鍵要素」

step 02 開啟 **搜尋**，希望 ChatGPT 整理並推薦可信賴的線上資源，以便更有效地研究 "健康指標與均衡飲食攝取" 這一主題或獲取相關資訊。

> 提示詞 💬
> 請建議網路上一些可以取得的資源，資源整理成這四類：PDF、影片、文獻、網路文章，以官方、政府或教育平台提供的資料來源為主，請標明出處與連結。

⬇

① 請建議網路上一些可以取得的資源，資源整理成這四類：PDF、影片、文獻、網路文章，以官方、政府或教育平台提供的資料來源為主，請標明出處與連結。

　　＋　🌐 搜尋 ② 　✦ 推理　　　　　　　③ ⬆

⬇

2-3

開啟 **搜尋**，可獲取最新或更精確的資訊，如新聞、官方公告與特定網站內容，提升即時性與精確度。回覆內容會於每個項目提供參考資源連結，選按 **資料來源** 鈕可於右側開啟所有相關參考資料列項。

```
1. 健康飲食原則
   • 出處：香港衛生防護中心
   • 連結： 健康套
   • 簡介：該文章介紹健康飲食的基本原則，包括健康飲食金字
2. 健康促進推動項目相關衛教素材參考網站
   • 出處：教育部學校衛生資訊網
   • 連結： 教育部學校衛生資訊網
   • 簡介：該網站提供多種與健康促進相關的衛教素材，包括食
     教學影片和資料。

希望以上資源能對您的研究有所幫助。

資料來源
```

```
引用
   ◯ 高雄市政府衛生局
   每日飲食指南手冊 - 衛生福利部國民健
   本版每日飲食指南涵蓋六大類食物：全
   蛋肉類、乳品類、蔬菜類、水果類、油

   ◯ 高雄市政府衛生局
   資源下載 - 衛生福利部國民健康署
   以下9部影片資源因應網站使用流暢度
   區移除，請大家可由以下路徑找到該

   ◯ 兒童醫學及健康研究中心
   [PDF] 健康生活型態第一節、營養與飲
   2019年5月30日 — 均衡營養是兒童健
   石，我國兒童在飲食營養方面臨許多

   ◯ 國立屏東科技大學
   [PDF] 營養教育應用於三年級學童飲食
```

step 03 希望 ChatGPT 針對研究主題建議可能的分析方向，以及拆解成具體的問題以利於 NotebookLM 探討。

提示詞
針對 "健康指標與均衡飲食攝取" 主題該如何進行分析？可以提出哪些計畫方向以及問題加以研究。

↓

在分析**「健康指標與均衡飲食攝取」這個主題時，可以從生理數據、飲食模式、影響因素**等角度進行探討。以下是分析方法、計畫方向，以及可以研究的問題：

---

1. 分析方法

• 數據收集：
  • 記錄 BMI、體脂率、血糖、膽固醇等健康指標。
  • 透過飲食紀錄收集碳水化合物、蛋白質、脂肪、維生素等營養素的攝取情況。

以下省略

Tip 2 建立筆記本　　　　Do it！

NotebookLM 中，為筆記本精確命名有助於快速識別所需主題，輕鬆找到所需內容，節省時間並提高工作效率。

✦ 首次建立筆記本

首次進入 NotebookLM，選按 **建立** 鈕，即可進入新的筆記本畫面。

小提示

出現 "上傳來源" 畫面

進入新的筆記本畫面，若出現如下 **上傳來源** 畫面，可先選按該畫面右上角的 × 關閉此畫面，待後續完成筆記本命名後再上傳來源。

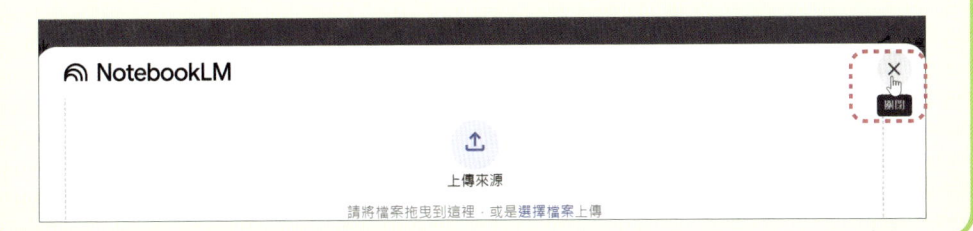

2-5

✦ 回到首頁再次建立筆記本

筆記本左上角選按 🔘 返回首頁，選按 **+ 新建** 鈕，即可再次建立並進入新的筆記本畫面。

小提示
出現 "上傳來源" 畫面

進入新的筆記本畫面，若出現如下 **上傳來源** 畫面，可先選按該畫面右上角的 × 關閉此畫面，待後續完成筆記本命名後再上傳來源。

✦ 修改筆記本名稱

於首頁選按任一筆記本，進入該筆記本畫面。左上角選取預設的名稱 Untitled notebook，再輸入合適的筆記本名稱，此範例輸入「健康指標與均衡飲食：打造理想體質的關鍵要素」。

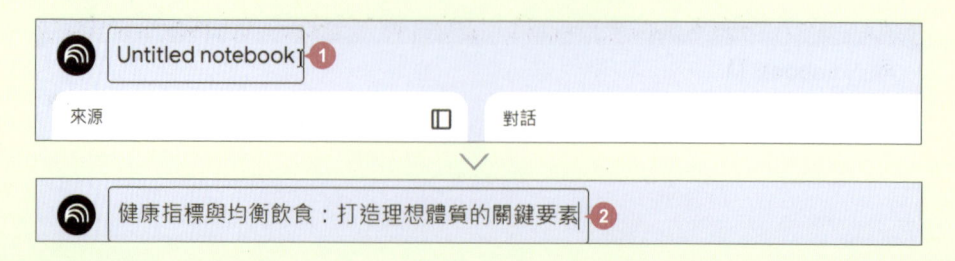

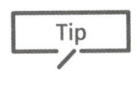

Tip 3 上傳多類型資料來源　　Do it !

將依 ChatGPT 建議取得的相關檔案或是網址、影片，新增至 **來源** 區塊，以利後續 NotebookLM 資料分析。

✦ 新增來源：線上 PDF 檔案

step 01　於瀏覽器開啟存放 PDF 文件的網頁頁面，此章 **資料來源 1** (衛生福利部國民健康署 / 每日飲食指南手冊) 選按指定的 PDF 檔下載連結，於 PDF 預覽畫面選按 ⬇ ，將 PDF 檔下載至本機電腦。

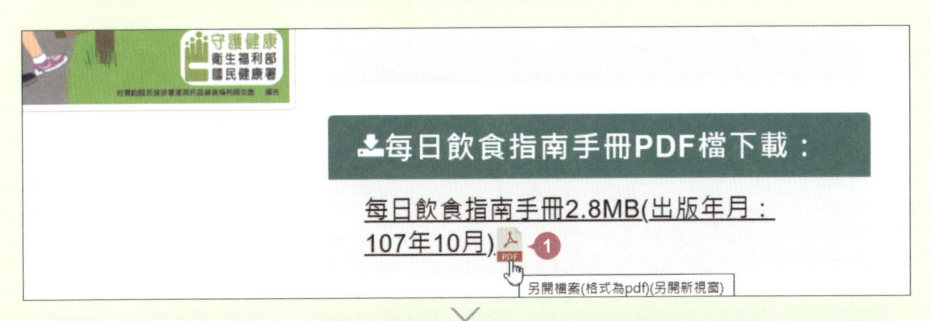

step 02　回到 NotebookLM 筆記本，於 **來源** 區塊選按 **+ 新增來源** 鈕。

step 03　**新增來源** 視窗選按 ⬆ 開啟對話方塊，指定存放路徑並選按欲上傳的 PDF 檔案，再選按 **開啟** 鈕。

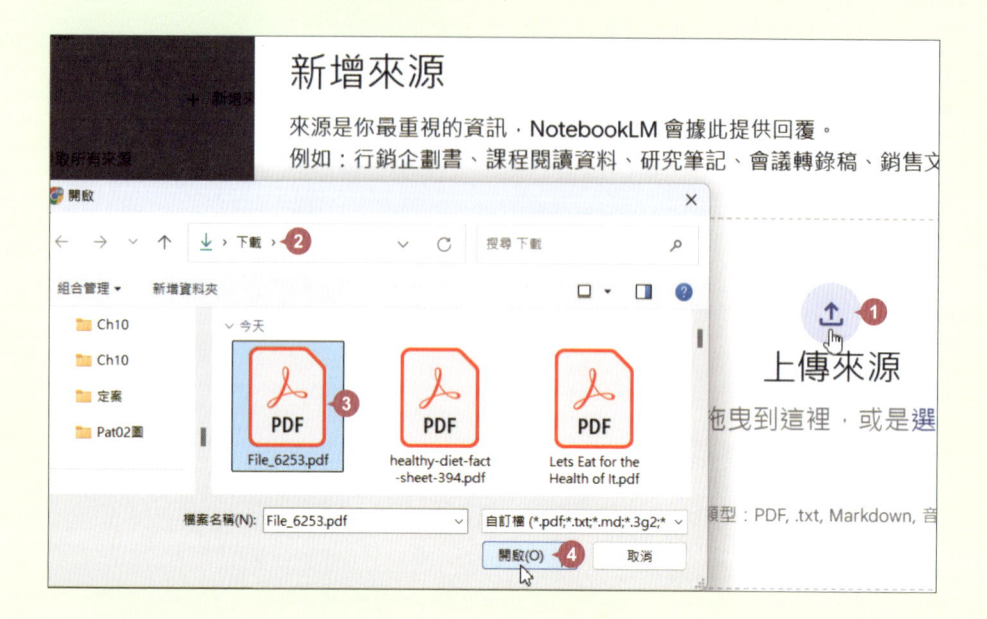

step 04　待上傳完成後，**來源** 區塊會看到該 PDF 檔案項目，且呈核選狀態。

step 05　再依相同方法，分別將其他欲參考的 PDF 檔加入至 **來源** 區塊。

---小提示---

依相同方法新增其它參考資料來源檔案：

此章 **資料來源 2**：(世界衛生組織 / healthy-diet-fact-sheet-394.pdf)

✦ 新增來源：YouTube 連結

step 01 於 **來源** 區塊上選按 **+ 新增來源** 鈕。

step 02 **新增來源** 視窗下方 **連結** 項目選按 **YouTube**，將在 ChatGPT 提問時取得或手邊收集且合適的網址貼入至欄位中，複製此章 **資料來源 3** (FAO / A healthy diet is about balancing food) 的網址貼上，選按 **插入** 鈕。

在下方貼上 YouTube 網址，即可上傳做為 NotebookLM 的來源

貼上 YouTube 網址 *
https://www.youtube.com/watch?v=Lnhu351I0KY

注意事項
- 目前只會匯入文字轉錄稿

step 03 待上傳完成後，**來源** 區塊會看到該 YouTube 項目，且呈核選狀態。

✦ 管理來源：重新命名來源

NotebookLM 左側 **來源** 區塊，會列項所有來源項目，可針對項目重新命名，有助於資料來源的管理與查找，同時避免資料重複或混亂。

step 01 將滑鼠指標移至欲重新命名的項目上，選按 ⋮ \ **重新命名來源**。

step 02 於 **來源名稱** 欄位刪除原名稱，再輸入欲變更的名稱，選按 **儲存**。

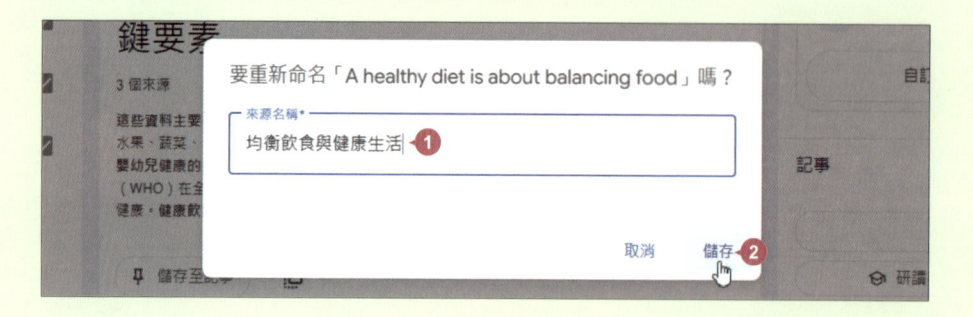

step 03 依相同方法，分別變更其他的來源名稱，方便後續在分析來源時快速辨識出需核選或是取消核選的項目。

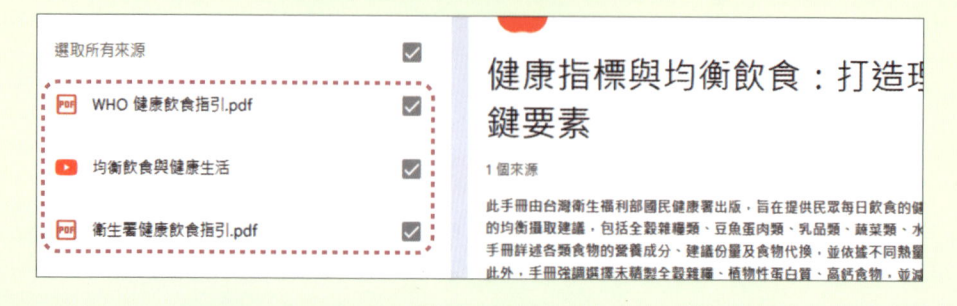

✦ 管理來源：刪除來源

即時將影響 NotebookLM 資料分析準確度的來源刪除，避免在提問時出現誤導性的資訊，進而導致決策或最終研究結果的錯誤。

將滑鼠指標移至欲刪除的項目上，選按 ⋮ \ **移除來源**。

小提示
提升資料分析的準確性與精確性

上傳觀點偏頗、未經查實或過時...等的資料來源，會影響 NotebookLM 資料分析的正確性，以下為找尋資料需要注意的方向。

- **資料來源**：未經學術單位或專業性審核的資料來源，可能存在錯誤或偏見的資訊，建議參考可信的資訊來源機構或單位。
- **資料時效**：過時的資料可能不適用於最新或當下的情境，若未及時更新資訊，會導致對趨勢的判斷失去參考價值。
- **引用方式**：在引用原資料時有錯誤的理解，或是沒有仔細閱讀前後文便斷章取義，將在後續造成研究方向偏差。
- **觀點偏頗**：過度偏向某些論點或觀念，忽略多元觀點的深入探討，會導致研究方向偏差，建議參考多元的資料並交叉驗證，取得更全面的視野。

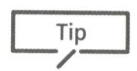

Tip 4 閱讀所有資料的摘要

Do it !

新增資料來源後，會於 **對話** 區塊顯示目前所有的資料摘要，快速掌握研究方向。

將欲分析、研究的資料來源上傳後，可於 **對話** 區塊最上方顯示所有來源資料的摘要 (若沒有出現摘要，於網頁左上角選按 ⟳ 重新整理)，方便快速掌握關鍵資訊，提升閱讀與研究效率。

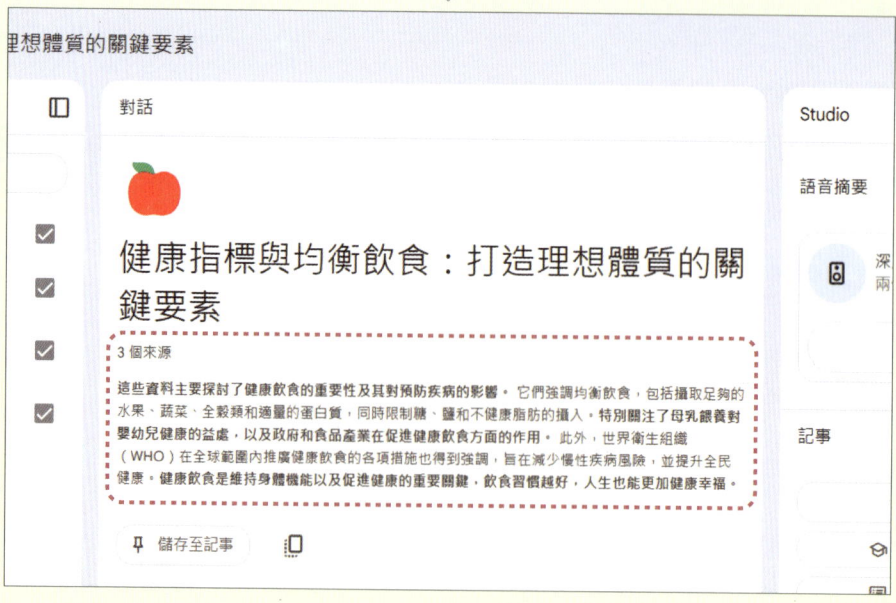

2-12

Tip 5 閱讀每份資料摘要與重要主題　　Do it！

每份上傳的資料都會自動生成摘要並提取重要主題，幫助使用者快速掌握核心內容，提升資料處理效率與決策精準度。

✦ 閱讀每份資料來源的資料摘要

於 **來源** 區塊選按如圖 PDF 檔案，會顯示該文件生成的資料摘要。

來源

＋ 新增來源

選取所有來源 ☑

- WHO 健康飲食指引.pdf ☑
  （WHO 健康飲食指引.pdf）
- 均衡飲食與健康生活 ☑
- 衛生署健康飲食指引.pdf ☑

對話

🍎

健康指標與均衡飲食：打造理
鍵要素

3 個來源

這些資料主要探討了健康飲食的重要性及其對預防疾病的影響。它們
水果、蔬菜、全穀類和適量的蛋白質，同時限制糖、鹽和不健康脂肪
嬰幼兒健康的益處，以及政府和食品產業在促進健康飲食方面的作用
（WHO）在全球範圍內推廣健康飲食的各項措施也得到強調，旨在減
康。健康飲食是維持身體機能以及促進健康的重要關鍵，飲食習慣

來源

WHO 健康飲食指引.pdf

✦ 來源導覽

摘要

這份世界衛生組織（WHO）的健康飲食指引，旨在提供
關於**健康飲食的重要資訊與建議**，以預防各種形式的營養
不良以及非傳染性疾病，如糖尿病、心臟病和癌症。它強
調**早期建立健康的飲食習慣**，如母乳餵養，並針對成人、
嬰幼兒提出具體的飲食建議，例如限制游離糖、脂肪和鹽
的攝取量，同時增加水果、蔬菜、全穀類和健康脂肪的攝
取。此外，指引也呼籲各國政府採取措施，**創建健康的飲
食環境**，包括鼓勵食品工業改革配方，減少不健康成分，
並推廣消費者對健康飲食的認識，最終目標是**改善全球人
口的健康狀況**。

重要主題
- 健康飲食
- 脂肪攝取量
- 鹽分攝取量
- 糖分攝取量
- 世界衛生組織

http://www.who.int/mediacentre/factsheets/fs394/en/

FACT SHEET N°394 UPDATED AUGUST 2018

對話

🍎

健康指標與均衡
造理想體質的鍵

3 個來源

這些資料主要探討了健康飲食的重要
它們強調均衡飲食，包括攝取足夠的
的蛋白質，同時限制糖、鹽和不健
乳餵養對嬰幼兒健康的益處，以及
食方面的作用。此外，世界衛生組
廣健康飲食的各項措施也得到強調
提升全民健康。健康飲食是維持身
鍵，飲食習慣越好，人生也能更加

📌 儲存至記事

✦ 理解重要主題與關鍵用詞

若想理解文件中的主題或關鍵用詞，可於 **重要主題** 選按想要理解的關鍵字，會自動於 **對話** 區塊提問並生成回覆內容。

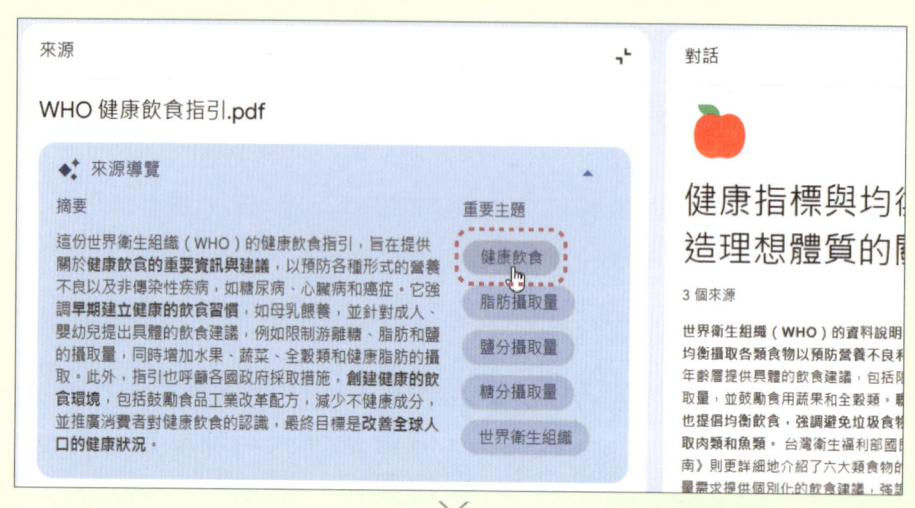

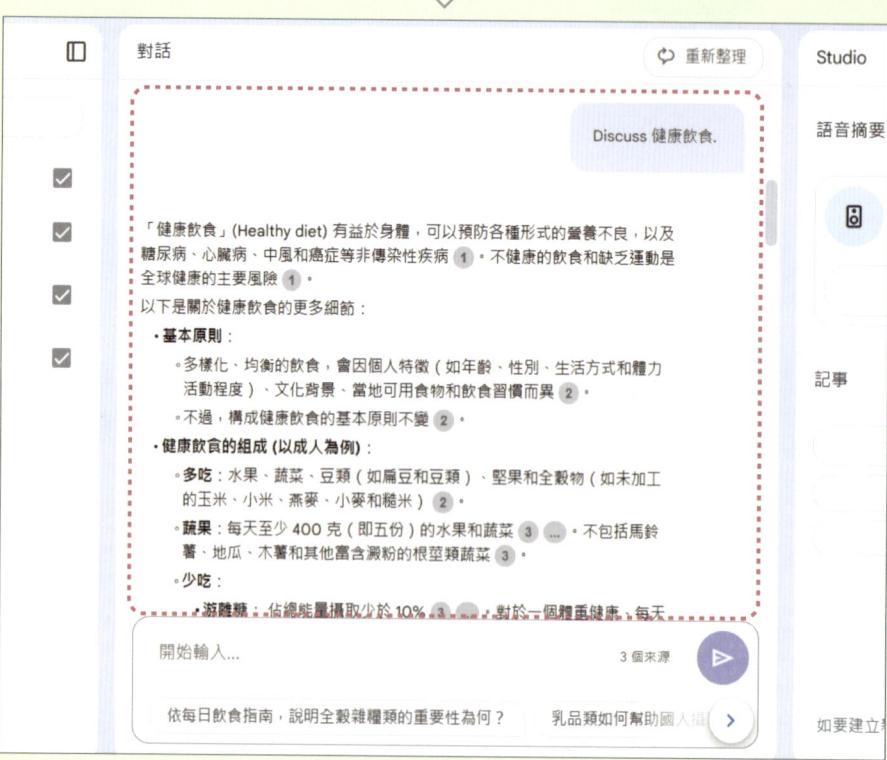

2-14

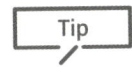

Tip 6　閱讀每份資料內容與逐字稿　Do it！

在提問前，先瀏覽來源資料內容，可確保獲取關鍵資訊，同時加深對資料的理解，進而提升提問的精確度。

✦ 閱讀文件資料內容

於 **來源** 選按如圖 PDF 檔案，下方會顯示文件資料的文字內容，向下捲動可瀏覽全部內容；選按 **來源** 區塊右上角 關閉特定來源瀏覽畫面。

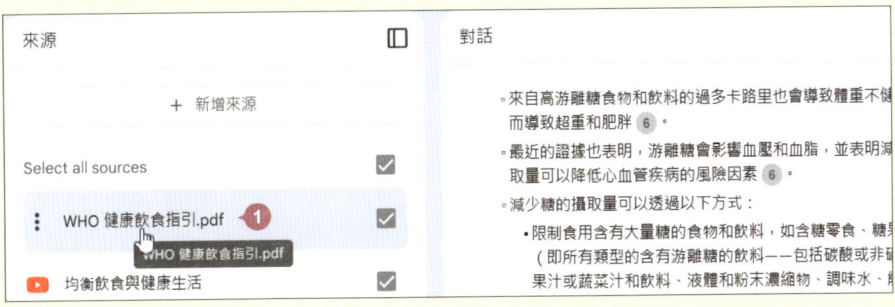

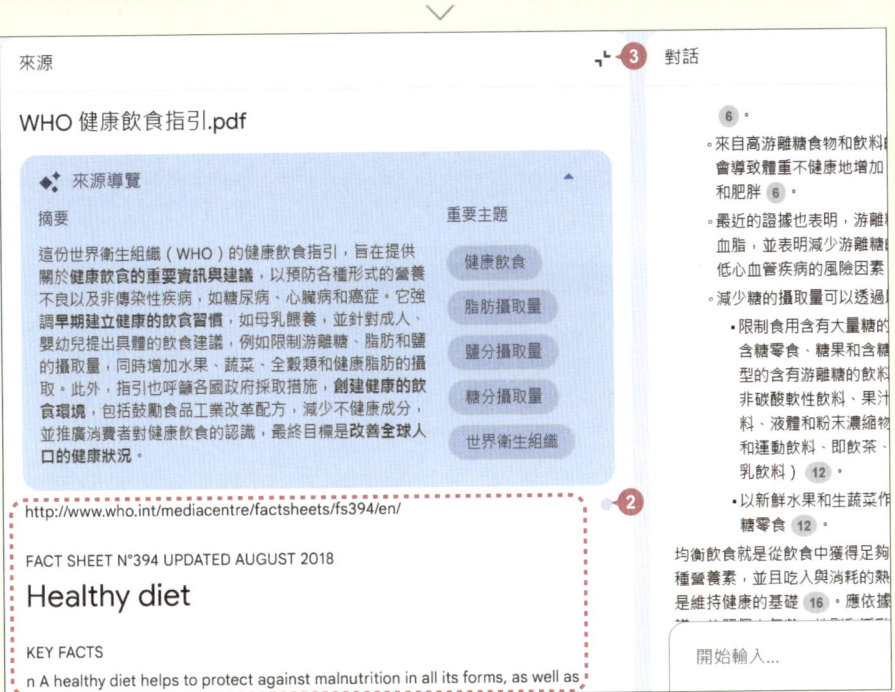

02　打造專屬知識庫／你的第一本 AI 筆記本

2-15

✦ 瀏覽影片逐字稿

於 **來源** 選按如圖影片來源，下方會顯示影片及自動生成的影片逐字稿，向下捲動可瀏覽全部內容；選按 **來源** 區塊右上角 關閉特定來源瀏覽畫面。

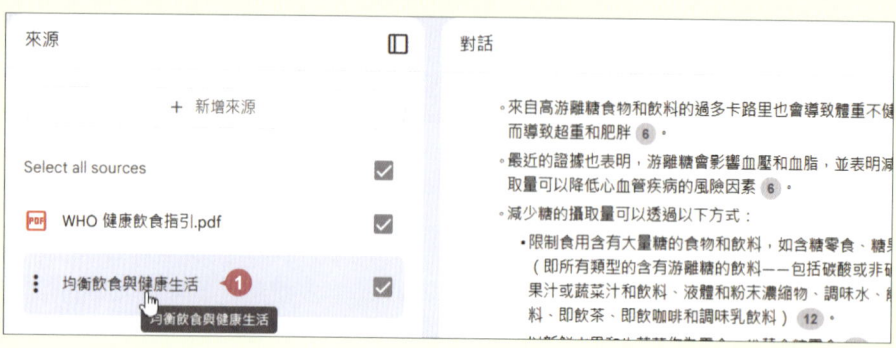

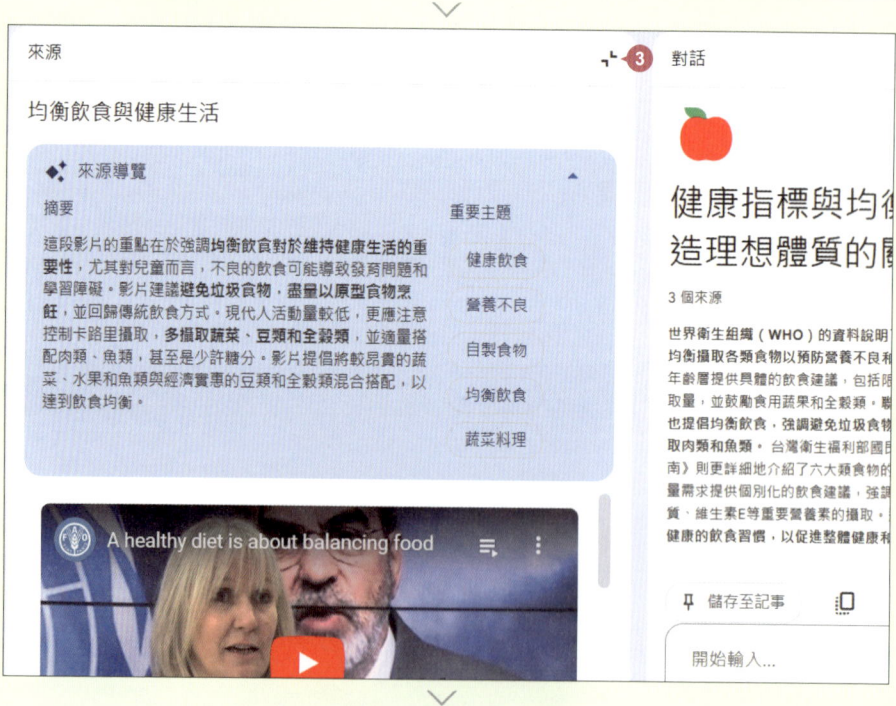

know really is true basically to lead a healthy active life you've just got to have a good diet particularly with children where malnutrition can lead to growth and development problems to disease to uh learning difficulties eating well is just Central to life well I think first ditch the junk food cook things from scratch you know they don't have to be difficult things they can be quite simple foods go back to eating as our forefathers did in a way and remember that nowadays because we lead much more sort of sedentary lives not to eat too many calories

2-16

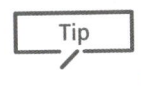

Tip 7 常見的提問技巧與方法

Do it !

NotebookLM 提問技巧可幫助你在大量資料中精確掌握要點，深入探索並精確提問，從而快速獲取關鍵資訊。

✦ 具體清晰的提問

與 AI 人工智慧溝通時，"提問" 指的是提供給 AI 的指令、提示詞與各式描述，用來引導 AI 生成回答或特定內容。模糊的提問不僅會影響溝通，也會讓 AI 工具無法提供正確的回應，為了讓溝通更加順暢，可以透過具體的指示、總結到細節提問，及多種情境提問來溝通。這些方法能有效幫助 NotebookLM 理解問題的本質，進而提供更準確的回答。

提問時，需給予 NotebookLM 具體的指示，避免使用模糊或不確定的描述。

「請制定一套健康的飲食計畫」就是較模糊的提問，建議改成：「**體重 60 公斤、身高 165 公分的 30 歲女性該如何制定健康的飲食計畫？**」。

於 **對話** 區塊對話框輸入後，選按 ▶ 鈕送出提問，接著 NotebookLM 會依據 **來源** 區塊中的資料進行分析並回覆詳細的內容。

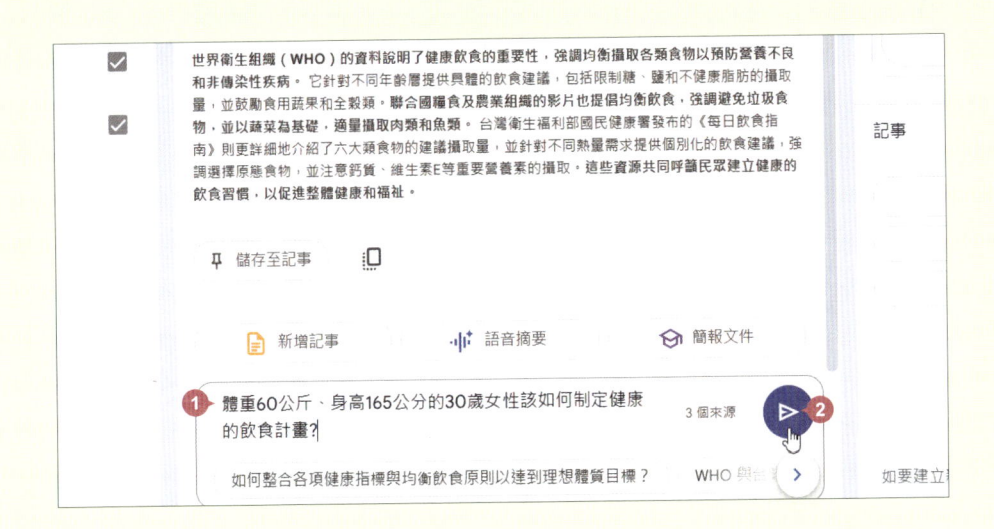

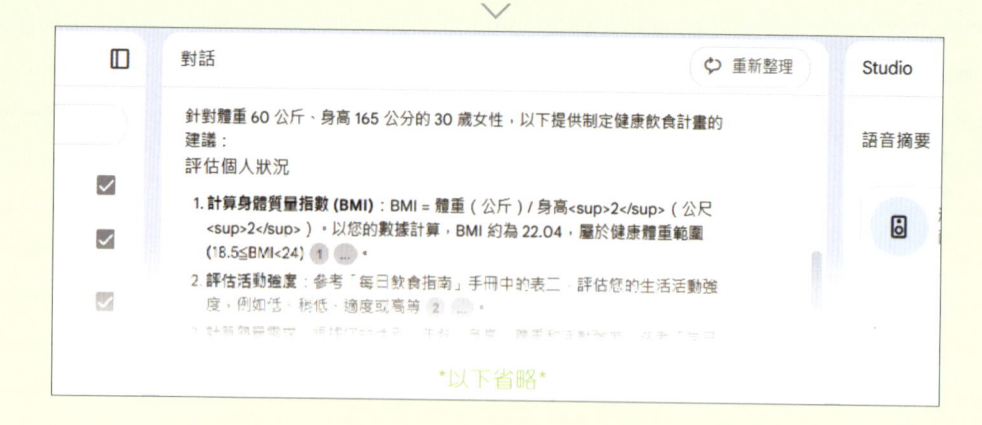

[對話畫面]

針對體重 60 公斤、身高 165 公分的 30 歲女性,以下提供制定健康飲食計畫的建議:

評估個人狀況

1. **計算身體質量指數 (BMI)**：BMI = 體重(公斤)/ 身高^2（公尺^2）。以您的數據計算,BMI 約為 22.04,屬於健康體重範圍(18.5≤BMI<24)
2. **評估活動強度**：參考「每日飲食指南」手冊中的表二,評估您的生活活動強度,例如活、較低、適度或高等

以下省略

✦ 循序漸進的解析

從 **基礎理解** → **比較分析** → **進階應用** 的層次進行提問,不僅能獲得更有脈絡的回覆,還能幫助聚焦核心問題,提升思考深度與發想效率。

基礎理解：瞭解這個主題在來源資料中是如何被定義或相關基礎知識。於 **對話** 區塊對話框輸入:「國民健康署的每日飲食指南主要建議了哪些食物攝取原則?」,選按 ▷ 鈕送出提問,接著 NotebookLM 會開始分析並回覆詳細的內容。

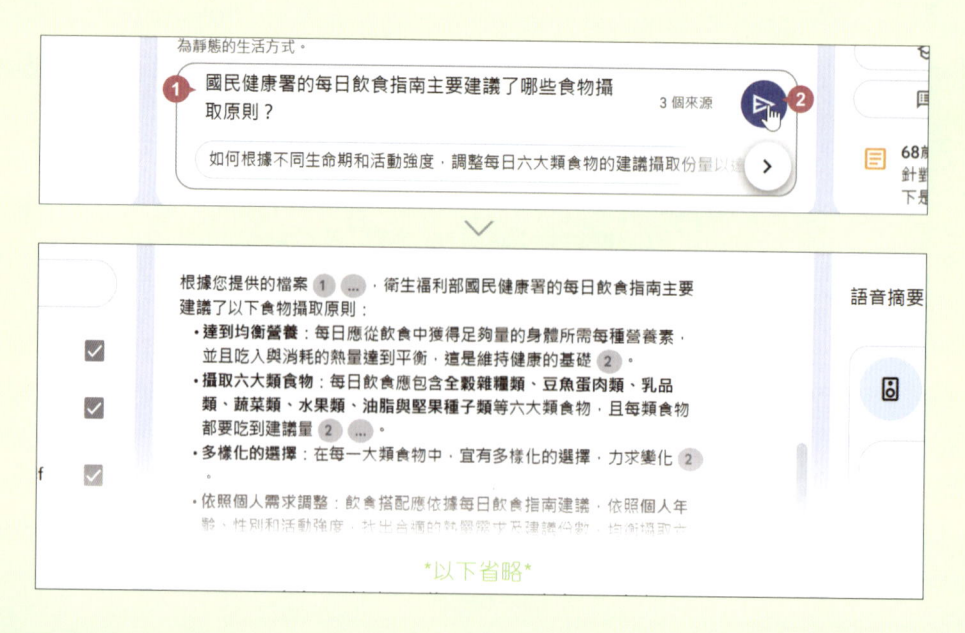

[提問畫面]
為靜態的生活方式。
① 國民健康署的每日飲食指南主要建議了哪些食物攝取原則?　3 個來源　②
如何根據不同生命期和活動強度,調整每日六大類食物的建議攝取份量以...

[回覆畫面]
根據您提供的檔案 ① ... 衛生福利部國民健康署的每日飲食指南主要建議了以下食物攝取原則:

- **達到均衡營養**：每日應從飲食中獲得足夠量的身體所需各種營養素,並且吃入與消耗的熱量達到平衡,這是維持健康的基礎 ②。
- **攝取六大類食物**：每日飲食應包含全穀雜糧類、豆魚蛋肉類、乳品類、蔬菜類、水果類、油脂與堅果種子類等六大類食物,且每類食物都要吃到建議量 ② ...。
- **多樣化的選擇**：在每一大類食物中,宜有多樣化的選擇,力求變化 ②
- **依照個人需求調整**：飲食搭配應依據每日飲食指南建議,依照個人年齡、性別和活動強度...

以下省略

比較分析：當掌握基本概念後，進行深入比較；透過交叉比對，能理解背後的科學依據與文化影響。於 **對話** 區塊對話框輸入：「WHO 與國民健康署的飲食指南在建議上有哪些相似點和差異點？」，選按 ▷ 鈕送出提問。

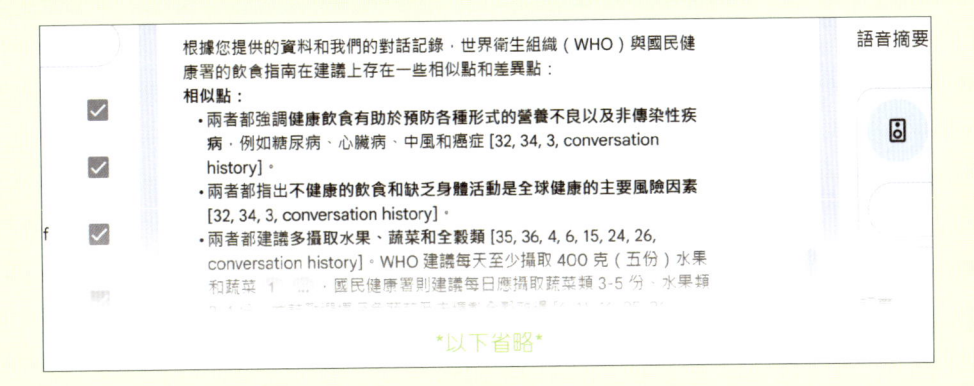

> 根據您提供的資料和我們的對話記錄，世界衛生組織（WHO）與國民健康署的飲食指南在建議上存在一些相似點和差異點：
> 相似點：
> - 兩者都強調健康飲食有助於預防各種形式的營養不良以及非傳染性疾病，例如糖尿病、心臟病、中風和癌症 [32, 34, 3, conversation history]。
> - 兩者都指出不健康的飲食和缺乏身體活動是全球健康的主要風險因素 [32, 34, 3, conversation history]。
> - 兩者都建議多攝取水果、蔬菜和全穀類 [35, 36, 4, 6, 15, 24, 26, conversation history]。WHO 建議每天至少攝取 400 克（五份）水果和蔬菜⋯⋯國民健康署則建議每日應攝取蔬菜類 3-5 份，水果類
>
> *以下省略*

進階應用：理解原則與異同後，如何實際應用。於 **對話** 區塊對話框輸入：「假如我要設計一款飲食追蹤 APP，這資料中的哪些資訊最值得納入？」，選按 ▷ 鈕送出提問。

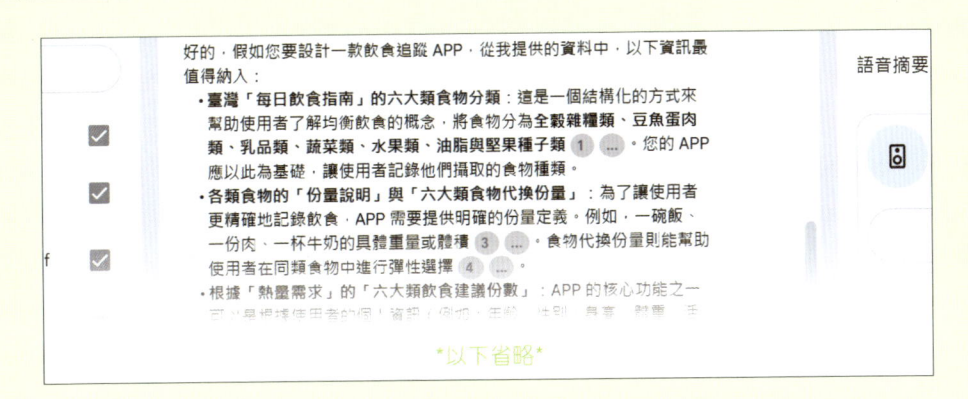

> 好的，假如您要設計一款飲食追蹤 APP，從我提供的資料中，以下資訊最值得納入：
> - 臺灣「每日飲食指南」的六大類食物分類：這是一個結構化的方式來幫助使用者了解均衡飲食的概念，將食物分為**全穀雜糧類**、**豆魚蛋肉類**、**乳品類**、**蔬菜類**、**水果類**、**油脂與堅果種子類**①⋯。您的 APP 應以此為基礎，讓使用者記錄他們攝取的食物種類。
> - 各類食物的「份量說明」與「六大類食物代換份量」：為了讓使用者更精確地記錄飲食，APP 需要提供明確的份量定義。例如，一碗飯、一份肉、一杯牛奶的具體重量或體積 ③⋯。食物代換份量則能幫助使用者在同類食物中進行彈性選擇 ④⋯。
> - 根據「熱量需求」的「六大類飲食建議份數」：APP 的核心功能之一⋯⋯
>
> *以下省略*

最後，可再依回覆內容，進一步調整問題，或自行挑選欲延伸探討的主題，以獲取更精確或深入的資訊。

小提示

查看回覆來源資訊

將滑鼠指標移至回覆的文字最後方數字註腳上，會顯示此段回覆內容的參考來源。

✦ 多種情境提問

充分了解資料脈絡及重點後，可以根據不同需求，靈活運用多種提問方式，幫助你更有效地分析資料，並加深對內容的理解。以下是幾種常見的提問情境：

- **基礎理解**：適用於快速掌握概念，如「請簡要說明這篇文章的重點」。
- **深入探討**：針對特定主題挖掘細節，如「深入分析食物選擇的影響因素」。
- **比較與對照**：比較不同觀點或內容，如「對比 A 與 B 的優缺點」。
- **摘要與整理**：請總結長篇內容，如「請將此文件摘要為 200 字」。
- **應用與推論**：資訊轉化為實際應用，如「如何將此策略應用於市場行銷？」
- **創意發想**：用於腦力激盪，如「基於這篇文章內容，發想 3 個創新點子」。
- **校對與優化**：幫助改寫或潤飾內容，如「請將這段文字優化，使其更清晰流暢」。

step 01 針對 "應用與推論" 的情境應用，可於 **對話** 區塊對話框輸入：「請依據以下一日午餐的清單，調整成健康的飲食規劃：起司培根焗烤飯、香腸拼盤、千島醬高麗菜沙拉。」，選按 ▷ 鈕送出提問，接著 NotebookLM 會開始分析並回覆詳細的內容。

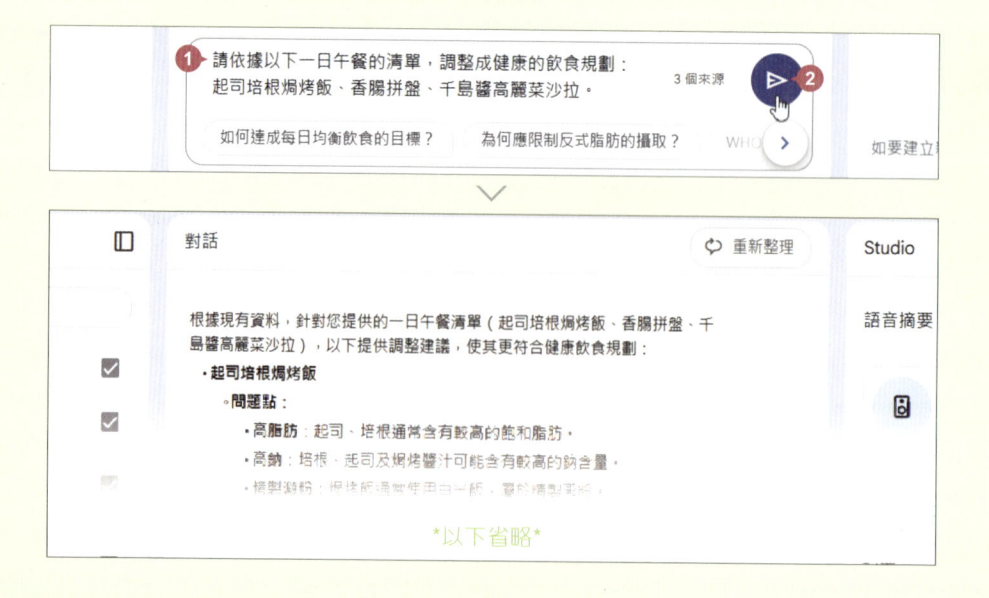

以下省略

2-20

step 02 針對 "深入探討" 的情境應用，可於 **對話** 區塊對話框輸入：「68 歲男性，有高血壓、高血脂及骨質疏鬆問題，請列出詳細的健康飲食注意事項。」，選按 ▷ 鈕送出提問，接著 NotebookLM 會開始分析並回覆詳細的內容。

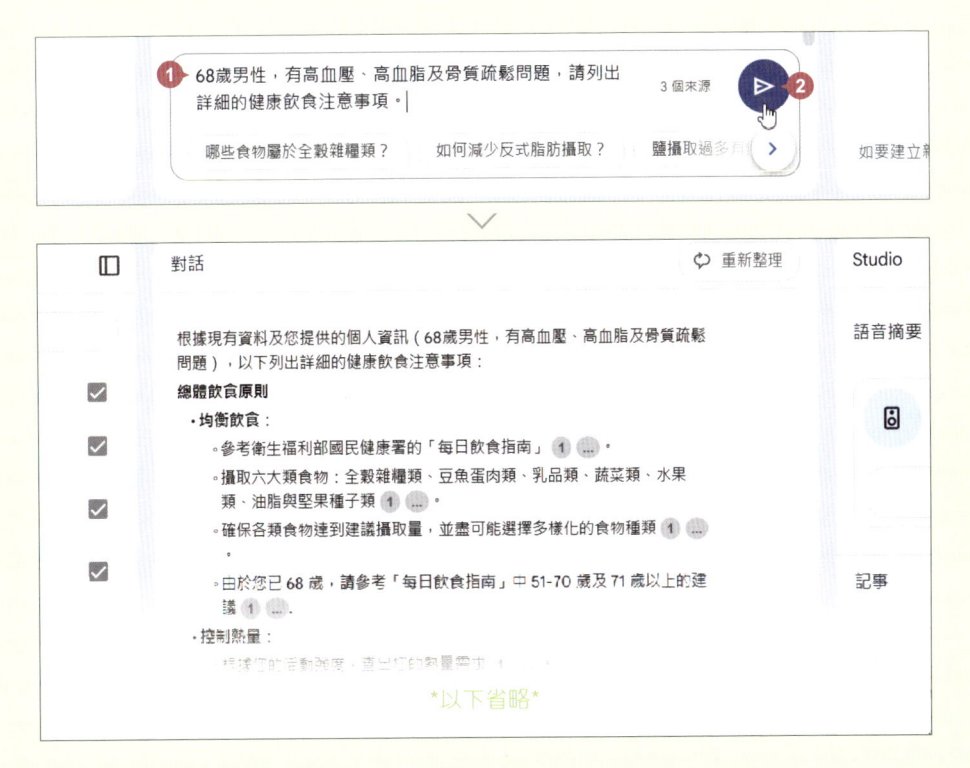

✦ 由建議問題開始提問

當面對新主題或整理大量資料時，不妨參考對話框中的問題建議，這些問題能引導提問方向並啟發更深入的思考。選按合適的建議，接著 NotebookLM 會開始分析並回覆詳細的內容。

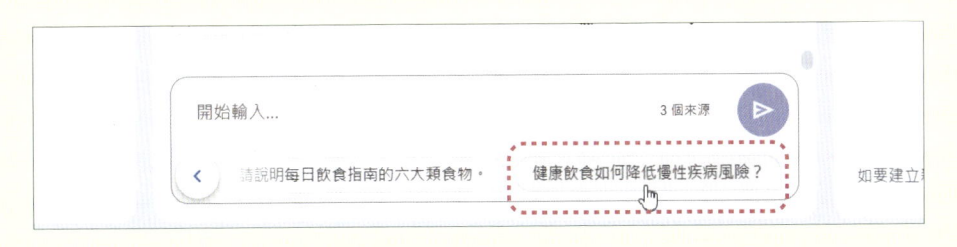

✦ **刪除目前的對話重新開始**

若因為一連串的對話或多主題探討，以至於回覆愈來愈偏離主題，又或者欲重新開始新的研究方向，可於 **對話** 區塊右上角選按 **重新整理** 鈕 \ **繼續** 鈕，刪除目前的對話紀錄重新開始。

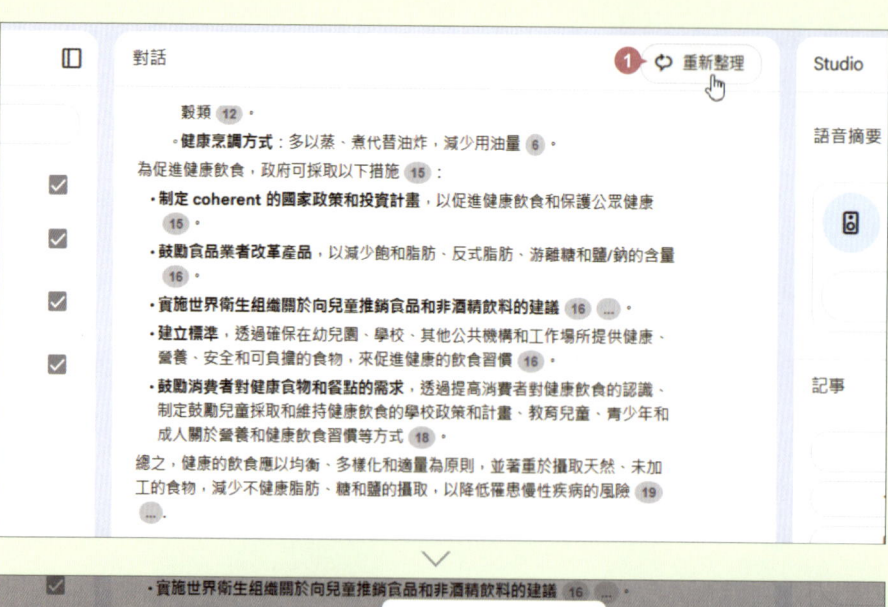

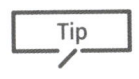

Tip 8 將重要回覆儲存至記事　　Do it！

關閉、離開筆記本或重新整理頁面，**對話** 區塊的對話紀錄並不會被保留，若有重要回覆，需即時儲存於 **記事**，方便後續瀏覽及查看。

✦ 儲存回覆至記事

step 01 於 **對話** 區塊，需要儲存為 **記事** 的回覆內容下方選按 **儲存至記事** 鈕，將該回覆儲存至 Studio 區塊 \ **記事**。

step 02 於 **Studio** 區塊可看到剛剛儲存的記事，選按該記事可瀏覽記事內容。

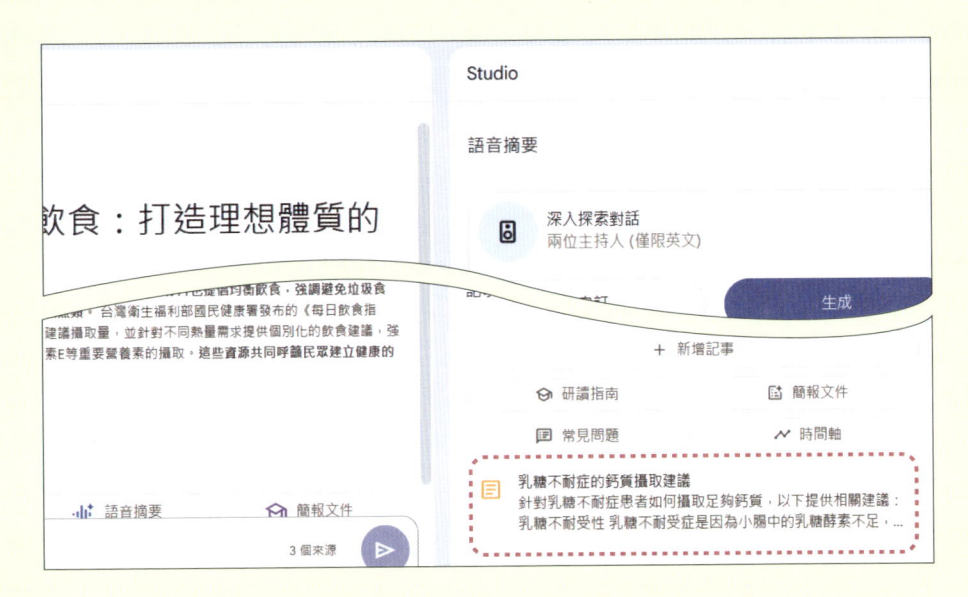

step 03 儲存的記事僅能瀏覽內容，無法繼續提問或編修。

> 小提示

儲存所有資料的摘要至記事

於 **對話** 區塊最上方，所有資料的摘要下方選按 **儲存至記事** 鈕，同樣的可將該摘要儲存至 **Studio** 區塊 \ **記事**。

2-24

✦ 重新命名記事名稱

step 01 選按欲重新命名的記事，於記事名稱上按一下滑鼠左鍵，重新輸入合適的記事名稱，此範例輸入「WHO、FAO 與衛福部飲食指南」。

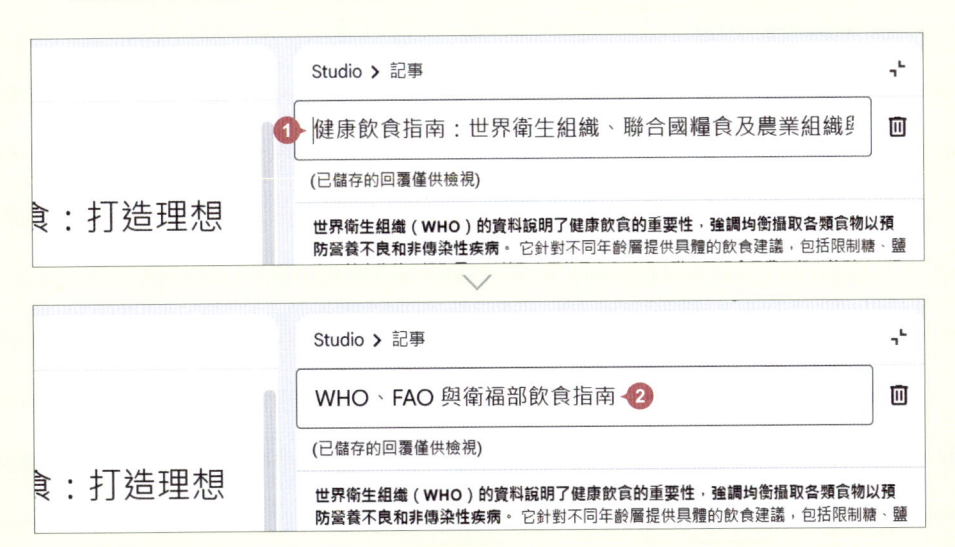

step 02 選按 返回筆記本主畫面，顯示修改後的名稱。

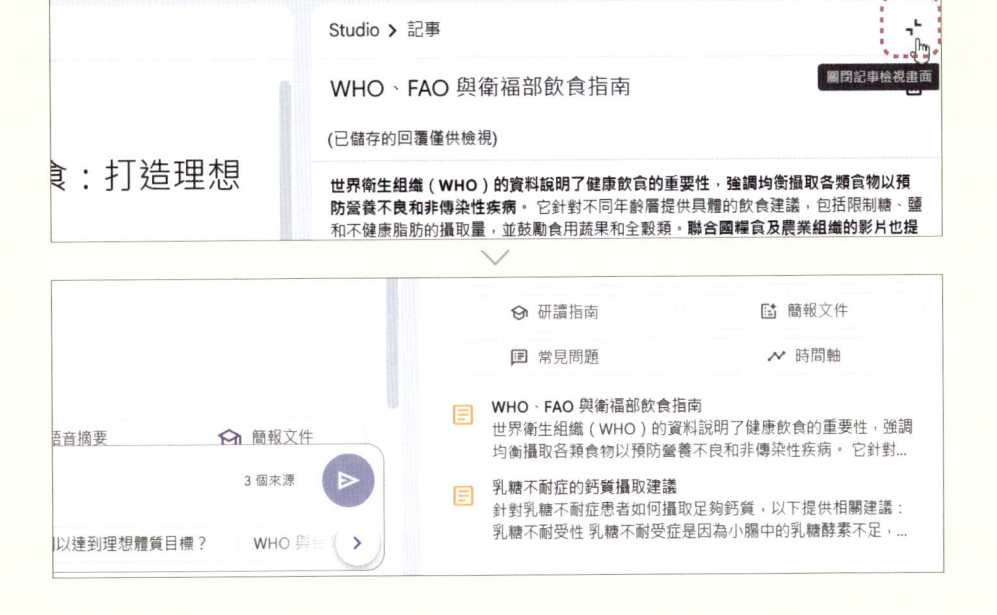

✦ 刪除記事

滑鼠指標移至欲刪除的記事，選按 ⋮ \ **刪除記事** \ **刪除** 鈕，完成刪除。

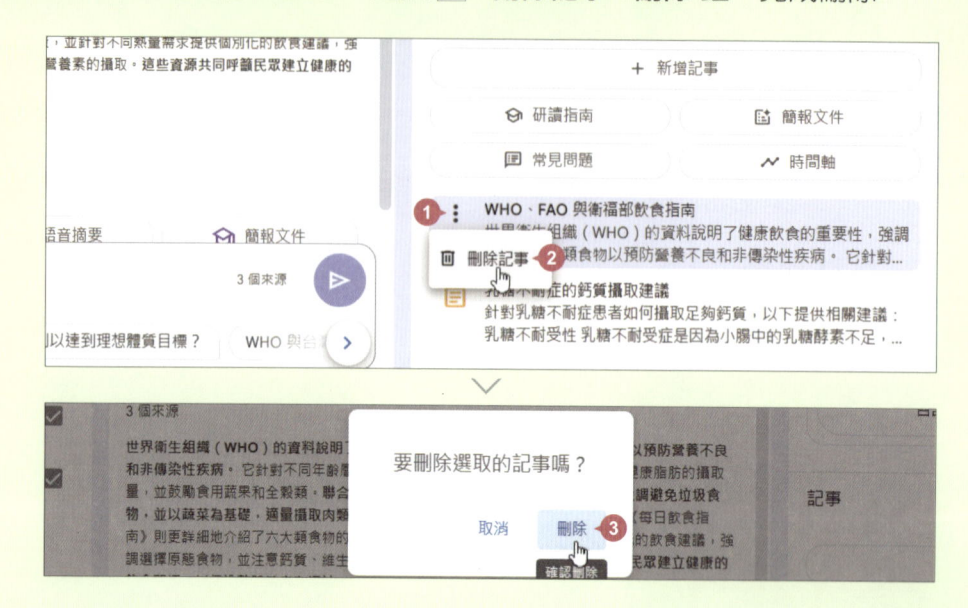

✦ 一次刪除所有記事

於 **記事** 選按 ⋮ \ **刪除所有記事**，再選按 **繼續** 鈕，即可一次刪除所有記事。

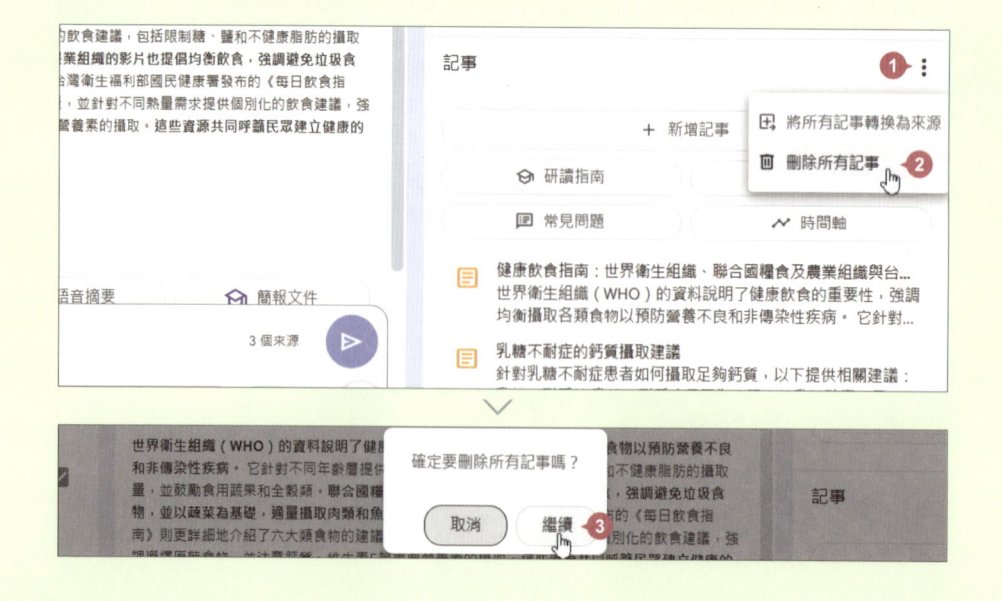

PART

03

資料分析與應用
從探索主題到高效整理

單元重點

NotebookLM 可協助整理論文或大量資料文件，透過 AI 解析、摘要重點、產生筆記與問答，讓資料分析更高效。

- ☑ 提取關鍵資料與分析方向
- ☑ 建立筆記本
- ☑ 上傳多類型資料來源
- ☑ 一鍵掌握核心內容
- ☑ 一鍵生成關鍵問題整理
- ☑ 一鍵生成學習問題研讀指南
- ☑ 問答與分析
- ☑ 將重要回覆儲存至記事
- ☑ 將記事轉換為來源
- ☑ 多層次摘要
- ☑ 論文資料整理與總結

Tip 1 提取關鍵資料與分析方向　　Do it！

要開始以 NotebookLM 整理資料之前，可以先用 ChatGPT 詢問標題名稱，並尋求相關資源的建議與分析。

開啟瀏覽器，於網址列輸入：「https://chatgpt.com/」進入 ChatGPT，可以選擇登入帳號，或直接於畫面中開始提問。

step 01 希望 ChatGPT 提供一個更具吸引力、專業性或精確性的標題，以概括此章要分析的 "AI 影音多媒體應用" 這一研究主題。

> **提示詞**
> 若要研究這個主題：AI 影音多媒體應用，請給一個比較合適的標題。

如果要研究「AI 影音多媒體應用」，可以考慮以下幾個標題，這些標題較為精確地表達了主題的範圍和研究重點：

1. 「AI技術在影音多媒體應用中的創新與挑戰」
2. 「人工智慧在影音與多媒體領域的應用與發展趨勢」
3. 「探索人工智慧在影音多媒體產業中的應用場景」
4. 「AI驅動的影音多媒體創作與技術突破」

step 02 開啟 **搜尋**，希望 ChatGPT 整理並推薦可信賴的線上資源，以便更有效地研究 "AI 影音多媒體應用" 這一主題或獲取相關資訊。

> **提示詞**
> 請建議網路上一些可以取得的資源，資源整理成這四類：PDF、影片、文獻、網路文章，以官方、政府或教育平台提供的資料來源為主，請標明出處與連結。

① 請建議網路上一些可以取得的資源，資源整理成這四類：PDF、影片、文獻、網路文章，以官方、政府或教育平台提供的資料來源為主，請標明出處與連結。｜

＋　⊕ 搜尋 ②　　　　　　　　　　　　　　　③ ↑

開啟 **搜尋**，可獲取最新或更精確的資訊，如新聞、官方公告與特定網站內容，提升即時性與精確度。回覆內容會於每個項目提供參考資源連結，選按 **資料來源** 鈕可於右側開啟所有相關參考資料列項。

- 國家教育研究院：提供各類教育相關影片。
- 教育部數位學習平台：包含多元的學習影片資源。

文獻資源：

1. AI影像論文(06)：AI如何生成影片?Diffusion模型生成影片方法調查
   探討Diffusion模型在影片生成方面的應用，介紹U-Net架構和Vision
   VOCUS.CC

網路文章：

1. Cubby：強大的AI輔助協作研究與內容管理平台
   介紹Cubby平台如何利用AI技術協助協作研究與內容管理，提升工作
   TOOLS.WINGZERO.TW

希望以上資源能協助您深入了解「AI 影音多媒體應用」的相關知識。

資料來源 ●●●●

---

ater.org.tw
人工智慧輔助多媒體教學設計與實踐
例如，影像識別技術已擁有即時與高準確...
性，並可應用在車牌辨識、即時翻譯以及自...

www.acc.ntl.edu.tw
影音分享平台之學習應用探討 Web2.0影...
學習應用探討 - ntl.edu.tw
2008年6月24日 — 了群眾自製影片與網路...
聞傳 播的影響力。而這些都是網路影音分享...

rportal.lib.ntnu.edu.tw
第二章 文獻探討 - ntnu.edu.tw
2.網路多媒體(Network Multimedia)：由...
網路的連結，讓使用者在自己的電腦螢幕上...

vocus.cc
AI影像論文(06)：AI如何生成影片?Diffusion...
影片方法調查 | 仁和的論文整理 - 方格子 vo...
2024年7月5日 — 此篇調查論文探討了Diff...
在文字、圖片和聲音轉換為影片，以及影片...

---

step 03 希望 ChatGPT 針對研究主題建議可能的分析方向，拆解成具體的問題以利於 NotebookLM 探討。

> 提示詞 💬
> 針對 "AI 影音多媒體應用的創新與發展" 主題該如何進行分析？可以提出哪些分析方向以及問題加以研究。

⬇

針對「AI 影音多媒體應用的創新與發展」主題，您可以從以下分析方向進行深入研究：

1. AI技術在影音多媒體產業的應用現況與未來趨勢

- 研究問題：
  - 目前AI技術在影音多媒體產業中的主要應用領域有哪些？
  - 未來AI技術在影音多媒體產業的發展趨勢如何？
- 分析方向：
  - 探討AI在影音內容創作、編輯、後製等方面的應用現況。
  - 預測AI技術在影音產業中的未來發展方向，如自動化內容生成、個性化推薦等。

2. AI在影音多媒體創作中的創新應用與挑戰

- 研究問題：

以下省略

Tip 2 建立筆記本　Do it !

由建立一本新的筆記本開始,再修改為合適的名稱,將筆記本分門別類的清楚規劃。

✦ 新建筆記本

於 NotebookLM 首頁, 選按 **+ 新建** 鈕,即可進入新的筆記本畫面。

歡迎使用 NotebookLM

+ 新建

小提示

出現 "上傳來源" 畫面

進入新的筆記本畫面,若出現如下 **上傳來源** 畫面,可先選按該畫面右上角的 × 關閉此畫面,待後續完成筆記本命名後再上傳來源。

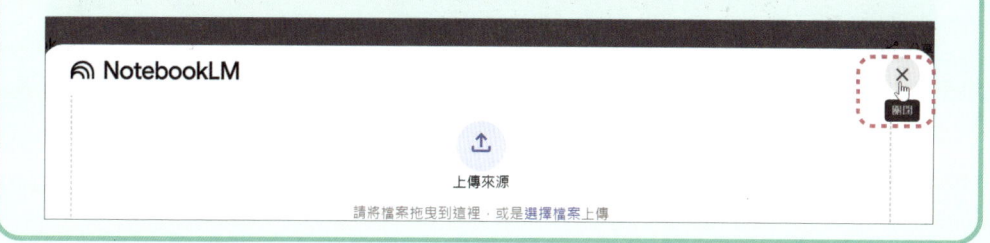

✦ 修改筆記本名稱

於筆記本畫面左上角選取預設的名稱 Untitled notebook,再輸入合適的筆記本名稱,此範例輸入「AI 影音多媒體應用的創新與發展」。

AI 影音多媒體應用的創新與發展

Tip 3 上傳多類型資料來源 Do it !

將依 ChatGPT 建議取得的相關檔案或是網址、影片，新增至 **來源** 區塊，以利後續 NotebookLM 資料分析。

✦ 新增來源：線上 PDF 檔案

step 01 於瀏覽器開啟存放 PDF 文件的網頁頁面，此章 **資料來源 1** (教育部全球資網 / 即時新聞)，選按指定的 **檔案下載** 鈕，於 PDF 預覽畫面選按 ⬇，將 PDF 檔下載至本機電腦。

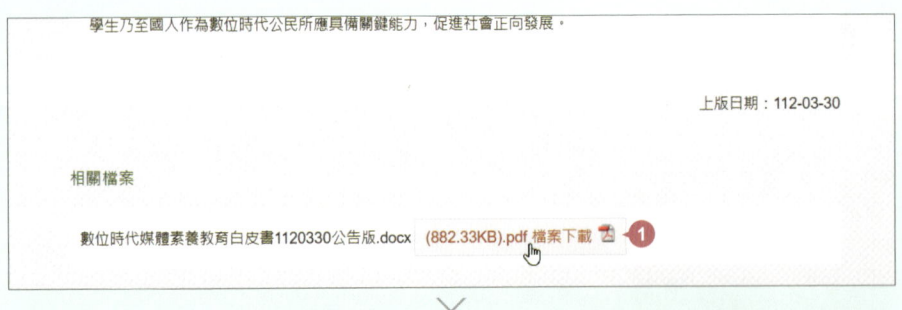

step 02 回到 NotebookLM 筆記本，於 **來源** 區塊選按 **+ 新增來源** 鈕。

3-6

step 03 **新增來源** 視窗選按 ⬆ 開啟對話方塊,指定存放路徑並選按欲上傳的 PDF 檔案,再選按 **開啟** 鈕。

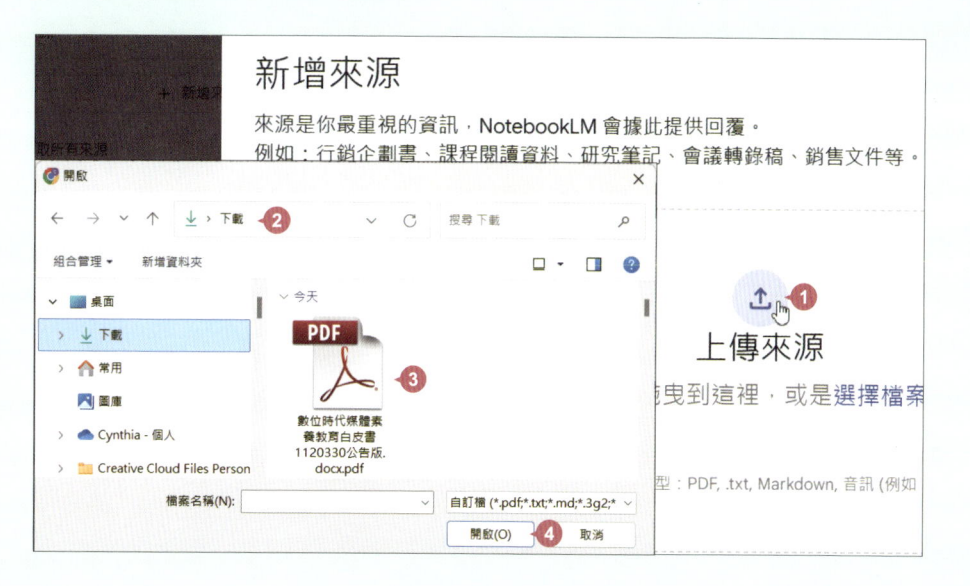

step 04 待上傳完成後,**來源** 區塊會看到該 PDF 檔案項目,且呈核選狀態。

小提示

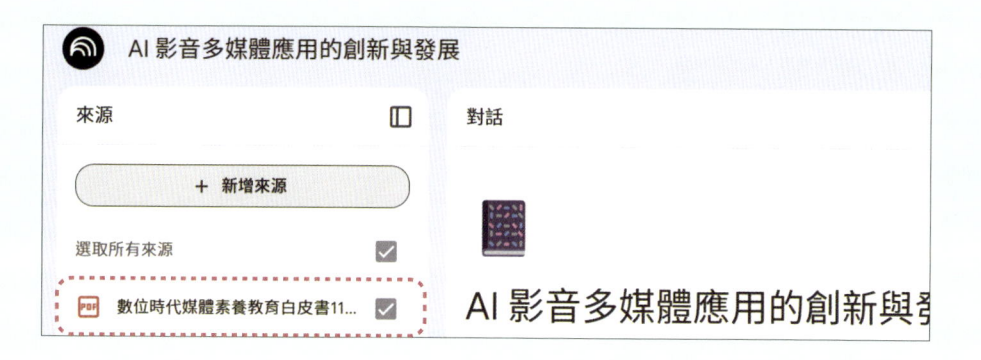

依相同方法新增其它參考資料來源檔案:

- 資料來源 2 (教育部全球資網 / 你不可不知的生成式 AI.PDF)
- 資料來源 3 (財團法人中技社 / 教師培育與教材教法之探討.PDF)

3-7

✦ 新增來源：YouTube 連結

step 01 於 **來源** 區塊上選按 **+ 新增來源** 鈕。

step 02 **新增來源** 視窗下方 **連結** 項目選按 **YouTube**，將在 ChatGPT 提問時取得或手邊收集且合適的網址貼入至欄位中，複製此章 **資料來源 4** (BBC News) 的網址貼上，選按 **插入** 鈕。

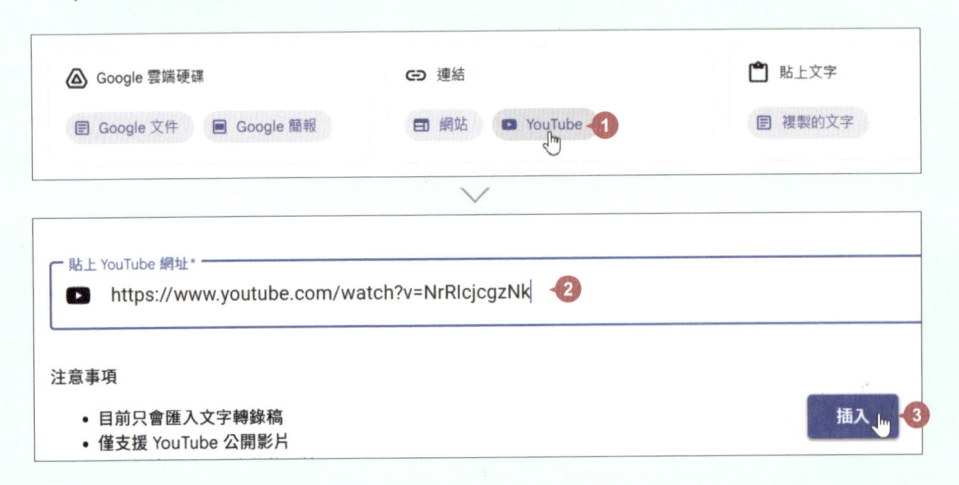

貼上 YouTube 網址*
https://www.youtube.com/watch?v=NrRlcjcgzNk

注意事項
- 目前只會匯入文字轉錄稿
- 僅支援 YouTube 公開影片

step 03 待上傳完成後，**來源** 區塊會看到該 YouTube 項目，且呈核選狀態。

How AI video generation impa...

AI 影音多媒體應用的創新與發

4 個來源

小提示

依相同方法新增其它參考資料來源檔案：

■ 此章 **資料來源 5** (台灣事實查核中心 / AI時代，人類如何勝出？)

✦ 新增來源：網站連結

目前 NotebookLM 僅能擷取指定網頁的文字內容，無法擷取圖片、嵌入影片或巢狀網頁。

step 01 於 **來源** 區塊上選按 **+ 新增來源** 鈕。

step 02 **新增來源** 視窗下方 **連結** 項目選按 **網站**，將在 ChatGPT 提問時取得或手邊收集且合適的網址貼入至欄位中，複製此章 **資料來源 6** (國家教育研究院 / 國際脈動) 的網址貼上，選按 **插入** 鈕。

step 03 待上傳完成後，**來源** 區塊會看到該網頁項目，且呈核選狀態。

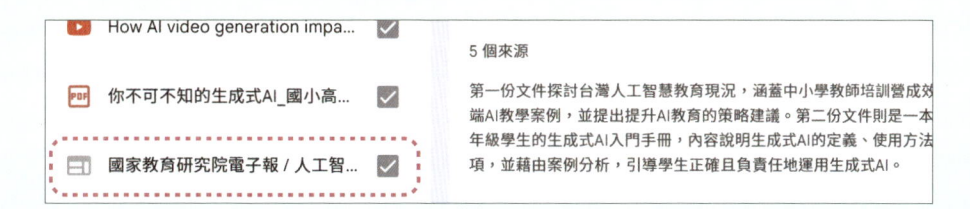

Tip 4　一鍵生成核心內容、總結與重點關注　(Do it！)

簡報文件 功能是依所有來源資料，提取關鍵內容，方便使用者統整資訊、分享見解並高效準備簡報。

step 01　於 **Studio** 區塊選按 **簡報文件** 鈕。

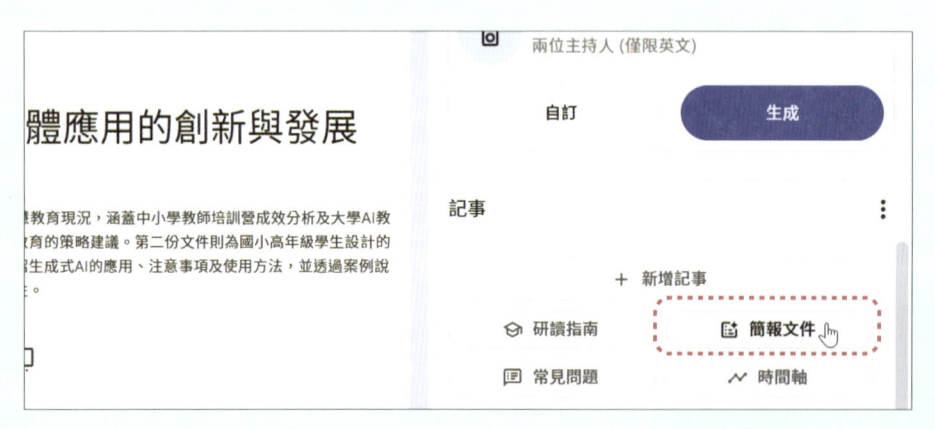

step 02　待 AI 分析完成後，即會自動生成一份詳細的記事，選按該記事可開啟並瀏覽內容。(自動生成的記事僅供檢視，無法編輯。)

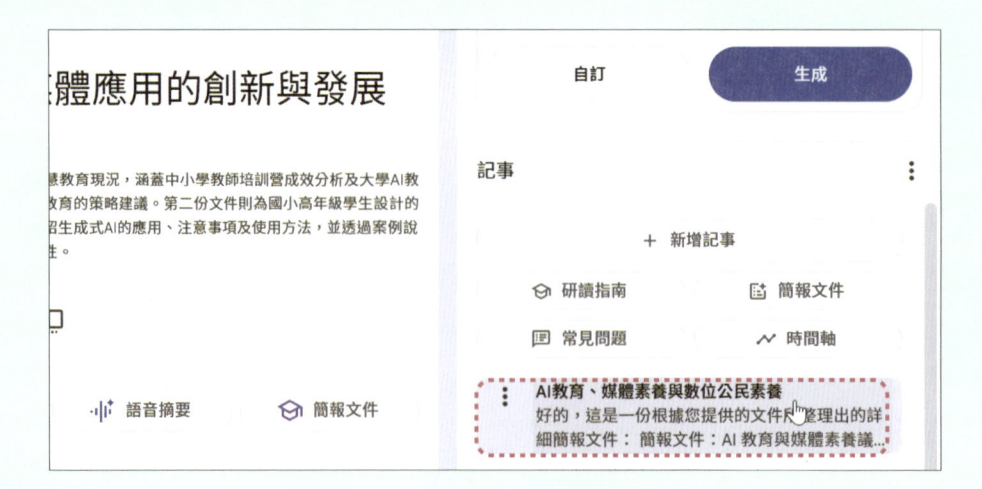

3-10

step 03 **簡報文件** 功能可依核選的來源資料，自動整理為條理清晰的內容，列出重點摘要，適用於工作報告、提案、簡報與會議摘要 (不同來源資料生成的簡報文件記事架構會有所不同)。

於記事名稱上按一下滑鼠左鍵，可重新命名 (建議可於名稱前加上 "簡報文件-" 用以識別記事本生成方式)；選按 即可收合此記事。

記事標題 ──→ **簡報文件-AI教育、媒體素養與數位公民素養** ①

Studio ＞ 記事　　②

(已儲存的回覆僅供檢視)

簡報文件說明開場 ──→ 好的，這是一份根據您提供的文件所整理出的詳細簡報文件：
簡報文件：AI 教育與媒體素養議題分析
一、引言
本簡報旨在綜觀您提供的多份資料，深入探討當前台灣在人工智慧 (AI) 教育推動、教師培訓、以及數位時代媒體素養所面臨的挑戰與機遇。文件涵蓋了從學術研究報告、教師培訓教材、到專家訪談、以及政策白皮書等多元觀點，旨在提供一個全面的分析框架。

依來源內容列項說明 ──→ **二、AI 教育現況與挑戰 (基於 "2023-11-ai教師培育與教材教法之探討.pdf")**
(來源引用)

- **推動現況**：台灣積極推動 AI 教育，從中小學到大專院校皆有相關課程與培訓計畫。
- 教育部主導的「人工智慧技術與應用人才培育計畫」為核心，強調跨領域整合。
- 中小學階段著重 AI 概念啟發，並搭配《和 AI 做朋友》教材。
- 大專院校則強調 AI 於各領域的應用，如智慧製造、智慧醫療、智慧農業等。
- 各大學發展特色 AI 課程，並積極與業界合作。
- **重要發現與概念:AI 課程地圖**：從國小到高中皆有規劃，旨在循序漸進引導學生認識 AI。
- **跨領域學習**：強調 AI 與各專業領域的結合，培養跨域人才。
- **實作重要性**：理論與實作並重，透過實作加深學生對 AI 的理解。
- **資源共享**：強調建立 AI 教學資源共享平台，促進資源流通。
- **個別化課程**：鼓勵學校設計符合自身需求的 AI 課程，而非由教育部一體制定。
- **教師增能**：強調 AI 教師培訓的重要性，並提出相關挑戰與建議。
- **重點引用**：「誘發學生對 AI 的學習興趣；普大則可在大一階段就將相關專業導入 AI，以確保學生能熟練應用 AI 於該領域」
- 「個別化的 AI 課程規劃：由於不同學校具有不同的性質和需求，因此不宜由教育部一體制定，應由學校設計適合的課程。」
- 「理論性的課程效果可能不如實作課程佳，建議加強實作課程，讓學生動手學習 AI 知識。」
- AI 教師培訓問題點:內在動機不足: AI 未納入課綱，教師缺

以下省略

Tip 5 一鍵生成關鍵問題整理　　Do it !

常見問題 功能是依所有來源資料，自動生成重點、關鍵問題與答案，幫助使用者快速擷取主題和想法並理解內容。

step 01 於 **Studio** 區塊選按 **常見問題** 鈕。

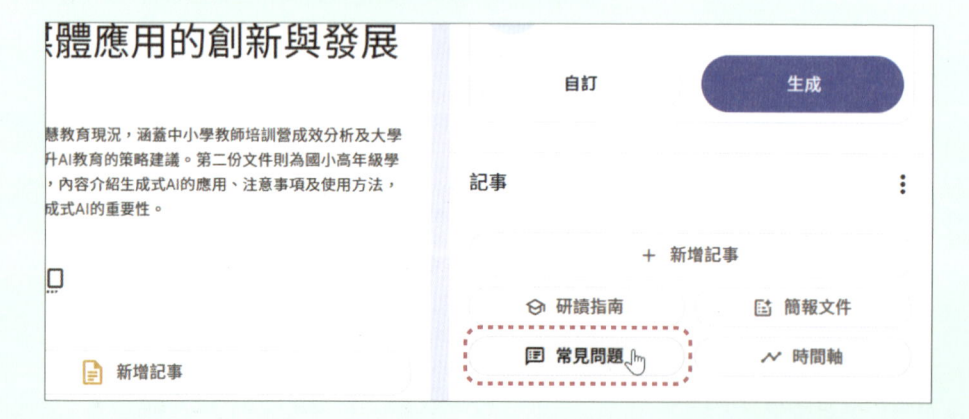

step 02 待 AI 分析完成後，即會自動生成一份詳細的記事，選按該記事可開啟並瀏覽內容。(自動生成的記事僅供檢視，無法編輯。)

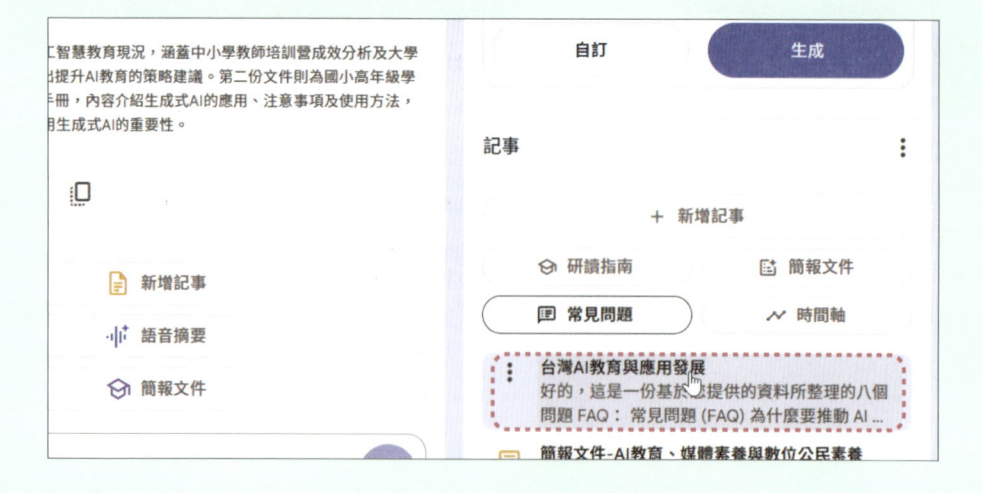

3-12

step 03

常見問題 功能可依核選的來源資料，自動生成重點摘要、關鍵問題與對應答案，以協助使用者：

- **迅速理解內容**：自動提取資料中的重要資訊，減少逐字閱讀的時間，提高理解效率。

- **捕捉核心概念**：針對主題提供關鍵問題與相關解答，引導使用者深入探索內容。

- **提升學習與研究效率**：自動整理複雜資訊，讓使用者能專注於分析與決策，而非手動篩選內容。

常用於研究、報告撰寫、內容整理等情境，確保使用者能在短時間內獲取高價值的資訊，優化學習與工作流程。 (不同來源資料生成的問題數量及架構會有所不同)。

於記事名稱上按一下滑鼠左鍵，可重新命名 (建議可於名稱前加上 "常見問題-" 用以識別記事本生成方式)；選按 ⬈ 即可收合此記事。

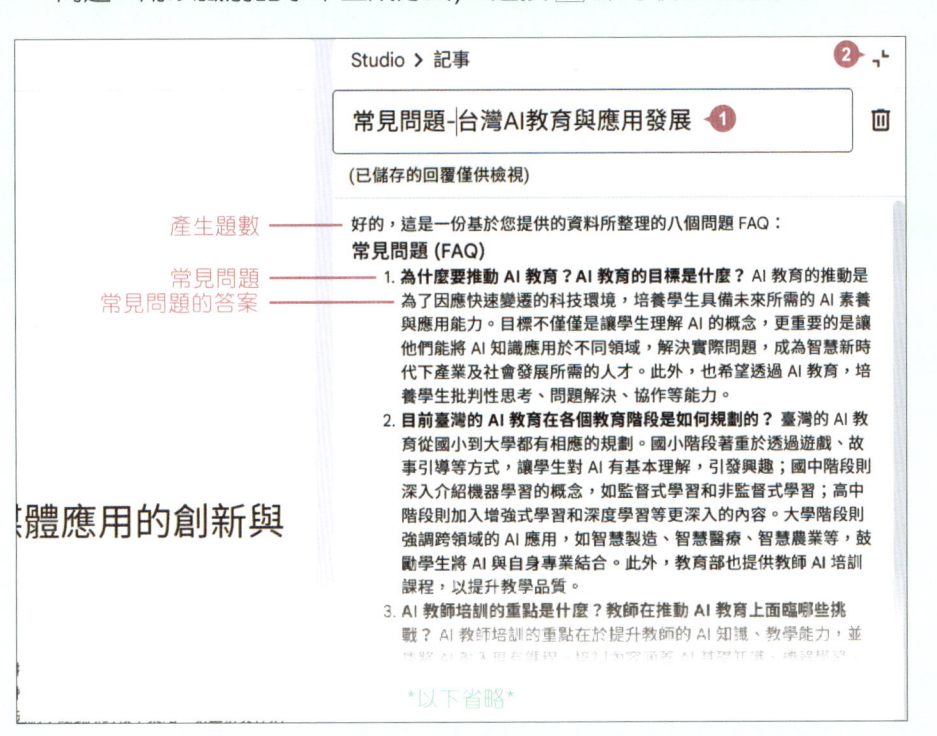

```
Studio > 記事                                          ②

常見問題-台灣AI教育與應用發展  ①                        🗑
(已儲存的回覆僅供檢視)

好的，這是一份基於您提供的資料所整理的八個問題 FAQ：     ← 產生題數
常見問題 (FAQ)
1. 為什麼要推動 AI 教育？AI 教育的目標是什麼？AI 教育的推動是  ← 常見問題
   為了因應快速變遷的科技環境，培養學生具備未來所需的 AI 素養  ← 常見問題的答案
   與應用能力。目標不僅僅是讓學生理解 AI 的概念，更重要的是讓
   他們能將 AI 知識應用於不同領域，解決實際問題，成為智慧新時
   代下產業及社會發展所需的人才。此外，也希望透過 AI 教育，培
   養學生批判性思考、問題解決、協作等能力。
2. 目前臺灣的 AI 教育在各個教育階段是如何規劃的？臺灣的 AI 教
   育從國小到大學都有相應的規劃。國小階段著重於透過遊戲、故
   事引導等方式，讓學生對 AI 有基本理解，引發興趣；國中階段則
   深入介紹機器學習的概念，如監督式學習和非監督式學習；高中
   階段則加入增強式學習和深度學習等更深入的內容。大學階段則
   強調跨領域的 AI 應用，如智慧製造、智慧醫療、智慧農業等，鼓
   勵學生將 AI 與自身專業結合。此外，教育部也提供教師 AI 培訓
   課程，以提升教學品質。
3. AI 教師培訓的重點是什麼？教師在推動 AI 教育上面臨哪些挑
   戰？AI 教師培訓的重點在於提升教師的 AI 知識、教學能力，並

                    *以下省略*
```

Tip 6　一鍵生成學習問題研讀指南　Do it !

研讀指南 功能是依所有來源資料快速製作研讀指南測驗，包括簡答題、答案、申論題及詞彙表。

step 01　於 **Studio** 區塊選按 **研讀指南** 鈕。

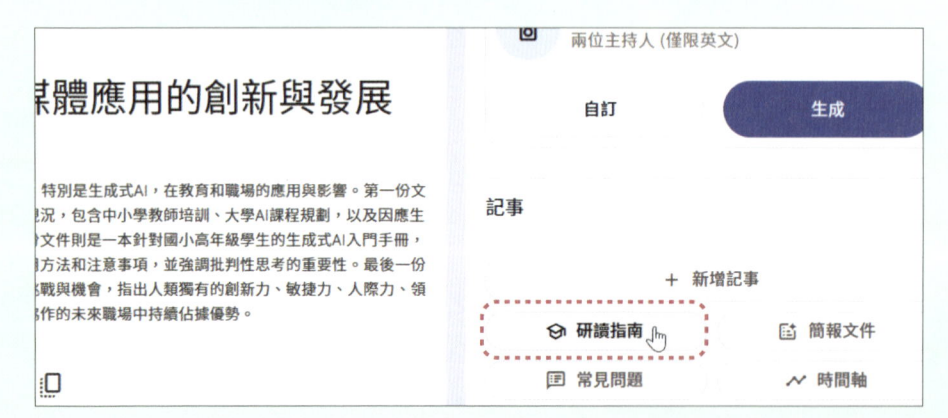

step 02　待 AI 分析完成後，即會自動生成一份詳細的記事，選按該記事可開啟並瀏覽內容。(自動生成的記事僅供檢視，無法編輯。)

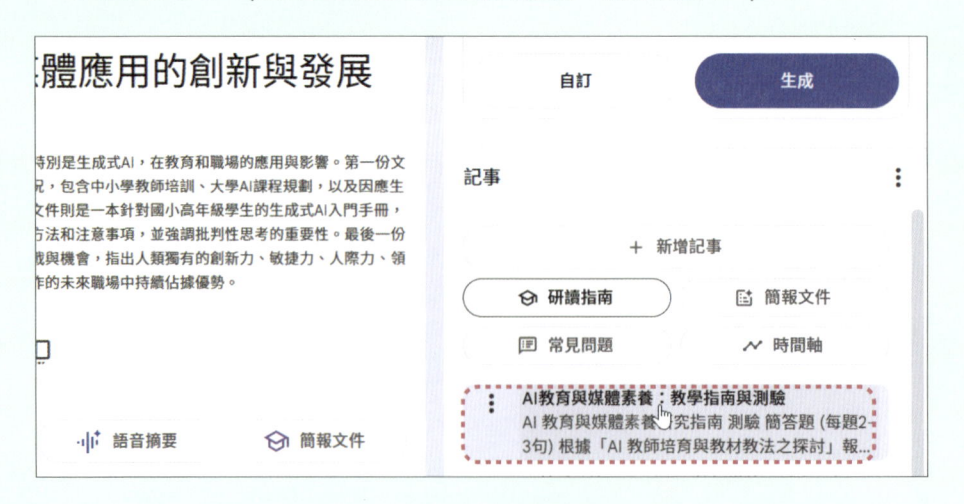

step 03 **研讀指南** 功能可依核選的來源資料，建立章節重點、關鍵概念，甚至提供測驗題目與解答，使學習者能循序漸進地理解知識，適合用於學術研究、備考或專業進修。(不同來源資料生成的題型數量及類型會有所不同)。

於記事名稱上按一下滑鼠左鍵，可重新命名 (建議可於名稱前加上 "研讀指南-" 用以識別記事本生成方式)；選按 ⤢ 即可收合此記事。

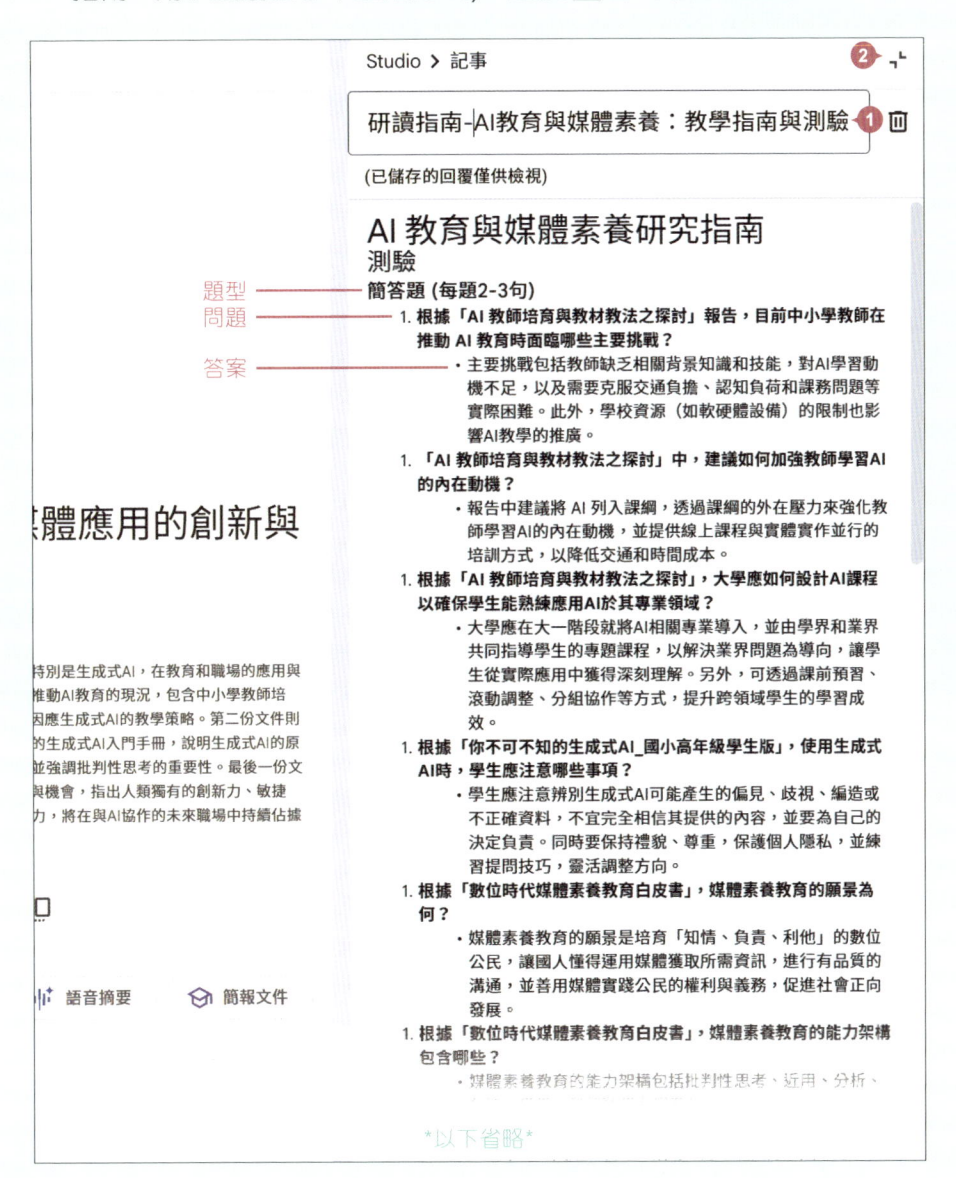

Studio ＞ 記事　　　　　　　　　　　　　　　②

研讀指南-AI教育與媒體素養：教學指南與測驗 ①　🗑

(已儲存的回覆僅供檢視)

AI 教育與媒體素養研究指南
測驗

題型 ──→ 簡答題 (每題2-3句)
問題 ──→ 1. 根據「AI 教師培育與教材教法之探討」報告，目前中小學教師在推動 AI 教育時面臨哪些主要挑戰？
答案 ──→ ・主要挑戰包括教師缺乏相關背景知識和技能，對AI學習動機不足，以及需要克服交通負擔、認知負荷和課務問題等實際困難。此外，學校資源 (如軟硬體設備) 的限制也影響AI教學的推廣。

1. 「AI 教師培育與教材教法之探討」中，建議如何加強教師學習AI的內在動機？
    ・報告中建議將 AI 列入課綱，透過課綱的外在壓力來強化教師學習AI的內在動機，並提供線上課程與實體實作並行的培訓方式，以降低交通和時間成本。

1. 根據「AI 教師培育與教材教法之探討」，大學應如何設計AI課程以確保學生能熟練應用AI於其專業領域？
    ・大學應在大一階段就將AI相關專業導入，並由學界和業界共同指導學生的專題課程，以解決業界問題為導向，讓學生從實際應用中獲得深刻理解。另外，可透過課前預習、滾動調整、分組協作等方式，提升跨領域學生的學習成效。

1. 根據「你不可不知的生成式AI_國小高年級學生版」，使用生成式AI時，學生應注意哪些事項？
    ・學生應注意辨別生成式AI可能產生的偏見、歧視、編造或不正確資料，不宜完全相信其提供的內容，並要為自己的決定負責。同時要保持禮貌、尊重，保護個人隱私，並練習提問技巧，靈活調整方向。

1. 根據「數位時代媒體素養教育白皮書」，媒體素養教育的願景為何？
    ・媒體素養教育的願景是培育「知情、負責、利他」的數位公民，讓國人懂得運用媒體獲取所需資訊，進行有品質的溝通，並善用媒體實踐公民的權利與義務，促進社會正向發展。

1. 根據「數位時代媒體素養教育白皮書」，媒體素養教育的能力架構包含哪些？
    ・媒體素養教育的能力架構包括批判性思考、近用、分析、

以下省略

Tip 7 問答與分析　　Do it！

可依需求直接輸入問題，或參考建議問題進行提問，並搭配合適的來源資料，使 NotebookLM 的回答更精準貼合你的需求。

✦ 輸入問題提問

NotebookLM 提問可依需求輸入問題，或使用建議提示詞，如摘要、比較、應用、評估...等，引導 AI 提供更精確且有深度的回應。

step 01 於 **對話** 區塊對話框輸入：「請歸納出這些資料的三大核心觀點」，選按 ▶ 鈕送出提問，接著 NotebookLM 會開始分析並回覆詳細的內容。

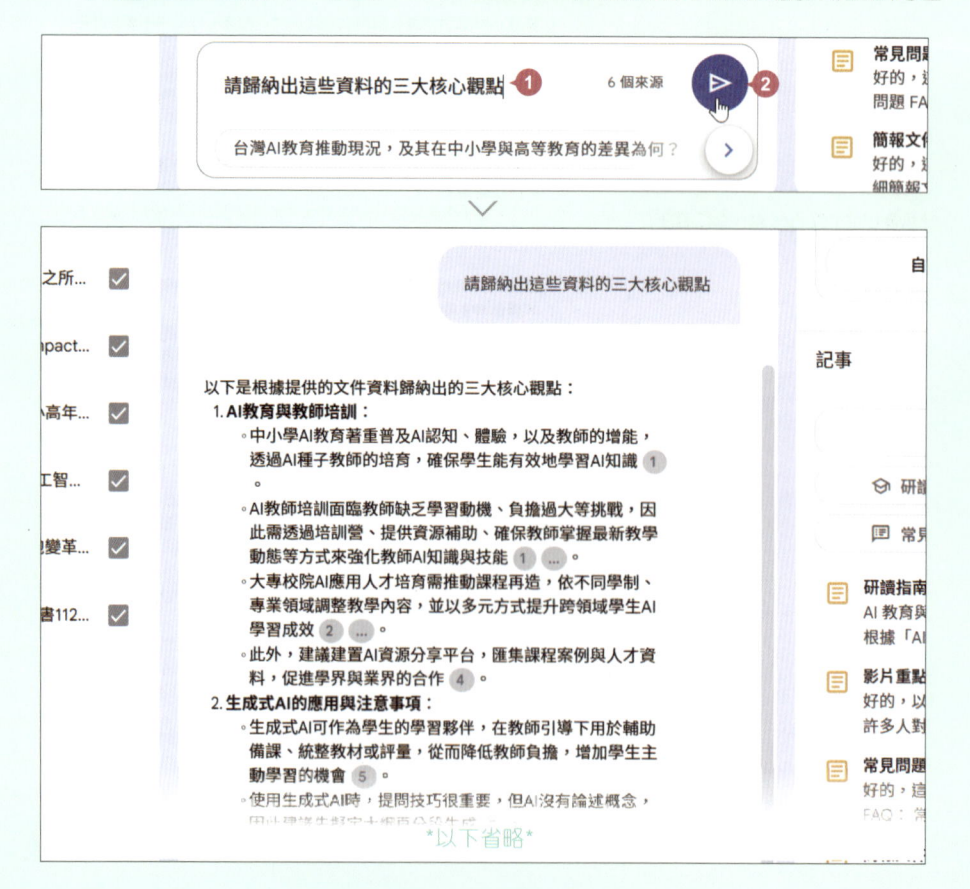

以下省略

3-16

step 02 於 **對話** 區塊對話框輸入：「目前 AI 影片生成技術的局限性是什麼？」，選按 ▷ 鈕送出提問，接著 NotebookLM 會開始分析並回覆詳細的內容。(若提問的問題未在來源資料中提及，會出現 "由於目前提供的文件中沒有直接定義 ****，因此無法直接回答這個問題，不過...." 的回覆。)

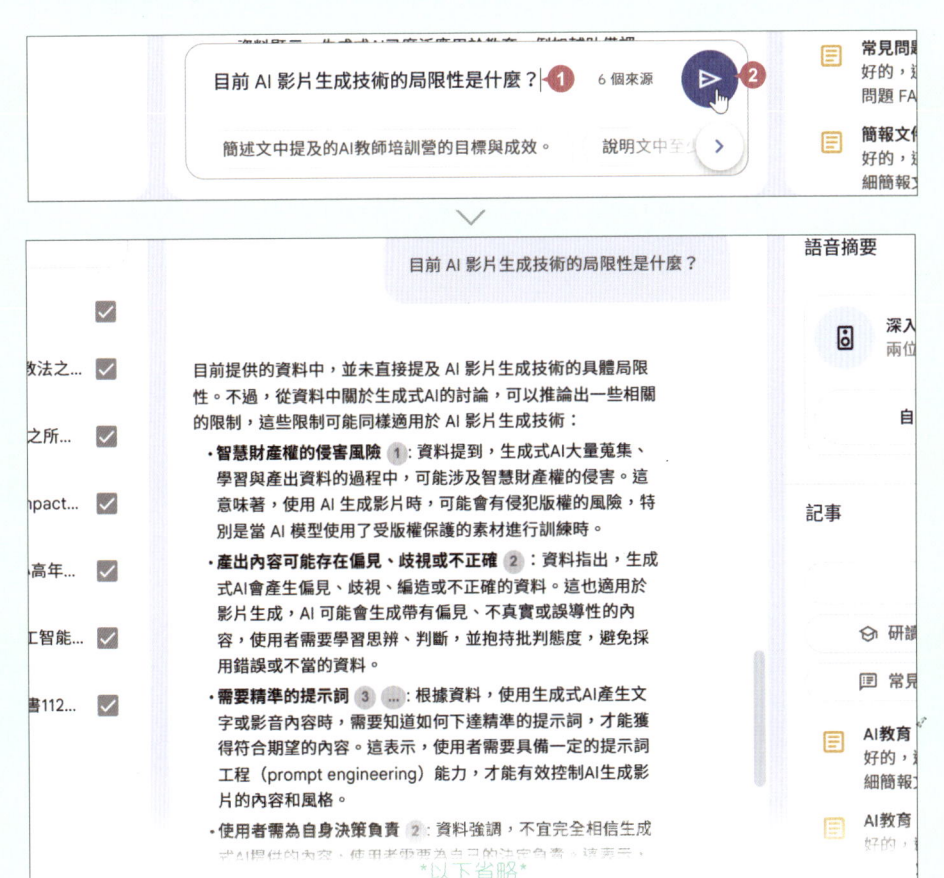

以下省略

✦ 以建議問題提問

NotebookLM 內建多則建議問題，以目前的來源資料內容，提供不同角度的問題建議並明確的描述問題，以更有結構地詢問或發掘新的見解。

於 **對話** 區塊對話框下方選按建議的問題 (選按右側 > 鍵可以查看更多問題)，接著 NotebookLM 會依照問題開始分析並回覆詳細的內容。

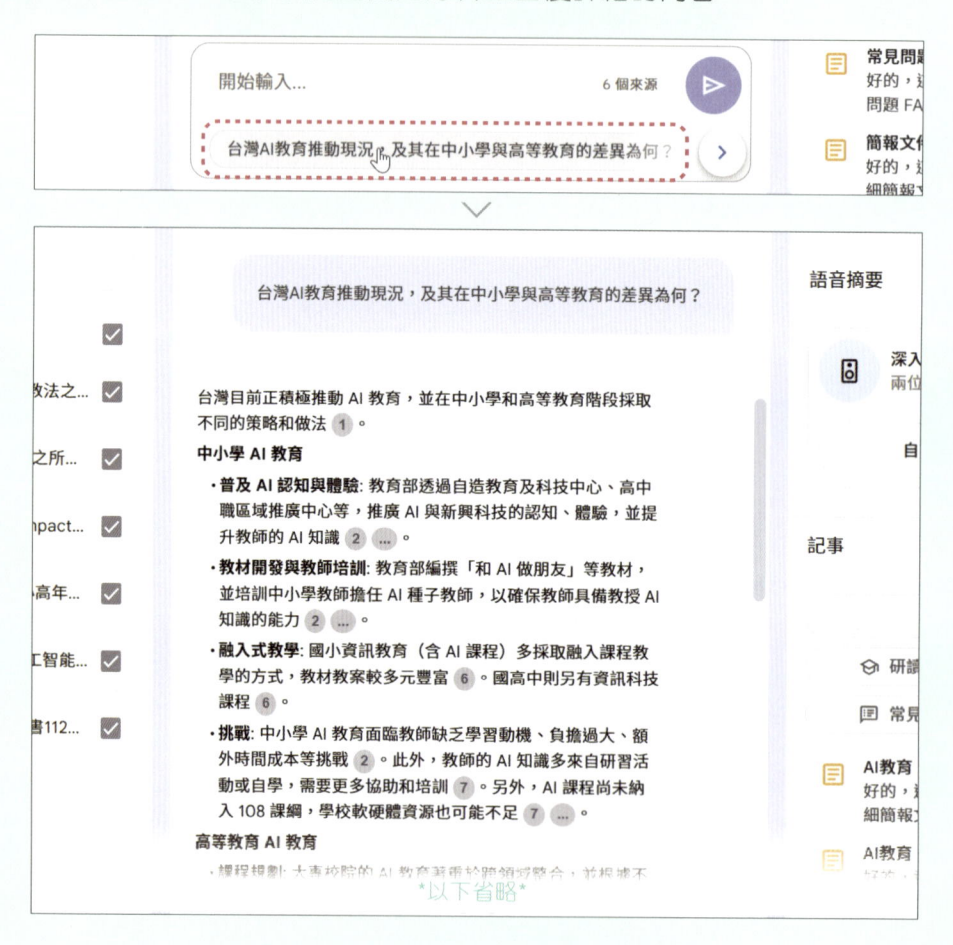

✦ 檢視引用來源

於 **對話** 區塊，提問的答覆段落後方有灰色區塊的數字，又稱數字註腳，將滑鼠指標移到數字註腳上就會顯示引用的來源出處與資料內容；於該視窗拖曳垂直卷軸，可以瀏覽更多內容。

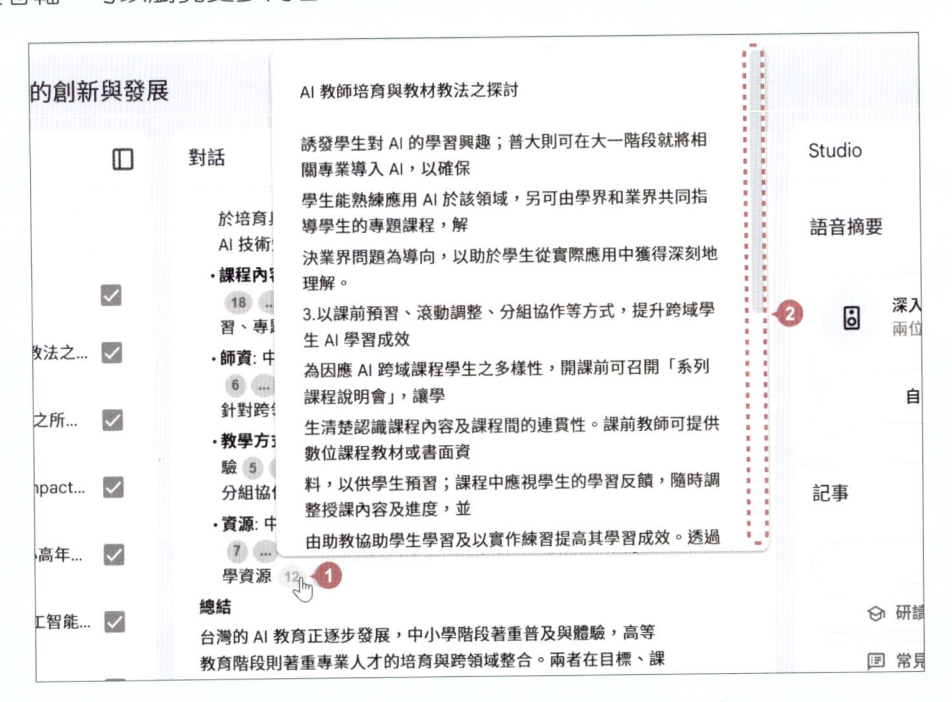

選按數字註腳會於左側 **來源** 區塊開啟引用的資料項目，並會上色選取目前引用的資料內容。

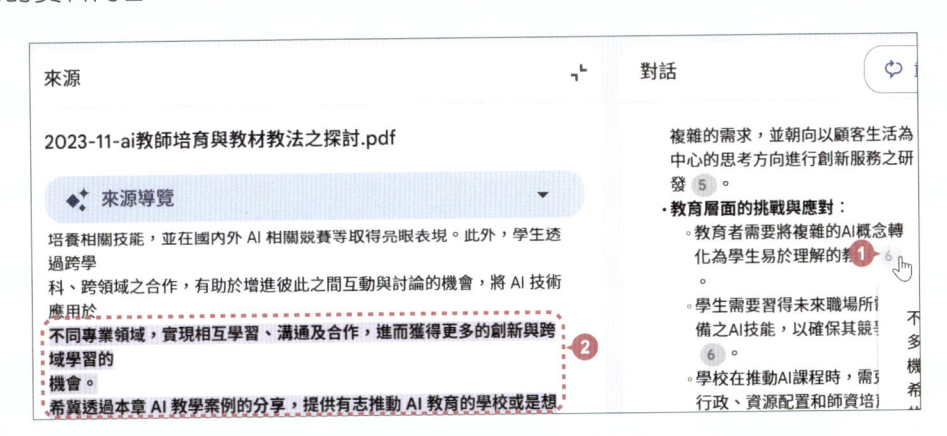

✦ 依指定來源資料提問

使用者可選擇特定文件、影片或音訊來源資料作為回答依據。適用於深入研究、精準比對資訊或聚焦特定內容，確保 AI 回應更準確，避免與其他主題資料混淆。

step 01 於 **來源** 區塊核選欲用來分析的來源項目 (其他項目取消核選)。

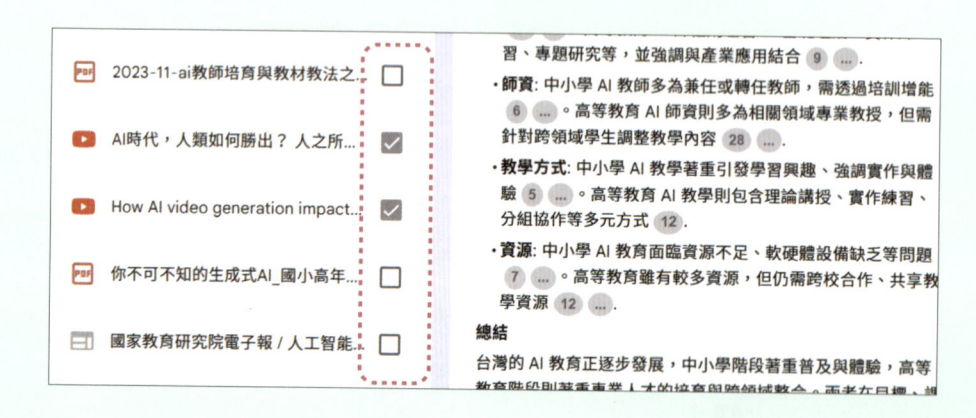

step 02 於 **對話** 區塊對話框，可看到來源由原本的 "6 個來源" 變成 "2 個來源"，接著輸入：「請整理這些來源資料產生重點摘要」，選按 ▷ 鈕送出提問。

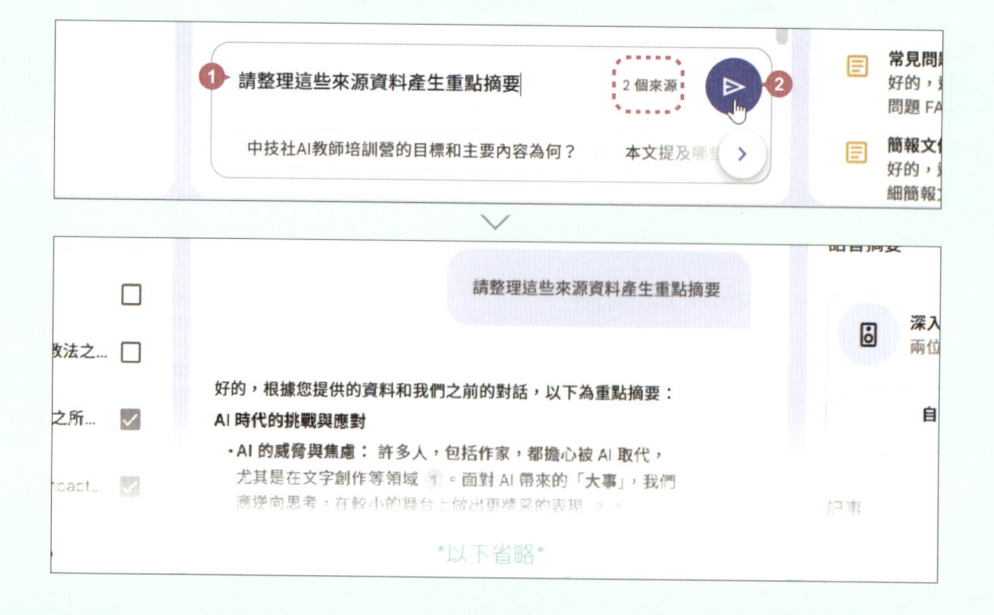

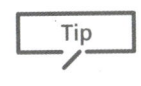

Tip 8 將重要回覆儲存至記事

Do it！

在詢問 AI 後，如果擔心之後找不到該回覆，可以把重要的回覆內容儲存到記事，更容易統整資料。

對話 區塊回覆的訊息需手動儲存才能保存，否則只要重整頁面、回到首頁或是離開此筆記本回到首頁，都會讓回覆的訊息消失。

step 01 於 **對話** 區塊捲動至欲儲存的回覆內容下方，選按 **儲存至記事** 鈕，將該回覆儲存至 Studio 區塊 \ 記事。

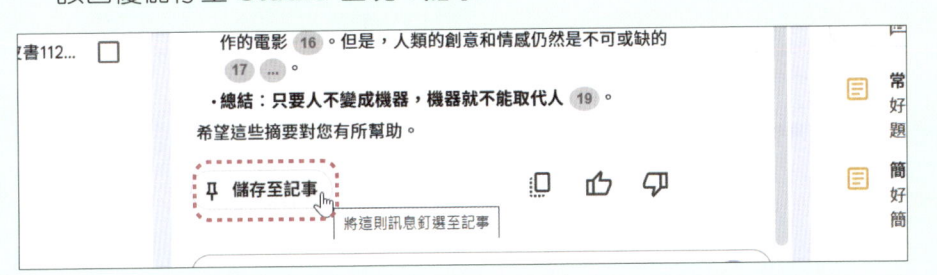

step 02 於 Studio 區塊選按儲存的記事，可瀏覽存放的內容；記事名稱上按一下滑鼠左鍵，可重新命名記事名稱，選按 即可回到筆記本主畫面。(該記事僅供檢視，無法編輯。)

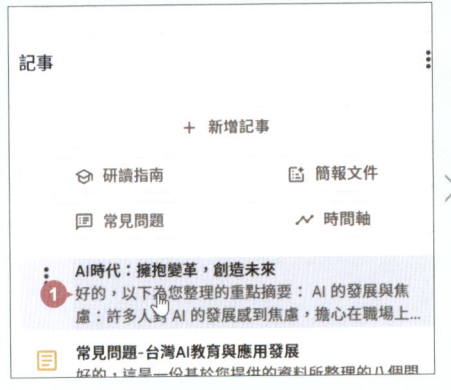

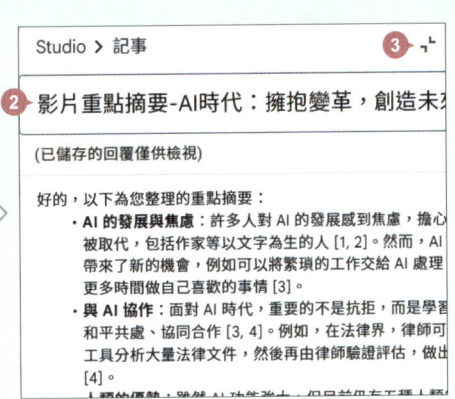

3-21

實用篇 03 資料分析與應用，從探索主題到高效整理

Tip 9 將記事轉換為來源

Do it！

各式提問或 NotebookLM 生成的分析記事，可以轉換為來源資料，來源資料越多元化，越能有效提升內容分析的深度與準確性。

step 01 於 **Studio** 區塊，選按要轉換為來源的記事。

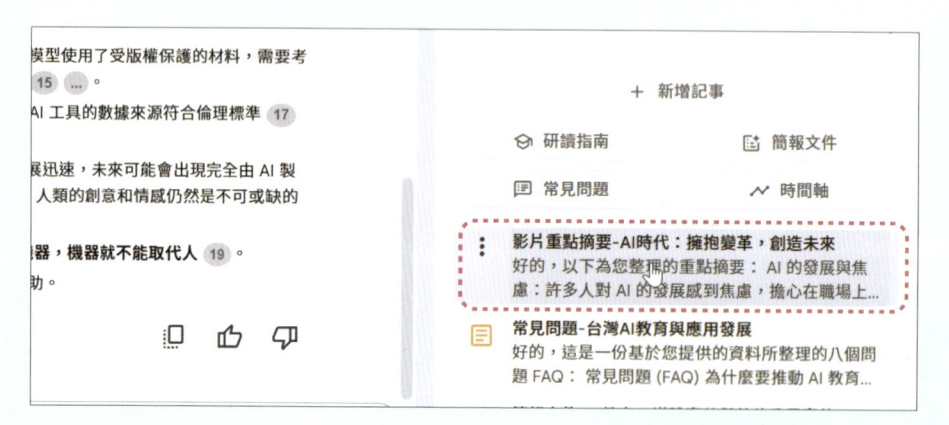

step 02 於記事內最下方選按 **轉換成來源**，即可在左側 **來源** 區塊看到轉換完成的記事。

■ 3-22

step 03 於 **來源** 區塊核選由記事轉換過來的來源項目 (其他來源取消核選)，此處針對此來源提問。

step 04 於 **對話** 區塊對話框輸入：「請列出此來源的八個重點，並加以說明。」，選按 ▶ 鈕送出提問。

Tip 10　多層次重點摘要與完整筆記

Do it !

當使用 AI 進行摘要整理時，可依文章長短或是格式需求，直接於對話中具體清晰的提問，省去後續編輯調整的時間。

✦ 整理摘要 (分段落、字數)

於 **對話** 區塊對話框輸入：「**請將所有來源資料匯整並摘要，字數於300字內，分成二個段落。**」，選按 ▶ 鈕送出提問，接著 NotebookLM 會開始分析並回覆內容。

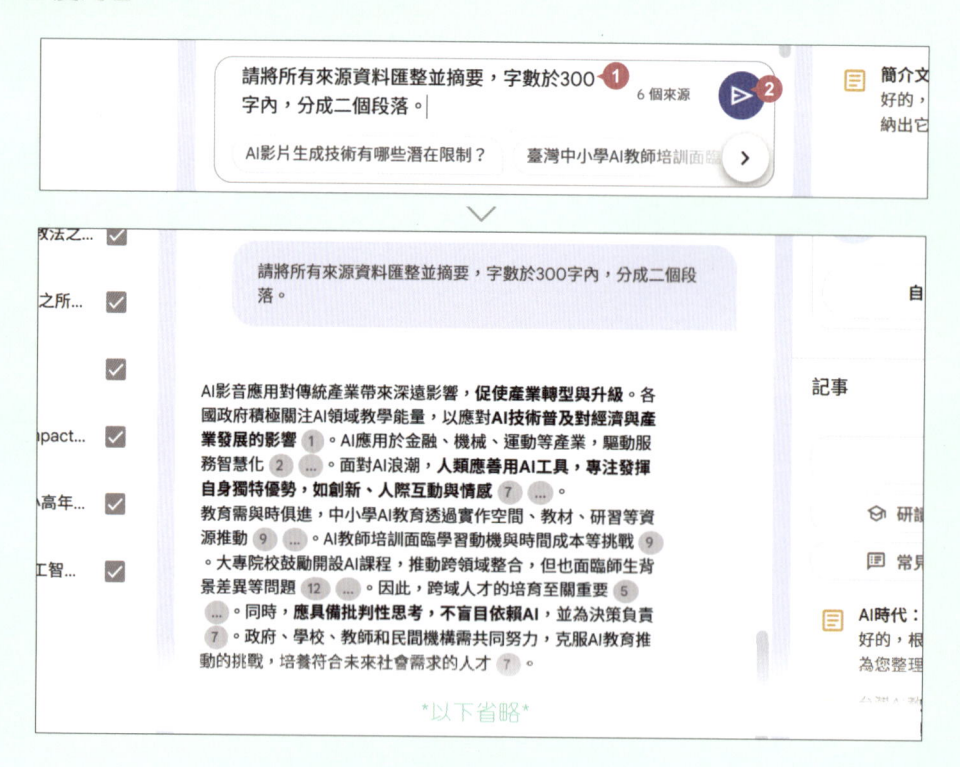

```
請將所有來源資料匯整並摘要，字數於300    ①
字內，分成二個段落。|
                                  6 個來源         ②
AI影片生成技術有哪些潛在限制？    臺灣中小學AI教師培訓面臨
```

⬇

請將所有來源資料匯整並摘要，字數於300字內，分成二個段落。

AI影音應用對傳統產業帶來深遠影響，**促使產業轉型與升級**。各國政府積極關注AI領域教學能量，以應對AI技術普及對經濟與產業發展的影響 ①。AI應用於金融、機械、運動等產業，驅動服務智慧化 ②。面對AI浪潮，**人類應善用AI工具，專注發揮自身獨特優勢，如創新、人際互動與情感** ⑦ ...。教育需與時俱進，中小學AI教育透過實作空間、教材、研習等資源推動 ⑨ ...。AI教師培訓面臨學習動機與時間成本等挑戰 ⑨ ...。大專院校鼓勵開設AI課程，推動跨領域整合，但也面臨師生背景差異等問題 ⑫ ...。因此，跨域人才的培育至關重要 ⑤ ...。同時，**應具備批判性思考，不盲目依賴AI**，並為決策負責 ⑦ ...。政府、學校、教師和民間機構需共同努力，克服AI教育推動的挑戰，培養符合未來社會需求的人才 ⑦ ...。

以下省略

✦ 條列重點

於 **對話** 區塊對話框輸入：「請將所有來源資料，整理為條列式重點摘要。」，選按 ▷ 鈕送出提問，接著 NotebookLM 會開始分析並回覆內容。

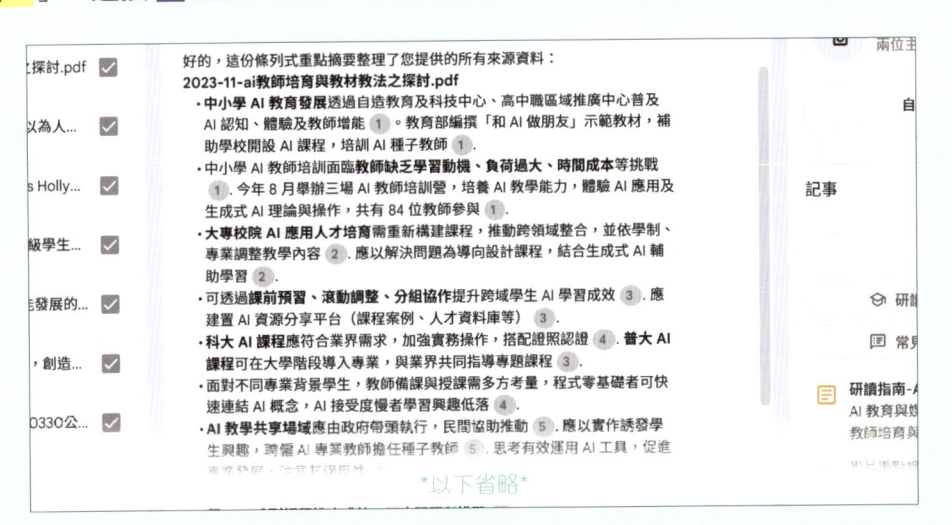

✦ 整理出完整的筆記資料並解析、補充

於 **對話** 區塊對話框輸入：「請根據所有資料整理成詳盡的筆記，撰寫一篇對高中三年級學生易懂的內容，重要內容或其中涉及較複雜的觀念，請適當解釋補充。」，選按 ▷ 鈕送出提問，接著 NotebookLM 會開始分析並回覆內容。

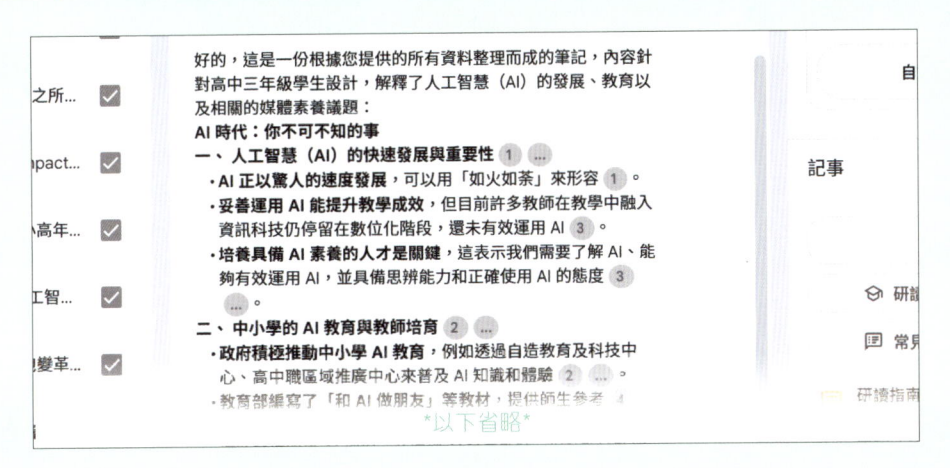

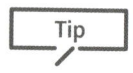

Tip 11 心智圖：讓思緒更清晰！

Do it !

NotebookLM 心智圖，讓想法更有條理。透過視覺化筆記，自動整理概念、建立關聯，讓複雜的資訊一目了然！

step 01 於 **對話** 區塊最上方，選按 **心智圖** 鈕，會依目前於 **來源** 區塊核選的資料項目快速生成；完成後 **Studio** 區塊下方會生成心智圖記事。

step 02 選按該心智圖記事可開啟並瀏覽內容，由中心主題延伸出各個分支；透過層級式的分類與視覺化呈現，讓使用者能夠快速掌握主題發展。

step 03 選按心智圖上各項目，可依該項目內容於 **對話** 區塊提問並了解更多；選按項目右側節點 ▶ 可開啟下一層級或選按 ◀ 可收合層級；選按心智圖畫面右上角的 ⬇ 可下載該心智圖 PNG 格式圖檔。

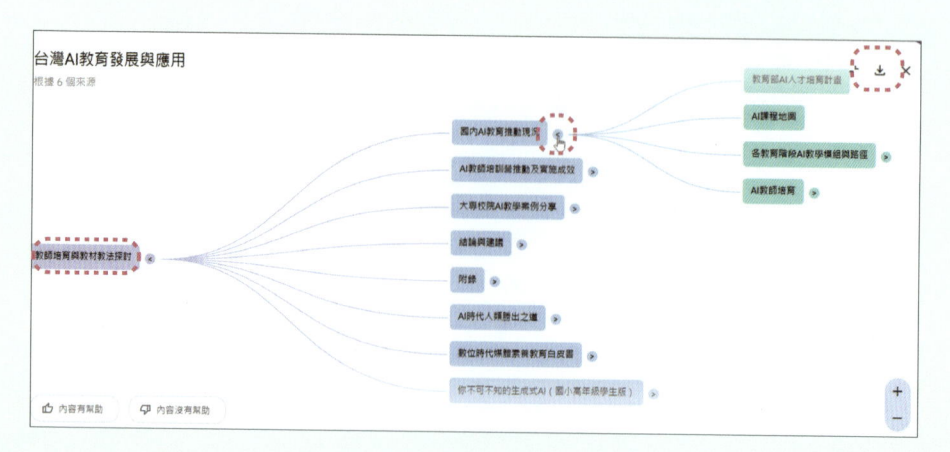

3-26

Tip 12 論文資料整理與總結　　Do it !

論文資料整理與總結旨在系統化蒐集、分類與歸納研究內容，透過 NotebookLM 依需求統整觀點，為論文撰寫正確的摘要及調整格式。

✦ 指定重點、匯整摘要

第一個段落通常會說明該研究主題的背景與重要性，並概述相關研究重點，在此以上一個 Tip 生成的多項摘要內容彙整。接續前面摘要提問，於 **對話** 區塊對話框輸入：「<mark>請基於以上的摘要彙整，作為論文文獻回顧的第一個段落，重點在於{AI 影音多媒體應用的創新與發展}，並將字數控制於500字以內。</mark>」，選按 ▷ 鈕送出提問，接著 NotebookLM 會開始詳細分析並回覆內容。

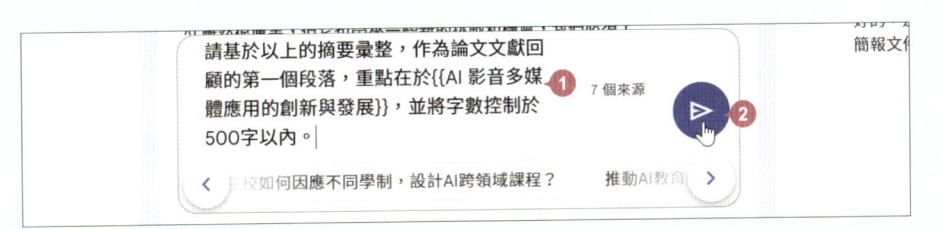

請基於以上的摘要彙整，作為論文文獻回顧的第一個段落，重點在於{{AI 影音多媒體應用的創新與發展}}，並將字數控制於 500字以內。

好的，以下是基於先前的摘要，為論文文獻回顧撰寫的段落，重點放在「AI 影音多媒體應用的創新與發展」，並將字數控制在 500 字以內：

近年來，人工智慧（AI）技術的快速發展已對各行各業產生深遠的影響，其中在影音多媒體領域的應用更是備受矚目。**AI 不僅改變了影音內容的生產方式，也為使用者帶來前所未有的創新體驗**。從過去需要大量人力與專業設備的影音製作，到如今透過 **AI 影片生成技術**，僅需輸入文字描述即可快速產生影片，這項技術的興起大幅降低了影音製作的門檻與成本 [參見摘要二]。這使得個人創作者也能夠製作出高品質的影片，進而 **催生了內容創作的民主化**。

然而，AI 在影音多媒體領域的應用並非僅止於工具的提升，更重要的是 如何透過 AI 來輔助人類的創造力。雖然 AI 在某些方

以下省略

3-27

✦ 調整引註格式

引註 (citation)，又稱內文引註 (in-text citation)，以及參考文獻 (reference)，其目的皆在於清楚標示文章中所引用或參考的資料來源。NotebookLM 預設以數字標註於句尾，點選可查看詳情，又稱為數字註腳，亦可調整為指定格式，以符合學術規範。

於 **對話** 區塊對話框輸入：「上方資料中資訊來源格式 [數字] 的格式可以調整嗎？將上方回覆的資料中，資訊來源 [數字] 的格式，改為論文的引用格式 (Smith, 2020)。」，選按 ▶ 鈕送出提問，接著 NotebookLM 會開始分析並回覆內容。

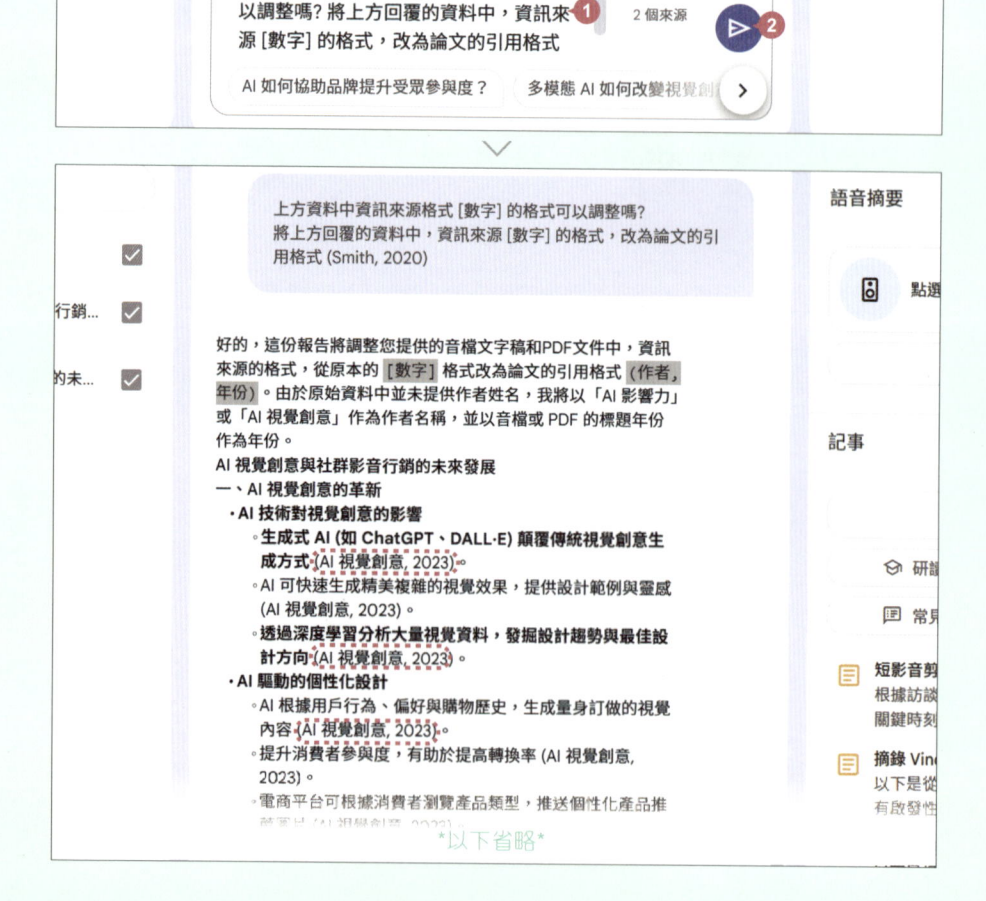

3-28

✦ 指定結構與階層式標題

階層式標題是依據內容結構，按層級區分主標、副標與次標，以清晰層次呈現論點。於 **對話** 區塊對話框輸入：「請整理以上資料與所有來源資料，從目錄結構開始，整理重要知識點、研究方法、成果、結論。輸出包含階層式標題、筆記內容。」，選按 ▷ 鈕送出提問，接著 NotebookLM 會開始分析並回覆內容。

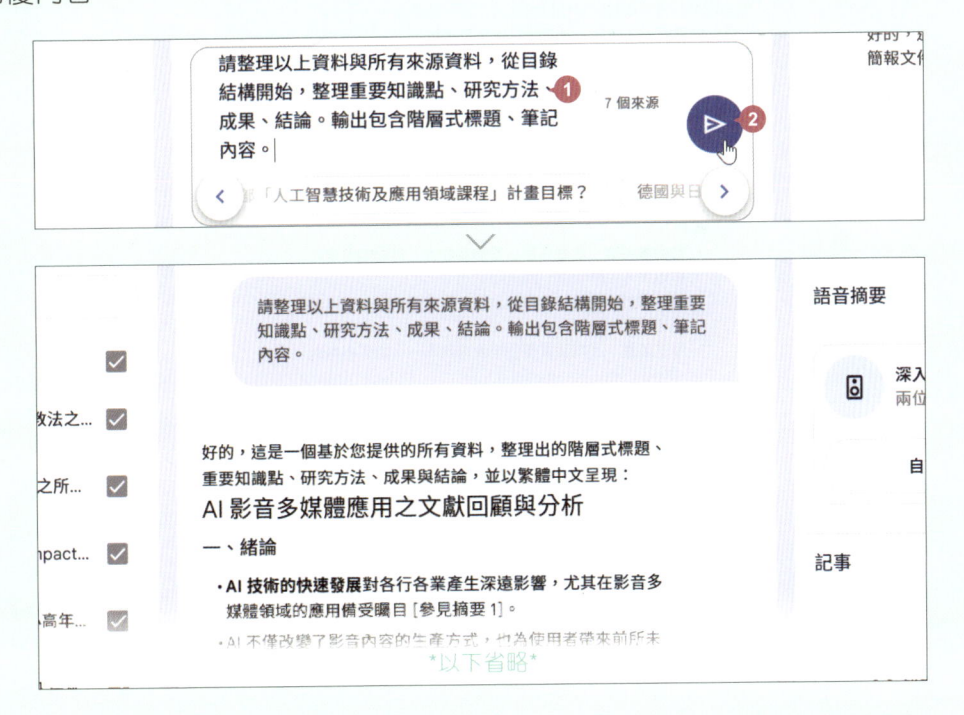

✦ APA 7 格式輸出觀點的對比、闡述

APA 7 是指《美國心理學會 (APA)》第七版的引用格式，它是針對學術寫作中的文獻引用、參考文獻、排版格式…等方面所設計的規範。APA 7 於 2019 年發布，作為 APA 格式的最新版本。於 **對話** 區塊對話框輸入：「請將資料透過 APA7 格式輸出；將{文獻內容}進行{議題觀點}的對比、闡述。」，選按 ▷ 鈕送出提問，接著 NotebookLM 會開始分析並回覆內容。

請將資料透過 APA7 格式輸出；將{文獻內容}進行{議題觀點}的對比、闡述。

針對AI時代的教育與人才培育，以下依據APA7格式，對來源文獻的內容進行議題觀點的對比與闡述。

AI時代教育與人才培育之議題觀點對比與闡述

- **AI融入教育的必要性與挑戰**
  - 正面觀點：
    - **教育轉型**：為適應AI技術對經濟與產業的影響，各國政府積極關注AI教育，提升教學能量 ①。
    - **技能培養**：學生需習得未來職場所需的AI技能 ②。
    - **輔助學習**：生成式AI可視為輔助學習工具，提升學習動機與趣味性 ③ …。
  - 挑戰：
    - **教師準備度**：教師可能缺乏學習動機、時間與AI知識，難以投入AI教學 ① …。
    - **課程設計**：需將複雜AI概念轉化為易懂教材，並與產業連結 ②。
    - **學生差異**：不同背景學生學習成效不一，需因材施教 ⑥ …。
    - **資源限制**：學校可能缺乏足夠的軟硬體資源支持AI教學 ⑤。
- **人才培育目標與策略**
  - 跨領域人才：
    - **需求**：AI應用廣泛，需整合不同領域知識，培養跨領域人才 ① …。

以下省略

> **小提示**
>
> **論文的引用格式**
>
> 論文的引用格式有很多種，根據不同的引用風格而有所不同。常見的格式如：
>
> - **APA** (美國心理學會格式) 適用於社會科學、心理學、教育學、商業管理…等領域。
> - **MLA** (現代語言協會格式) 適用於人文學、語言學、文化研究…等領域。
> - **Chicago** (芝加哥格式) 適用於歷史學、藝術學…等領域。

PART
04

職場效率提升
行政與會議助理好幫手

單元重點

透過 NotebookLM 上傳會議錄音檔、Google 簡報及手寫筆記圖片，快速整理會議大綱、擷取重點摘要，高效進行後續行政安排與規劃。

- ☑ 建立筆記本
- ☑ 上傳會議錄音生成逐字稿
- ☑ 上傳會議簡報並整併錄音進行分析
- ☑ 上傳 Google 文件讀取手寫筆記
- ☑ 提取行銷問卷關鍵因素
- ☑ 行銷問卷製作與調查與分析
- ☑ 有效整理回覆的表格內容

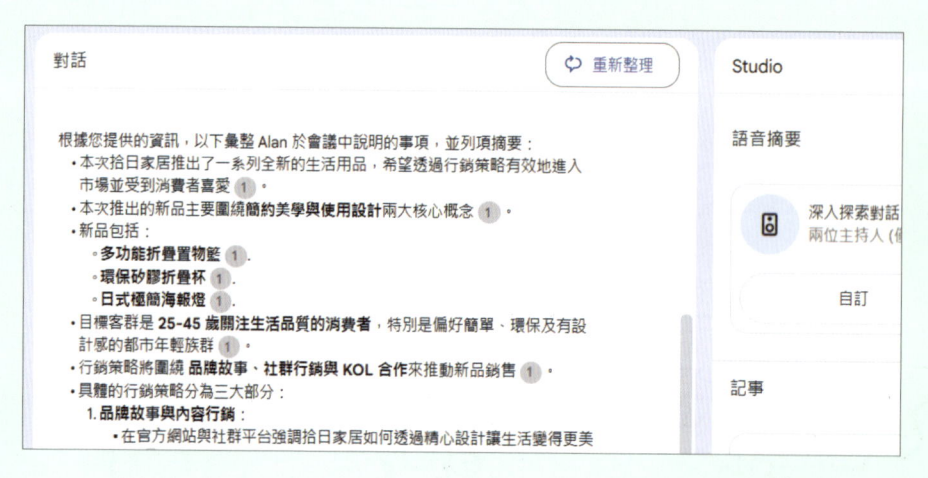

對話 ⟳ 重新整理

根據您提供的資訊，以下彙整 Alan 於會議中說明的事項，並列項摘要：
- 本次拾日家居推出了一系列全新的生活用品，希望透過行銷策略有效地進入市場並受到消費者喜愛。
- 本次推出的新品主要圍繞**簡約美學與使用設計**兩大核心概念 ①。
- 新品包括：
  - 多功能折疊置物簍 ①
  - 環保矽膠折疊杯 ①
  - 日式極簡海報燈 ①
- 目標客群是 **25-45 歲**關注生活品質的消費者，特別是偏好簡單、環保及有設計感的都市年輕族群 ①。
- 行銷策略將圍繞 **品牌故事、社群行銷與 KOL 合作**來推動新品銷售 ①。
- 具體的行銷策略分為三大部分：
  1. **品牌故事與內容行銷**
     - 在官方網站與社群平台強調拾日家居如何透過精心設計讓生活變得更美

Studio

語音摘要

深入探索對話
兩位主持人（

自訂

記事

+ 新增來源

- 選取所有來源 ☐
- 📕 問卷填寫結果.pdf ☑
- 📄 拾日家居新品行銷會議簡報_行銷會議 ☐
- 🔊 會議錄音.mp3 ☐
- 📄 社群貼文成效監測關鍵指標 ☑
- 📘 臉書與 Instagram：品牌忠誠度分析與比較 ☑

潛在影響。以下表格整理了 FB 和 IG 的特性，以供參考：

特性	Facebook (FB)	Instagram (IG)
受眾行為	常見社群活動：瀏覽貼文、按讚、發限時動態、私訊 ① …	常見社群活動：瀏讚、發限時動態、
主要社群平台	各年齡層均有使用 ① …	各年齡層均有使用
內容偏好	未提及	短影音 (Reels) 觸
演算法	偏向社團與付費廣告 ⑧	偏向短影音 Reels
標籤影響力	關鍵字導向內容搜尋 ⑧	Hashtag (#) 影
品牌互動方式	按讚、留言、分享、標註、私訊、收藏等 ⑧	按讚、留言、分享訊、收藏等 ⑧

Tip 1 建立筆記本 （Do it！）

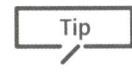

NotebookLM 中，為筆記本精確命名有助於快速識別所需主題，輕鬆找到所需內容，節省時間並提高工作效率。

✦ 新建筆記本

於 NotebookLM 首頁，選按 **+ 新建** 鈕，即可進入新的筆記本畫面。

歡迎使用 NotebookLM

+ 新建

小提示

出現 "上傳來源" 畫面

進入新的筆記本畫面，若出現如下 **上傳來源** 畫面，可先選按該畫面右上角的 × 關閉此畫面，待後續完成筆記本命名後再上傳來源。

NotebookLM　　　　　　　　　　　　　　　　×

⬆
上傳來源

✦ 修改筆記本名稱

於筆記本畫面左上角選取預設的名稱 Untitled notebook，再輸入合適的筆記本名稱，此範例輸入「新產品行銷會議 / 社群平台用戶行為調查」。

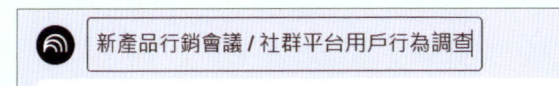

新產品行銷會議 / 社群平台用戶行為調查

4-3

Tip 2 上傳會議錄音生成逐字稿

Do it！

將會議錄製的 MP3 檔案新增至 **來源** 區塊生成逐字稿，以利後續 NotebookLM 資料分析。

step 01 於 **來源** 區塊選按 **+ 新增來源** 鈕。

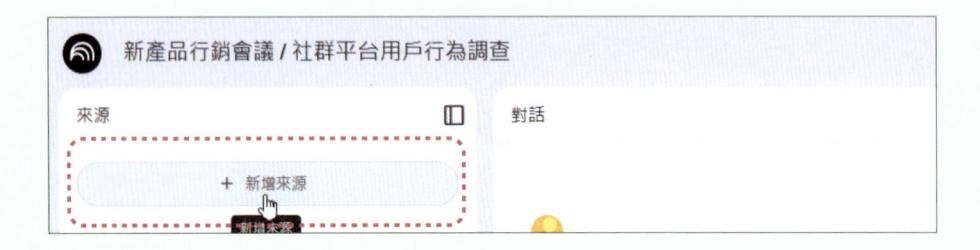

step 02 **新增來源** 視窗選按 ⬆ 開啟對話方塊，指定存放路徑並選按欲上傳的 MP3 檔案，此章 **資料來源 1** (會議錄音.mp3)，再選按 **開啟** 鈕。

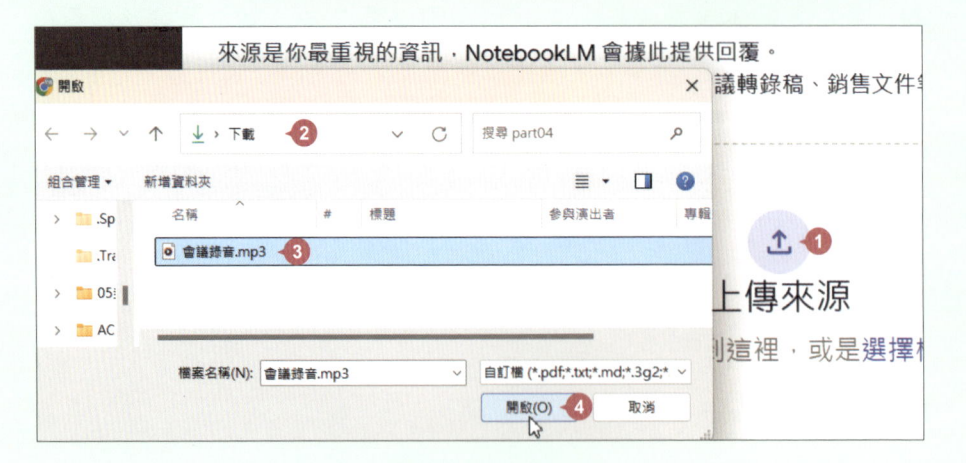

小提示

如何用手機錄製會議記錄？

可參考 P6-6 用行動裝置錄音的詳細說明，從 APP 安裝、開始使用到將音訊檔上傳至 NotebookLM，幫你完整收錄會議內容。

step 03 待上傳完成後，**來源** 區塊會看到該音訊檔案項目，且呈核選狀態。選按檔案，會看到該音檔的摘要與沒有分段的逐字稿。

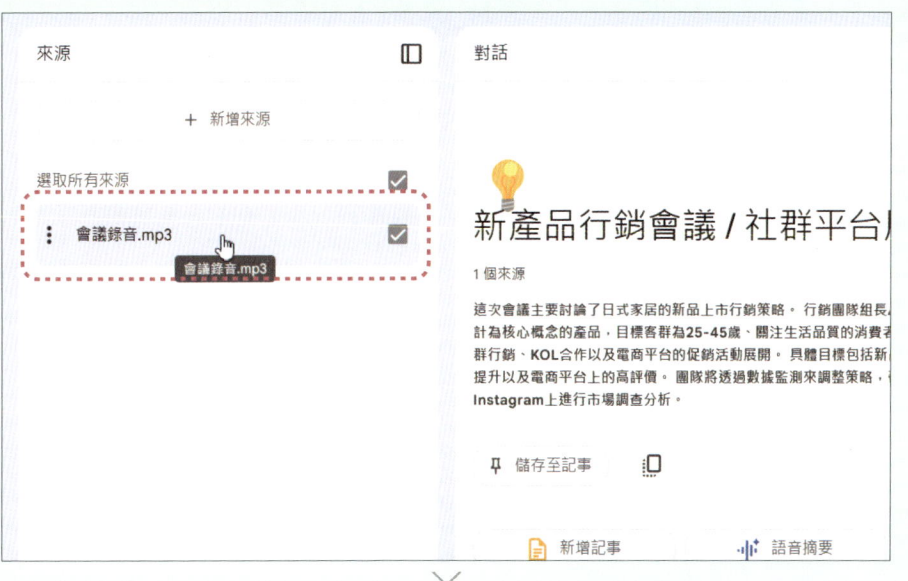

以下省略

| step 04 | 沒有分段的逐字稿不易瀏覽內容，可藉由 NotebookLM 依講者分段整理。於 **對話** 區塊對話框輸入：「請將錄音中的語音轉為逐字稿，並依講者分段整理。」，選按 ▶ 鈕送出提問，接著 NotebookLM 會開始分析並回覆依照講者分段整理的逐字稿。(語音檔中若無法識別講者身份時，則只會依序分段整理。)

小提示

MP3、M4A 檔案格式上傳

MP3 與 M4A 皆為音訊檔案類型，其中 M4A 常見於 Apple 產品的裝置與軟體，如：iPhone 錄音、音樂…等。兩種音訊檔案類型皆可於 NotebookLM 上傳並辨識錄製的語音。(行動裝置的錄音方式與相關操作，可參考 Part 06 說明。)

4-6

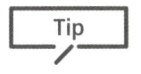

Tip 3　上傳會議簡報並整併錄音進行分析　(Do it！)

上傳會議 Google 簡報作為來源並整合錄音內容進行分析，以快速取得會議大綱、關鍵重點、會後安排與建議...等資訊。

✦ 上傳 Google 簡報

step 01　依前篇說明，取得此章 **資料來源 2** Google 簡報雲端範例，或使用自己建製的 Google 簡報進行後續操作。

step 02　回到 NotebookLM，於 **來源** 區塊選按 **＋ 新增來源** 鈕。

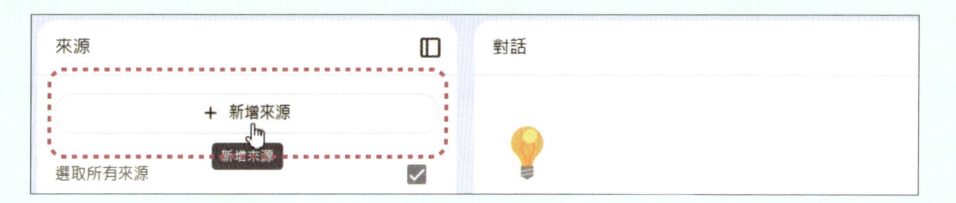

step 03　**新增來源** 視窗下方 **Google 雲端硬碟** 項目選按 **Google 簡報**，選按取得的會議簡報，選按 **插入** 鈕。

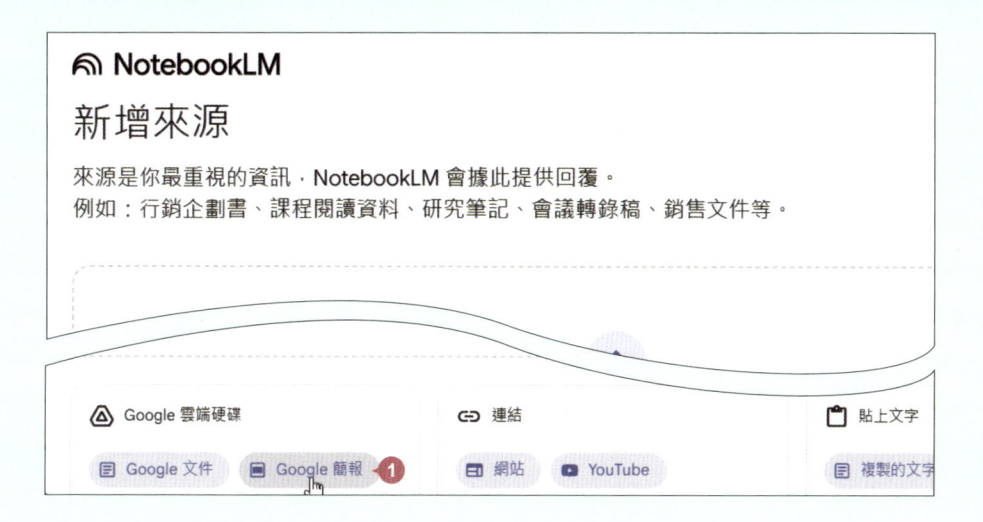

4-7

✦ 瀏覽簡報摘要

待上傳完成後，**來源** 區塊會看到該簡報檔案項目，且呈核選狀態。選按檔案，於 **來源導覽** 瀏覽簡報摘要。

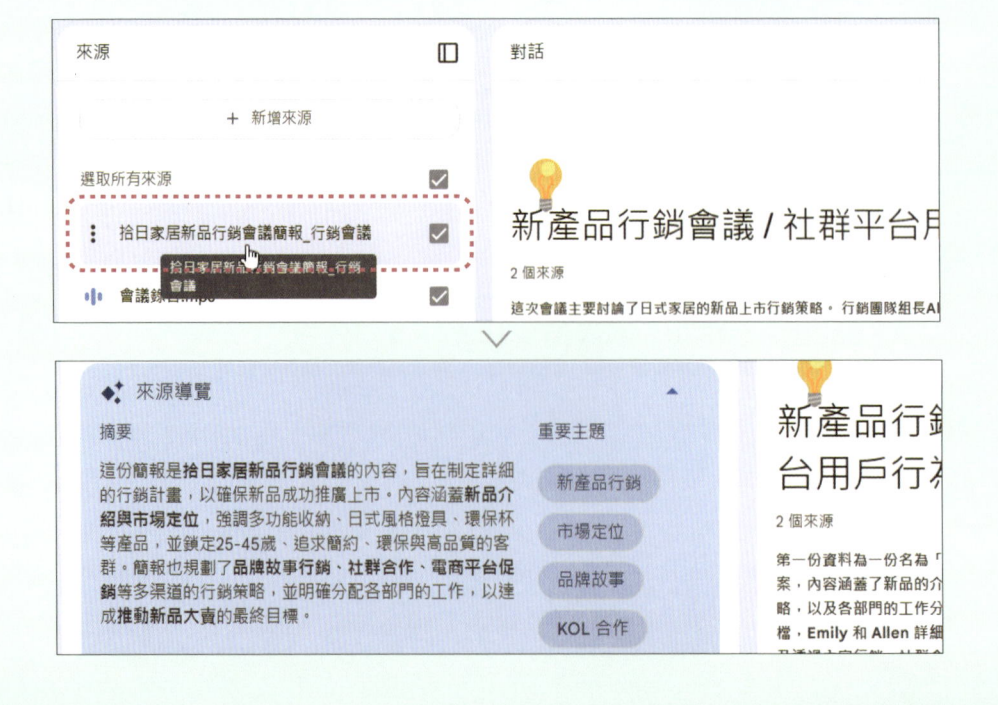

4-8

✦ Google 簡報與 Google 雲端硬碟保持同步

上傳至 NotebookLM 的 Google 簡報或 Google 文件檔，不會自動與 Google 雲端硬碟來源檔保持同步，必須於來源檢視器重新讀取已匯入的 Google 簡報或文件，才可進行資料同步。

於 **來源** 區塊選按欲同步的 Google 簡報來源，來源名稱下方選按 **按一下即可與 Google 雲端硬碟保持同步**，狀態轉變為 **同步成功** 即完成讀取。

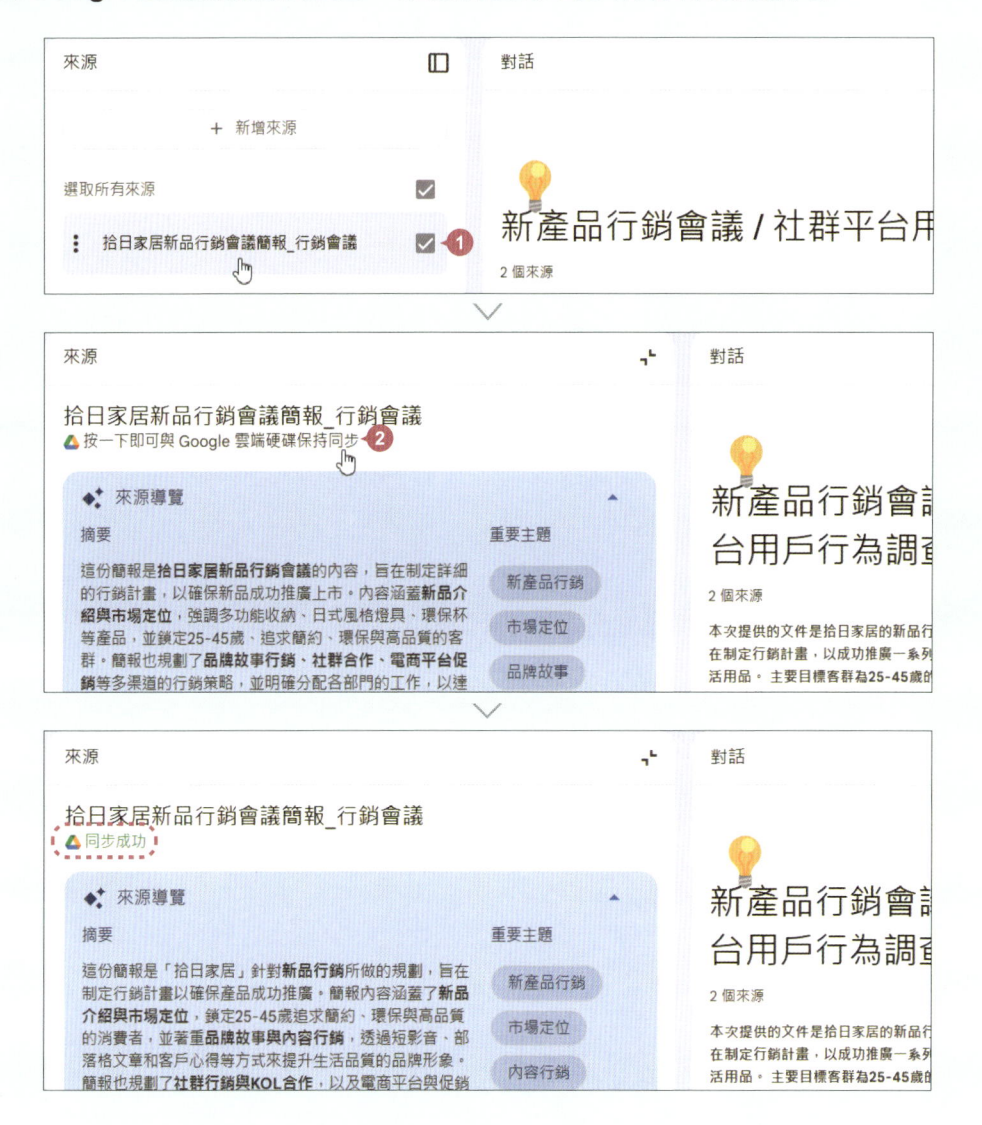

✦ 取得會議總結與特定人員報告事項

step 01 於 **對話** 區塊對話框輸入：「整理總結 summerize，以專業的方式說明，100 字以內。」，選按 ▷ 鈕送出提問，接著 NotebookLM 會開始分析並回覆會議總結。

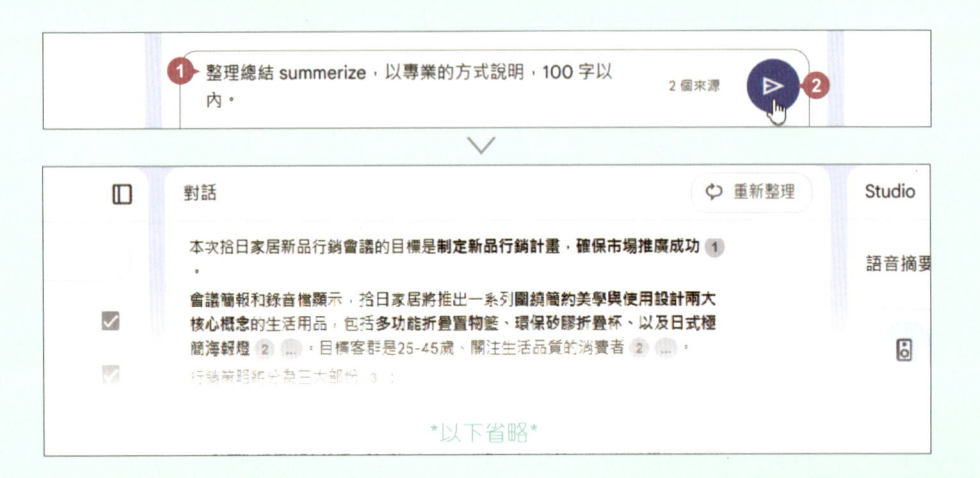

```
① 整理總結 summerize，以專業的方式說明，100 字以內。    2 個來源    ▷ ②
```

```
對話                                          ↻ 重新整理    Studio

本次拾日家居新品行銷會議的目標是制定新品行銷計畫，確保市場推廣成功 ①。
                                                         語音摘要
會議簡報和錄音檔顯示，拾日家居將推出一系列圍繞簡約美學與使用設計兩大
核心概念的生活用品，包括多功能折疊置物籃、環保矽膠折疊杯、以及日式極
簡海鯛燈 ② …。目標客群是25-45歲，關注生活品質的消費者 ② …。
行銷策略將分為三大部份 ③ …

                        *以下省略*
```

step 02 於 **對話** 區塊對話框輸入：「彙整 Alan 於會議中說明的事項，並列項摘要。」，選按 ▷ 鈕送出提問，接著 NotebookLM 會開始分析並整理 Alan 於會議中說明的內容。

```
① 彙整Alan於會議中說明的事項，並列向摘要            2 個來源    ▷ ②
```

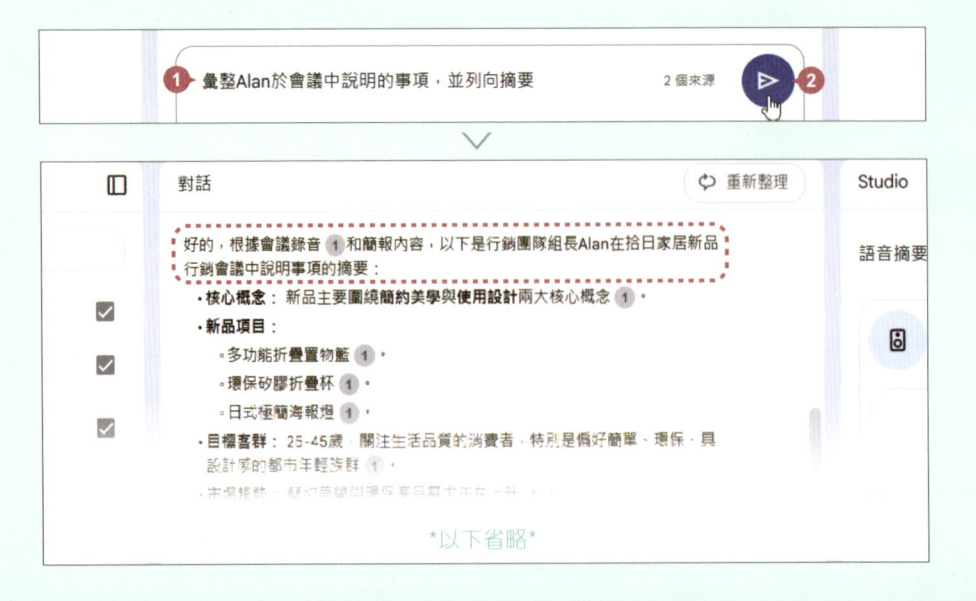

```
對話                                          ↻ 重新整理    Studio

好的，根據會議錄音 ① 和簡報內容，以下是行銷團隊組長Alan在拾日家居新品
行銷會議中說明事項的摘要：                               語音摘要

• 核心概念： 新品主要圍繞簡約美學與使用設計兩大核心概念 ①。
• 新品項目：
    ○ 多功能折疊置物籃 ①。
    ○ 環保矽膠折疊杯 ①。
    ○ 日式極簡海鯛燈 ①。
• 目標客群： 25-45歲，關注生活品質的消費者，特別是偏好簡單、環保、具
  設計感的都市年輕族群 ①。
• 市場趨勢： 關注美觀與產品專員卡士生一升…

                        *以下省略*
```

✦ 取得會議重點與後續安排建議

step 01 於 **對話** 區塊對話框輸入：「整理關鍵重點。」，選按 ▷ 鈕送出提問，接著 NotebookLM 會開始分析並回覆本次會議的關鍵重點。

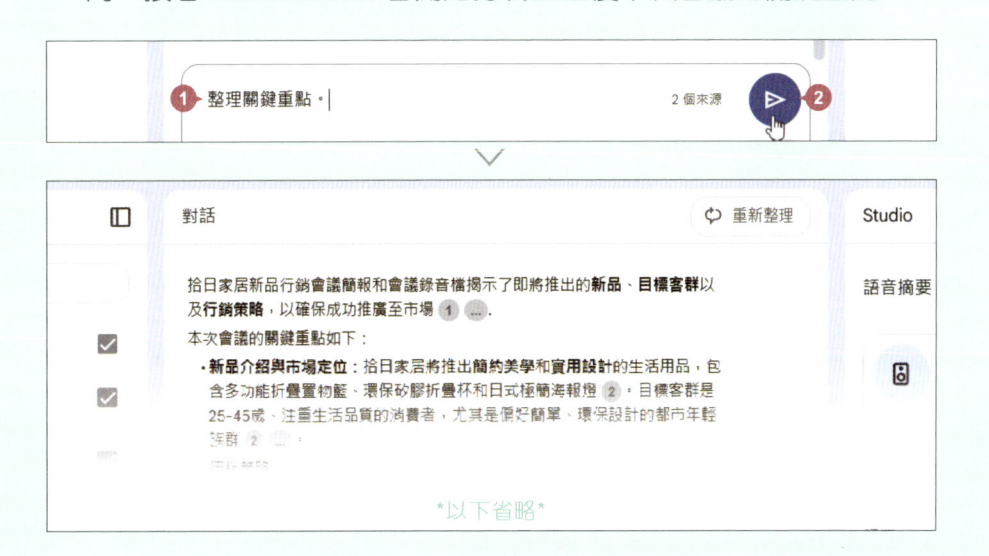

```
1 整理關鍵重點。                      2 個來源   ▷ 2
```

對話   ↻ 重新整理   Studio

拾日家居新品行銷會議簡報和會議錄音檔揭示了即將推出的**新品**、**目標客群**以及**行銷策略**，以確保成功推廣至市場 ❶ ...。

本次會議的關鍵重點如下：

- **新品介紹與市場定位**：拾日家居將推出簡約美學和實用設計的生活用品，包含多功能折疊置物籃、環保矽膠折疊杯和日式極簡海報燈 ❷ 。目標客群是 25-45 歲、注重生活品質的消費者，尤其是偏好簡單、環保設計的都市年輕族群 ❷ ...。

以下省略

step 02 於 **對話** 區塊對話框輸入：「整理後續安排與建議」，選按 ▷ 鈕送出提問，接著 NotebookLM 會開始分析並回覆各部門分工建議與時間安排。

```
1 整理後續安排與建議。                  2 個來源   ▷ 2
```

對話   ↻ 重新整理   Studio

根據現有資料，後續安排與建議可以從以下幾個方面來整理：

1. **部門分工與協作**：
   - 各部門應按照「拾日家居新品行銷會議簡報_行銷會議」簡報中的工作分配表，確實執行各自負責的任務 ❶ 。這包括品牌行銷部門撰寫品牌故事和產品文案、設計部門設計產品宣傳圖和影片視覺風格、社群行銷部門管理社群內容和監控社群數據、公關合作夥伴部門洽談 KOL 合作、數據分析部門追蹤 KOL 推廣成效、電商運營部門在蝦皮/Momo 上架新品並設計促銷活動、以及客戶關係管理部門蒐集消費者回饋並改善產品行銷 ❶ 。
   - 市場調研組需要根據 Facebook 與 Instagram 兩個平台做市場調查分析 ❷ 。詳細內容會議結束後也會補償於分工表中 ❷ 。
   - 團隊成員應定期回報進度，確保各項工作按計畫推行 ❷ 。

以下省略

Tip 4 上傳 Google 文件讀取手寫筆記 (Do it！)

只需拍攝手寫筆記並插入 Google 文件作為來源，NotebookLM 即可辨識圖片中的文字資訊，與其他來源資料整併分析與應用！

✦ 開啟 Google 文件插入手寫筆記圖檔

step 01 於你登入 NotebookLM 的 Google 帳號雲端空間，開啟 Google 文件並建立一份新文件，文件畫面左上角選取預設的名稱 "未命名文件"，再輸入合適的文件名稱，此範例輸入「部門聯絡資訊」。

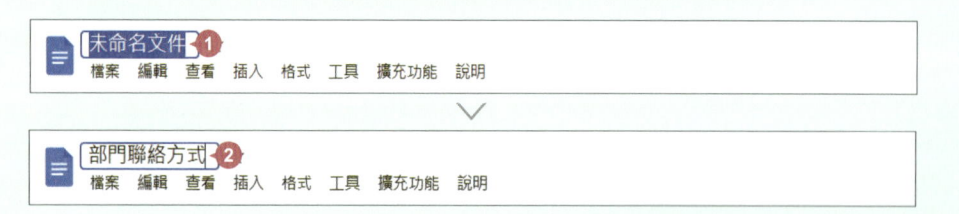

未命名文件 ❶
檔案　編輯　查看　插入　格式　工具　擴充功能　說明

⌄

部門聯絡方式 ❷
檔案　編輯　查看　插入　格式　工具　擴充功能　說明

step 02 上方工具列選按 **插入 \ 圖片 \ 上傳電腦中的圖片**，指定存放路徑並選按欲插入的圖片，此章 **資料來源 3** (各部門聯絡資訊.jpg)，選按 **開啟** 鈕。

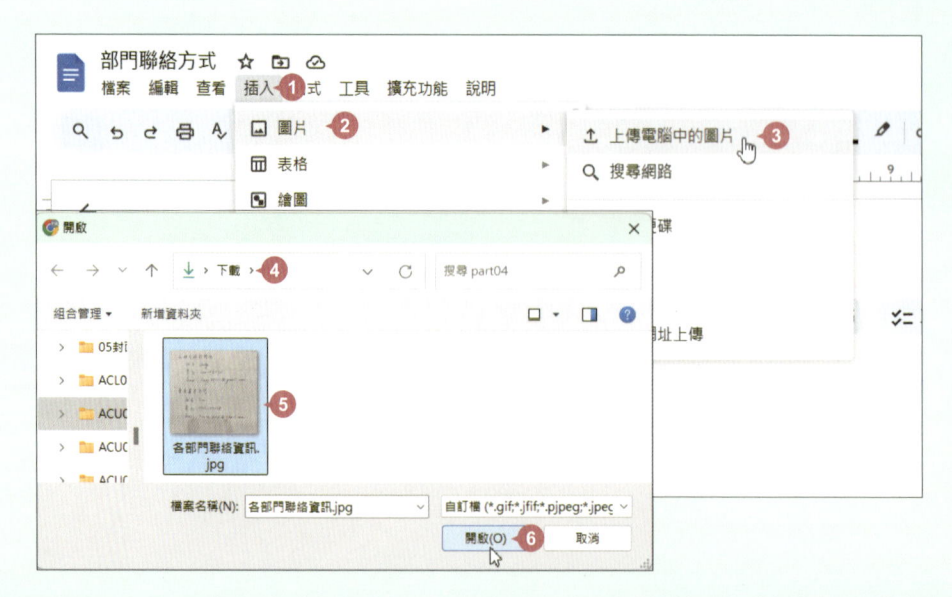

4-12

✦ 上傳 Google 文件

step 01 回到 NotebookLM，於 **來源** 區塊選按 **+ 新增來源** 鈕。

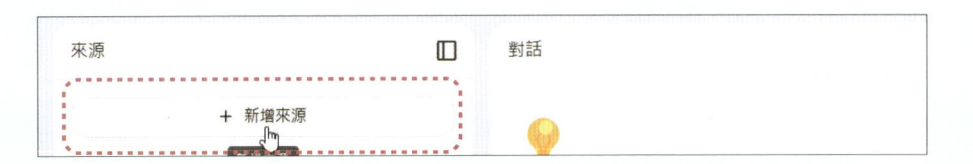

step 02 **新增來源** 視窗下方 **Google 雲端硬碟** 項目選按 **Google 文件**，選按插入手寫筆記圖片的 Google 文件，選按 **插入** 鈕。

step 03 待上傳完成後，**來源** 區塊會看到該 Google 文件項目，且呈核選狀態。

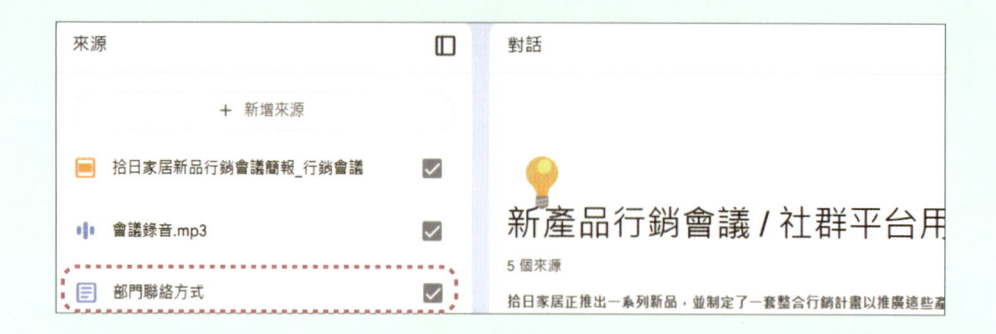

✦ 提問並快速取得手寫筆記資訊

於 **對話** 區塊對話框輸入：「請給我社群行銷部門組長的聯絡方式並列出負責事項。」，選按 ▶ 鈕送出提問，接著 NotebookLM 會開始分析並回覆詳細的內容 (組長聯絡資訊是由 Google 文件的手寫筆記圖片中取得)。

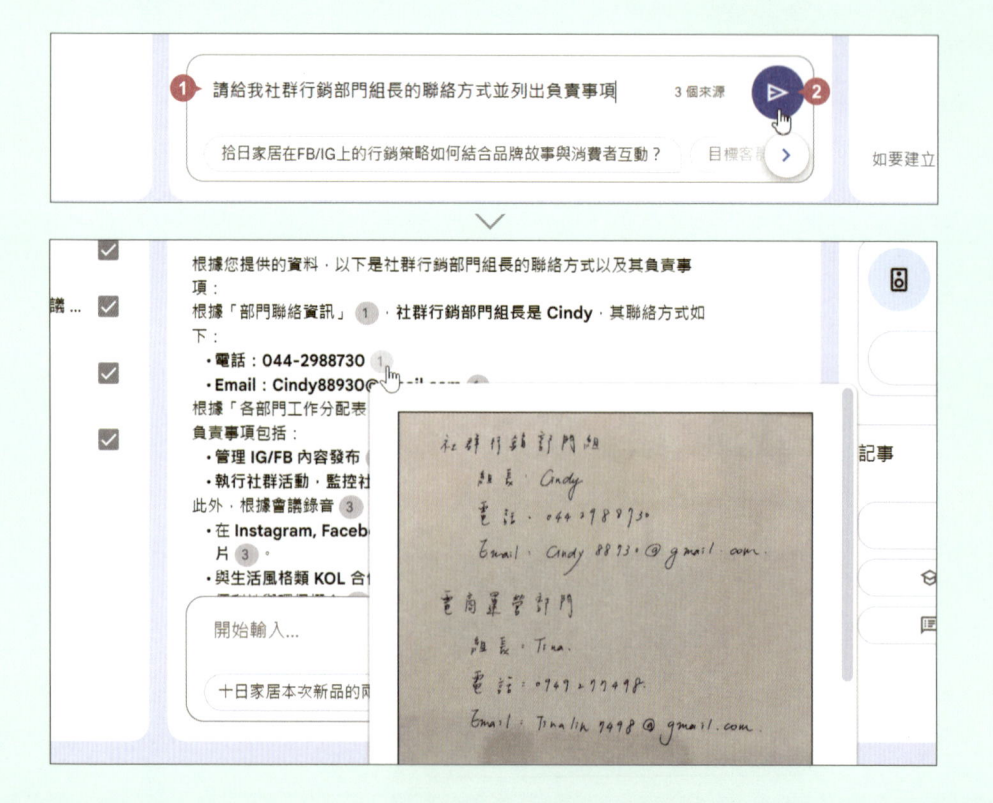

4-14

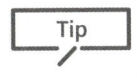

Tip 5 提取行銷問卷關鍵因素　　Do it !

設計問卷前,先了解關鍵因素,可確保問題設計與品牌目標一致,同時可將這些關鍵因素加入來源,讓問卷分析結果更全面精確。

✦ 提取關鍵資料與分析方向

開啟瀏覽器,於網址列輸入:「https://chatgpt.com/」進入 ChatGPT,可以選擇登入帳號,或直接於畫面中開始提問。

step 01 希望 ChatGPT 提供 "社群平台使用習慣與品牌互動" 這一研究主題的行銷關鍵因素與指標。

> 提示詞 💬
> 分析 "社群平台 Facebook 與 Instagram 使用習慣與品牌互動",需要參考哪些行銷關鍵因素。

分析「社群平台 Facebook 與 Instagram 使用習慣與品牌互動」,需要參考以下行銷關鍵因素:

1. 受眾行為與使用習慣
- **使用時段**:使用者何時最常瀏覽或互動(早晨、午休、下班後等)。
- **使用頻率**:每日、多次或偶爾使用?不同年齡層的差異?
- **內容偏好**:短影片(Reels)、圖片貼文、長文內容、直播等的受歡迎程度。
- **裝置使用**:行動裝置 vs. 桌機的使用占比,影響廣告與內容設計。

2. 品牌互動方式
- **互動類型**:按讚、留言、分享、標註、私訊、收藏等。
- **品牌內容偏好**:促銷資訊、品牌故事、使用者生成內容(UGC)、教育型內容等。
- **購物行為**:社群購物功能(FB Shops、IG Shopping)的影響,消費決策流程。

以下省略

step 02 希望 ChatGPT 提供 "社群貼文成效指標" 這一研究主題的行銷關鍵因素與分析方向。

> **提示詞** 💬
> 監控社群貼文 (FB、IG) 成效，需要參考哪些關鍵因素？

在監控 Facebook（FB）和 Instagram（IG）的社群貼文成效時，需要關注以下 **關鍵因素**，以評估貼文影響力與行銷策略的有效性：

📊 一、基本貼文指標（Metrics）

1. 觸及率（Reach）
   - 自然觸及（Organic Reach）：未透過廣告，自然到達的用戶數。
   - 付費觸及（Paid Reach）：經由廣告推播而觸及的用戶數。
2. 曝光數（Impressions）
   - 一則貼文被觀看的總次數（可能同一用戶多次觀看）。
   - 高曝光但低互動，可能代表內容不夠吸引人或受眾不精準。
3. 互動率（Engagement Rate）= (點讚 + 留言 + 分享 + 儲存) / 觸及人數
   - 點讚（Likes/Reactions）：是否吸引正向回饋？
   - 留言（Comments）：內容是否引發討論？
   - 分享（Shares）：內容是否值得用戶主動推薦？
   - 儲存（Saves・IG）：用戶是否認為內容有價值（例如資訊型貼文）？

📈 二、用戶參與行為

4. 點擊率（Click-Through Rate, CTR）
   - 若貼文含連結，監測用戶點擊網站的比例。
   - IG 則可監測「點擊個人檔案連結」、「點擊貼文中的標籤」等。
5. 觀看時間與完成率（適用於影片）
   - 影片平均觀看時長（Average Watch Time）
   - 影片完播率（Completion Rate）：幾%的用戶完整觀看？

以下省略

✦ 上傳分析關鍵因素

將前面 ChatGPT 提問取得的社群平台行銷與評估貼文影響力的關鍵因素資訊，新增至 NotebookLM 來源，以提升後續問卷分析的準確性與深度。

step 01 於 **來源** 區塊上選按 **+ 新增來源** 鈕。

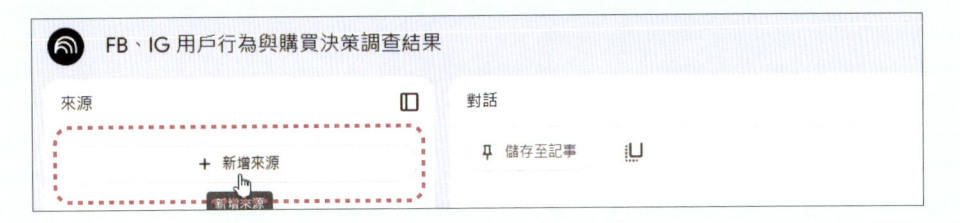

step 02 **新增來源** 視窗下方 **貼上文字** 項目選按 **複製的文字**，將在 ChatGPT 提問時取得且合適的文字內容複製後，回到 NotebookLM 貼入至文字欄位，選按 **插入** 鈕。

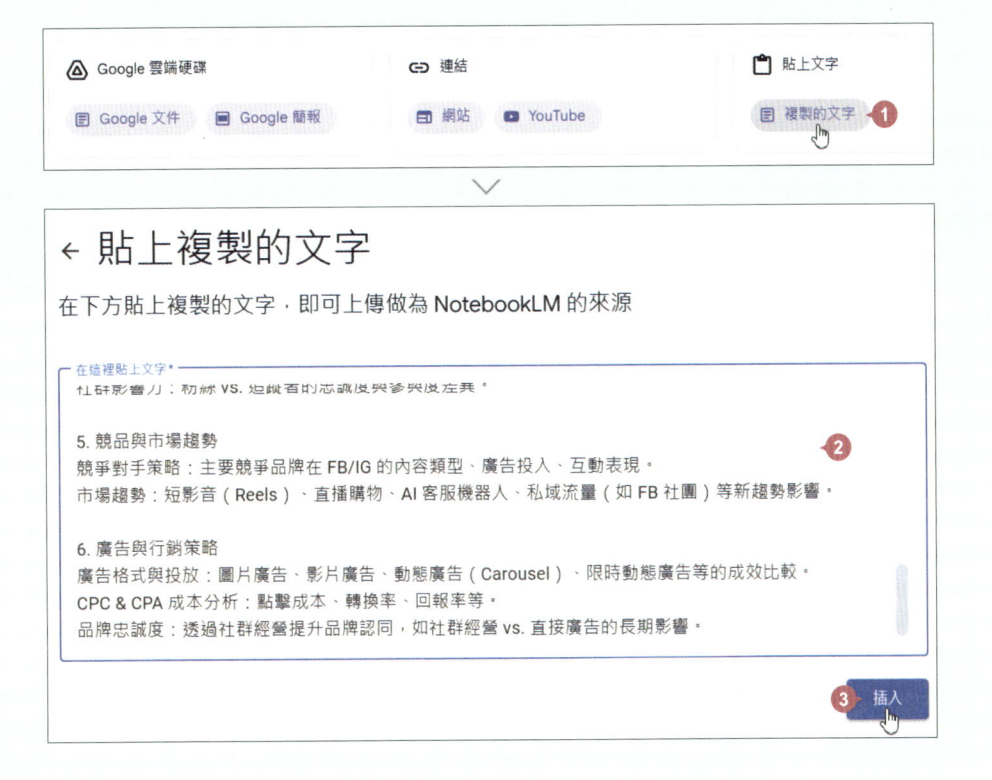

← 貼上複製的文字

在下方貼上複製的文字，即可上傳做為 NotebookLM 的來源

在這裡貼上文字 *

社群影響力：粉絲 VS. 追蹤者的忠誠度與參與度差異。

5. 競品與市場趨勢
競爭對手策略：主要競爭品牌在 FB/IG 的內容類型、廣告投入、互動表現。
市場趨勢：短影音（Reels）、直播購物、AI 客服機器人、私域流量（如 FB 社團）等新趨勢影響。

6. 廣告與行銷策略
廣告格式與投放：圖片廣告、影片廣告、動態廣告（Carousel）、限時動態廣告等的成效比較。
CPC & CPA 成本分析：點擊成本、轉換率、回報率等。
品牌忠誠度：透過社群經營提升品牌認同，如社群經營 vs. 直接廣告的長期影響。

step 03　待上傳完成後，**來源** 區塊會看到該文字項目，且呈核選狀態。

step 04　調整該項目的名稱可幫助清楚辨識資料內容，將滑鼠指標移至欲重新命名的項目上，選按 ⋮ \ **重新命名來源**。

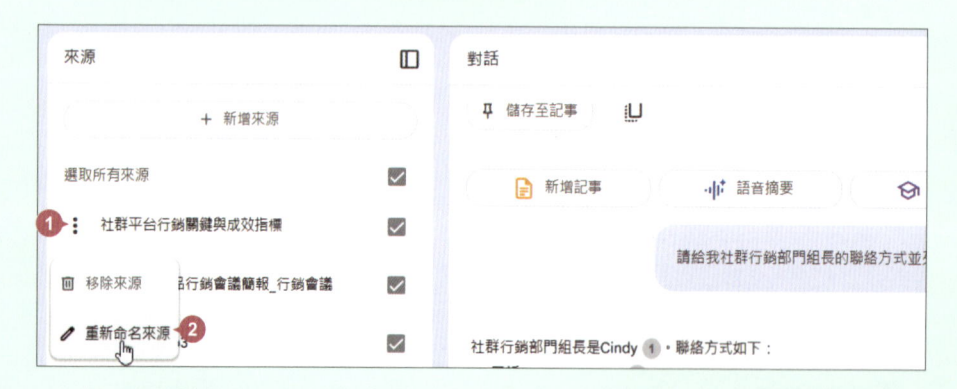

step 05　於 **來源名稱** 欄位刪除原名稱，再輸入欲變更的名稱，選按 **儲存**。

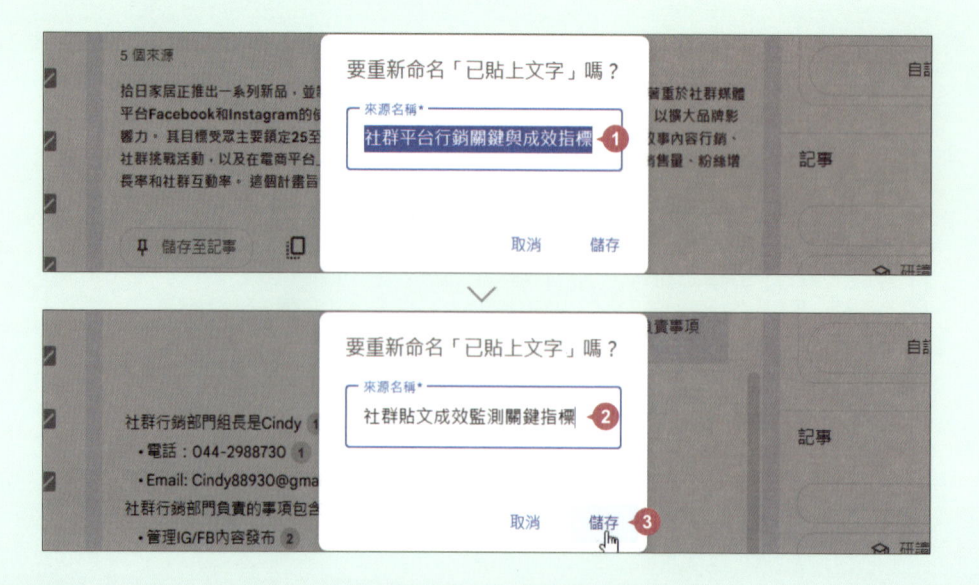

4-18

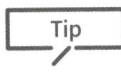

Tip 6 行銷問卷製作與調查結果分析　　Do it !

運用 ChatGPT 生成指定條件的問卷題目並建立 Google 表單，將問卷結果於 NotebookLM 分析，以更有效地識別受眾行為、優化社群策略。

✦ ChatGPT 快速生成 Google 問卷

延續前一個 Tip 於 ChatGPT 的交談對話，接續以下的提問。

step 01 希望 ChatGPT 協助設計一份指定目標、題數與題型的調查問卷題目。

> **提示詞** 💬
> 我要設計一份調查問卷，目標是 "了解受眾的社群平台使用習慣以及與品牌的互動行為"，請幫我製作十二個題目：五題選擇題、五題是非題、二題簡答題。其中需涵蓋使用者基本資訊與核心問題，以及衡量品牌互動是否影響購買行為。

↓

這是一份完整的調查問卷，涵蓋使用者基本資訊、社群平台使用習慣、與品牌的互動行為，以及品牌互動對購買決策的影響。

社群平台使用與品牌互動調查問卷

親愛的受訪者，您好！
感謝您參與本調查，本問卷旨在了解您對社群平台的使用習慣以及與品牌的互動行為。您的回饋將有助於品牌更好地與消費者建立連結。本問卷約需 3-5 分鐘填寫，所有數據將僅作研究用途，敬請放心作答。

一、基本資訊（請選擇最符合您的選項）
1. 您的年齡層為？
   ☐ 18 歲以下
   ☐ 18-24 歲
   ☐ 25-34 歲
   ☐ 35-44 歲
   ☐ 45 歲以上

以下省略

實用篇 04 職場效率提升／行政與會議助理好幫手

4-19

step 02 有了調查問卷題目可於 Google 表單中開始建立問卷；或如下示範由 ChatGPT 協助將問卷內容轉換為 Google Apps Script 程式碼，後續進入 Google Apps Script 一鍵完成表單問卷。

> **提示詞** 💬
>
> 請幫我把以上的問卷內容製作成 Google Apps Script 的程式語言，讓我可以在 Google Apps Script 生成問卷，並希望能自動將問卷結果連結至試算表。
>
> *以最新 Google Apps Script API 中建議的方法撰寫，將所有 setChoices() 方法替換為 setChoiceValues()

Google Apps Script 問卷程式

```
Google Apps Script Survey

1  function createSurveyForm() {
2    var form = FormApp.create("社群平台使用與品牌互動調查問卷");
3    form.setDescription("感謝您參與本調查，您的回饋將幫助品牌更好地與消費者互動。");
4
5    // 連結試算表
6    var sheet = SpreadsheetApp.create("社群平台問卷回應");
7    form.setDestination(FormApp.DestinationType.SPREADSHEET, sheet.getId());
8
9    // 基本資訊題目
10   form.addMultipleChoiceItem()
11     .setTitle("您的年齡層為？")
       .setChoiceValues(["18 歲以下", "18-24 歲", "25-34 歲", "35-44 歲", "45 歲以上"]);
```

以下省略

step 03 選按程式碼區塊右上角的 ⤢，於畫面右上角選按 📋 複製程式碼。(或直接選按 📋 複製程式碼)

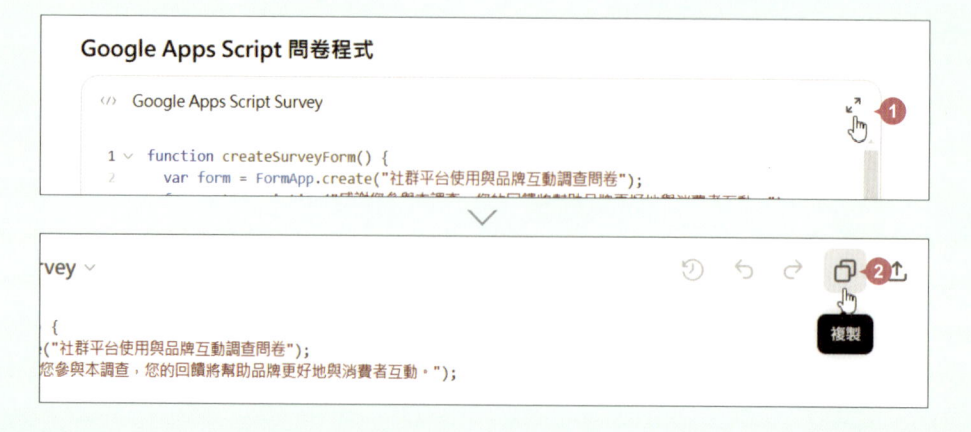

4-20

step 04 開啟 Google 雲端硬碟，選按 **+ 新增 \ 更多 \ Google Apps Script**。選按 **建立指令碼** 鈕，開啟編輯畫面。

step 05 於畫面左上角選取預設的名稱 "未命名的專案"，再輸入合適的文件名稱，此範例輸入「社群行銷問卷」，選按 **重新命名**。

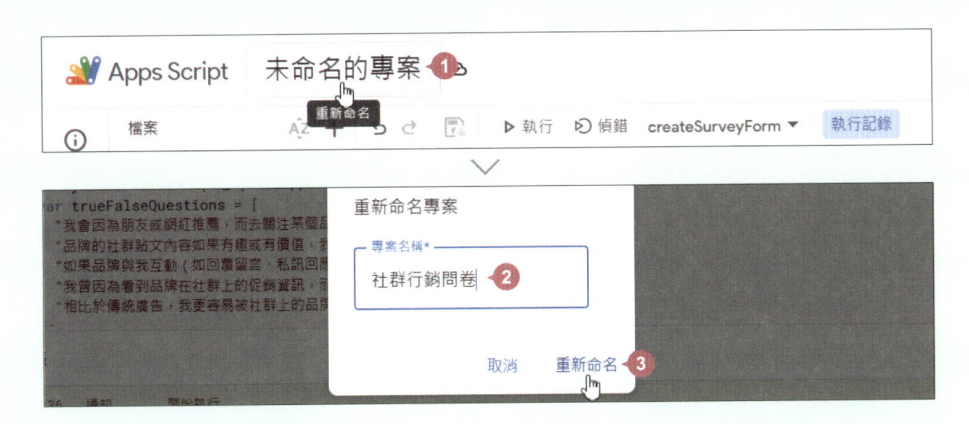

step 06 於程式碼編輯區，刪除原有的程式碼，貼上剛剛在 ChatGPT 複製的程式碼，選按 🗔 儲存專案，再選按 **執行** 鈕。(也可複製、貼上此章整理的 Google Apps Script 問卷程式)

4-22

step 07 Google 會要求相關授權，選按 **審查權限** 鈕並依提示完成授權流程。待執行完程式碼後，下方會出現 **執行完畢** 的訊息，Google 問卷與存放問卷結果的試算表就自動生成了。

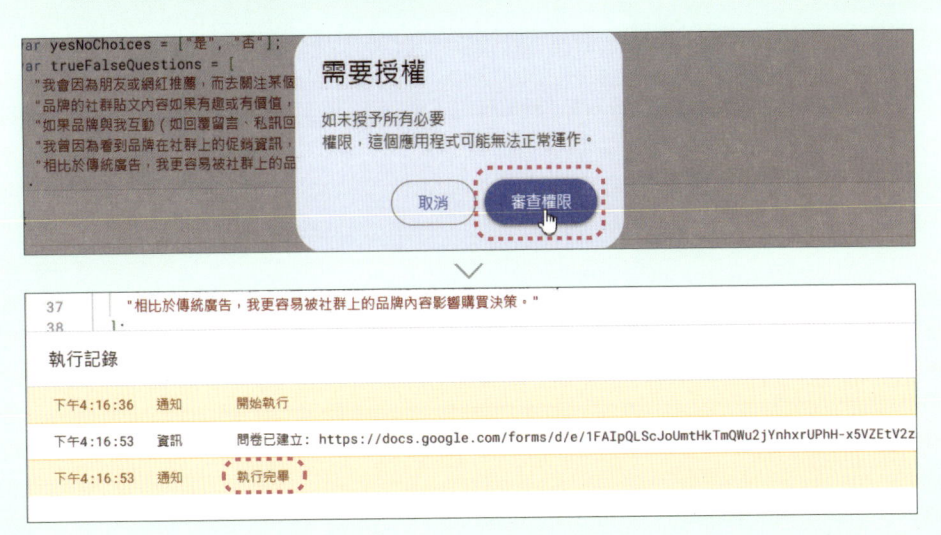

step 08 於 Google 雲端硬碟開啟問卷 (若無看到相關檔案可先重整頁面)，進行檢查和調整，如果沒問題就可選按 🔗 \ **複製**，將連結分享給受眾。

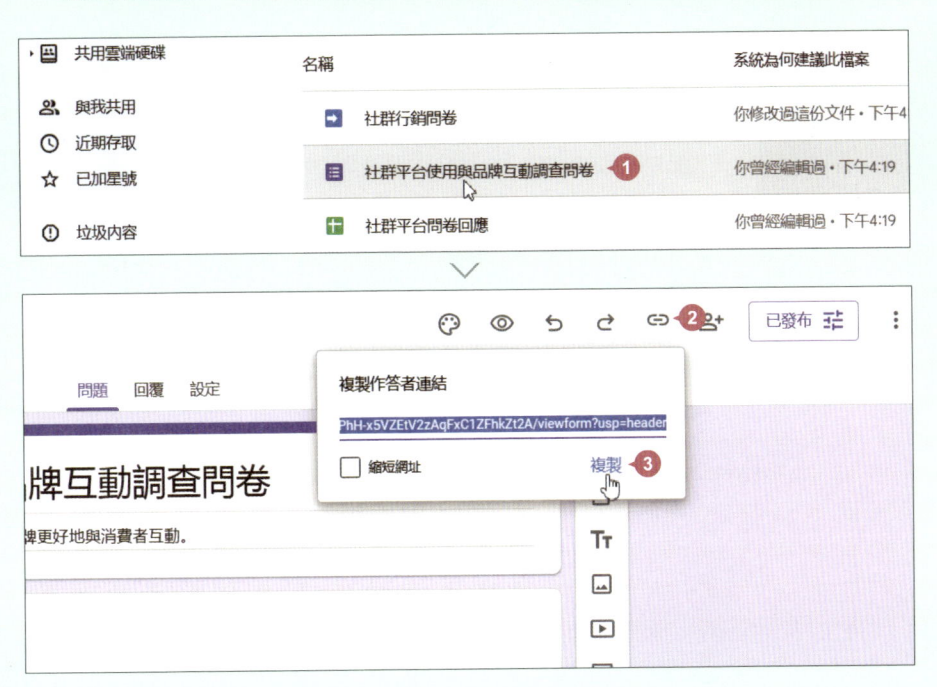

✦ 上傳問卷調查結果

透過 Google 表單或其他表單工具完成表單製作與問卷調查後，將調查結果轉為 PDF 檔案格式 (如下圖)，再回到 NotebookLM 新增來源。

年齡區間	主要社群平台	最常瀏覽時段	常見社群活動	曾透過社群購物	購買決策因素	當看到品牌貼文或廣告時的行為	是否加入品牌FB社團
18-24	Instagram	21:00-00:00	發限時動態、私訊	否	貼文內容, KOL推薦	點擊進入網站, 直接購買	IG 追蹤品牌帳號, FB 社團
45-54	Instagram	18:00-21:00	發限時動態、私訊	是	貼文內容, KOL推薦	忽略, 加入購物車	IG 追蹤品牌帳號
35-44	Facebook, Instagram	18:00-21:00	發限時動態、私訊	是	不適用	忽略, 加入購物車	FB 社團, IG 追蹤
25-34	Facebook, Instagram	12:00-14:00	瀏覽貼文, 按讚	否	貼文內容, KOL推薦	忽略, 進一步搜尋品牌資訊	IG 追蹤品牌帳號
55 歲以上	Facebook	12:00-14:00	瀏覽貼文, 按讚	是	產品吸引力, 促銷優惠	忽略, 加入購物車	IG 追蹤品牌帳號, FB 社團
25-34	Facebook	18:00-21:00	按讚、私訊	否	貼文內容, KOL推薦	點擊進入網站, 直接購買	FB 社團, IG 追蹤
25-34	Facebook	09:00-12:00	按讚、私訊	是	貼文內容, KOL推薦	忽略, 進一步搜尋品牌資訊	IG 追蹤品牌帳號, FB 社團
25-34	Facebook, Instagram	06:00-09:00	發限時動態、按讚	否	品牌回應, 影響者推薦	點擊進入網站, 加入購物車	FB 社團

step 01 於 **來源** 區塊上選按 **+ 新增來源** 鈕。

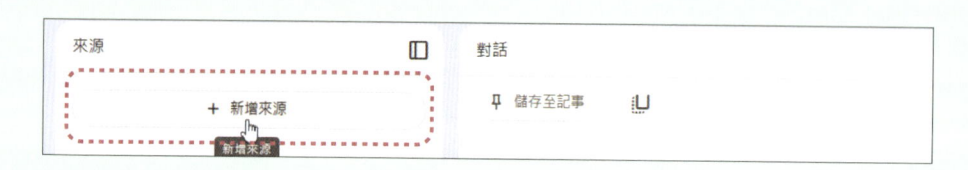

step 02 **新增來源** 視窗選按 ⬆ 開啟對話方塊，指定存放路徑並選按欲上傳的 PDF 檔案，此章 **資料來源 4** (問卷填寫結果.pdf)，再選按 **開啟** 鈕。

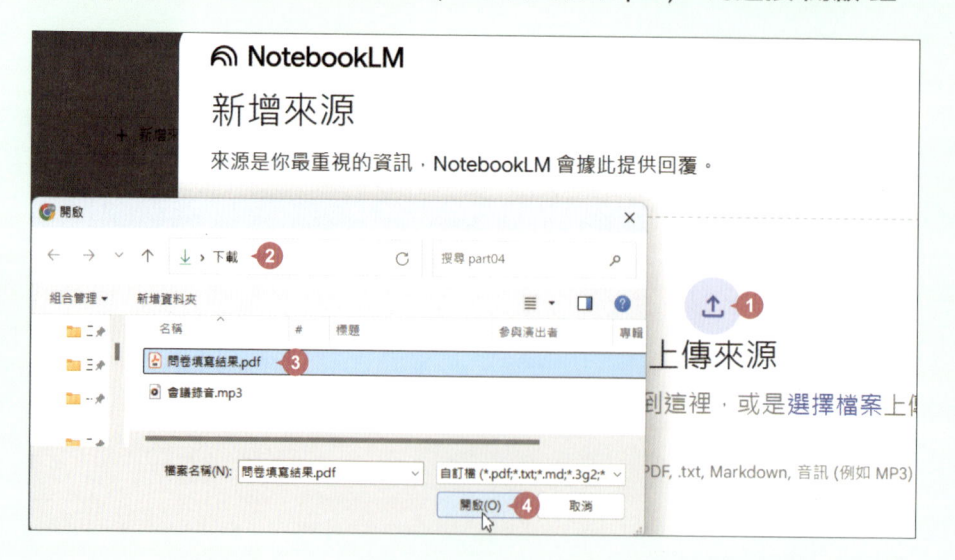

step 03 待上傳完成後，**來源** 區塊會看到該 PDF 檔案項目，且呈核選狀態。

✦ 指定來源資料分析問卷結果

取消核選不必要的來源，僅保留需要分析的資料，並重新整理對話紀錄，提問後取得所需的分析內容。

step 01 於 **來源** 區塊，不需要的來源右側選按 ☑ 呈 □ 狀，取消核選。

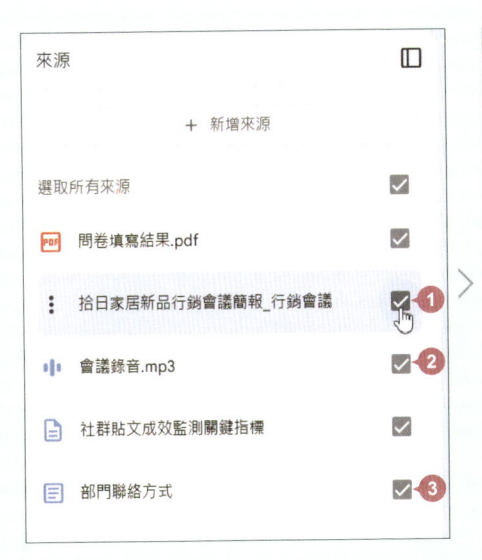

step 02 於 **對話** 區塊右上角選按 **重新整理** 鈕 \ **繼續** 鈕，刪除對話紀錄。

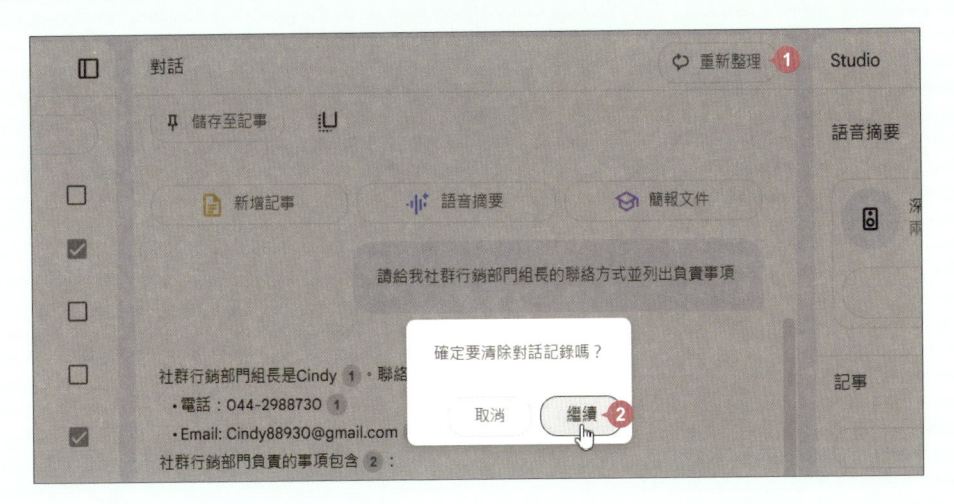

step 03 於 **對話** 區塊對話框輸入：「依照 Instagram 各年齡層用戶活躍時間，建議最佳的發文時間。」，選按 ▷ 鈕送出提問，接著 NotebookLM 會根據問卷填寫結果與關鍵因素開始分析並回覆詳細的內容。

step 04 於 **對話** 區塊對話框輸入：「影響轉換率的因素是內容還是廣告投放？」，選按 ▷ 鈕送出提問，接著 NotebookLM 會開始分析並回覆詳細的內容。

以下省略

4-26

Tip 7 有效整理回覆的表格內容　　Do it！

NotebookLM 對談回覆可將比較式資料以表格方式整理列項，但儲存至記事後，表格格式會消失，在此示範幾種調整方式。

✦ 將資料以表格格式整理

接續上個 Tip 的操作，於 **對話** 區塊對話框輸入：「FB 與 IG 哪個對品牌忠誠度提升更有效，請將結果整理成表格，表頭為 FB、IG。」，選按 ▷ 鈕送出提問，接著 NotebookLM 會開始分析並回覆詳細的內容。

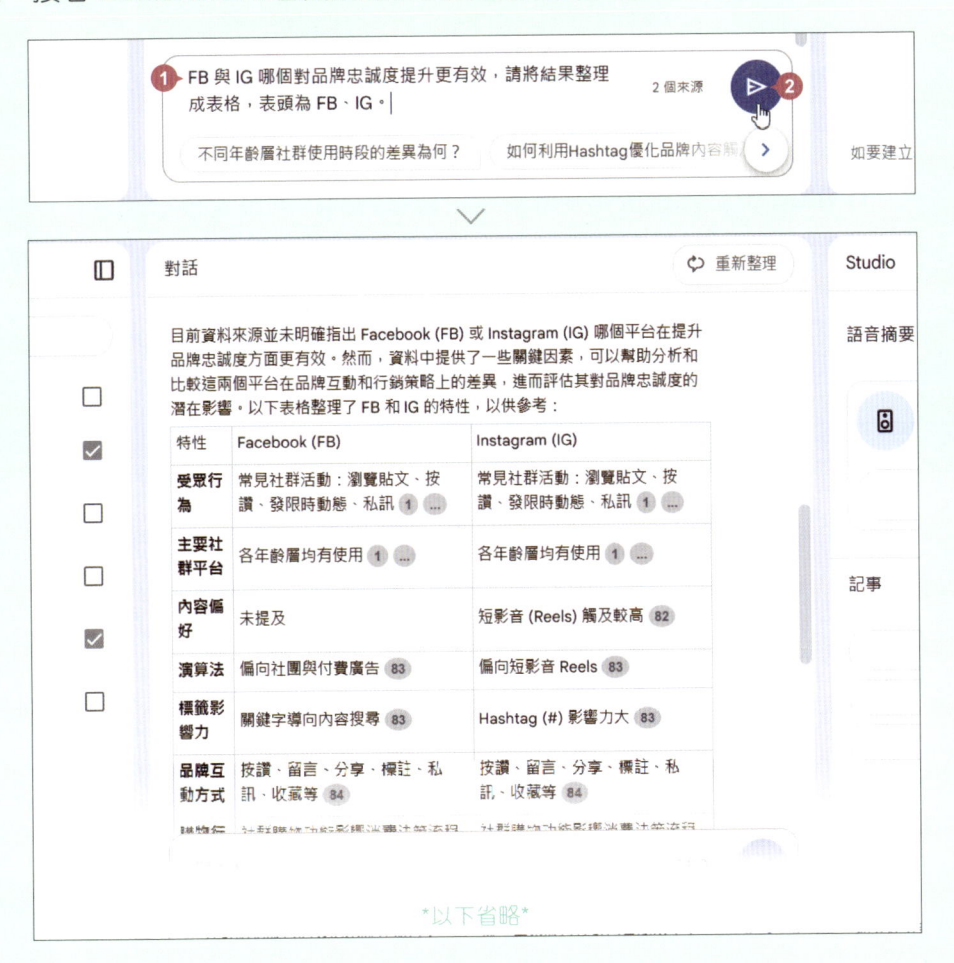

目前資料來源並未明確指出 Facebook (FB) 或 Instagram (IG) 哪個平台在提升品牌忠誠度方面更有效。然而，資料中提供了一些關鍵因素，可以幫助分析和比較這兩個平台在品牌互動和行銷策略上的差異，進而評估其對品牌忠誠度的潛在影響。以下表格整理了 FB 和 IG 的特性，以供參考：

特性	Facebook (FB)	Instagram (IG)
受眾行為	常見社群活動：瀏覽貼文、按讚、發限時動態、私訊	常見社群活動：瀏覽貼文、按讚、發限時動態、私訊
主要社群平台	各年齡層均有使用	各年齡層均有使用
內容偏好	未提及	短影音 (Reels) 觸及較高
演算法	偏向社團與付費廣告	偏向短影音 Reels
標籤影響力	關鍵字導向內容搜尋	Hashtag (#) 影響力大
品牌互動方式	按讚、留言、分享、標註、私訊、收藏等	按讚、留言、分享、標註、私訊、收藏等

以下省略

✦ 保留表格格式：記事轉換為資料來源

若要保留回覆內容，可將其儲存至記事。然而，NotebookLM 在 **對話** 區塊回覆的表格內容，儲存至記事後，將僅以文字排列，不會保留原表格格式。若將該記事內容轉換為來源，即可再次以表格方式瀏覽。

step 01 於回覆的表格內容下方選按 **儲存至記事** 鈕。

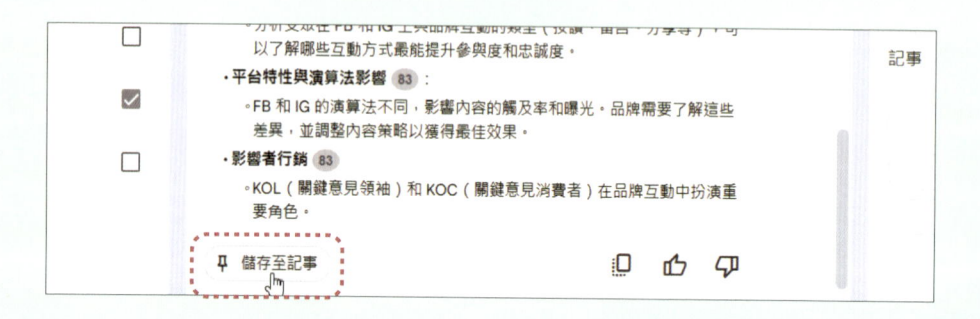

step 02 於 **Studio** 區塊選按儲存的記事，會看到資料內容表格格式消失，變為連續文字顯示。至記事內容下方選按 **轉換成來源** 鈕，將記事資料轉為來源資料。

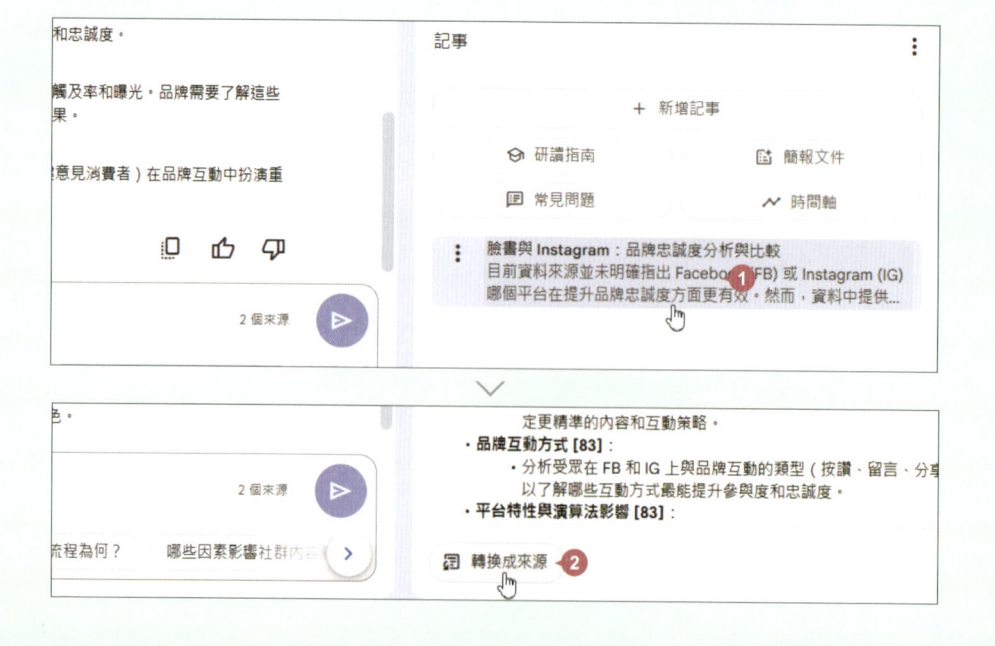

4-28

step 03 待轉換完成後，**來源** 區塊會看到該記事項目，且呈核選狀態。選按該記事項目，會看到資料內容以表格方式整理列項。

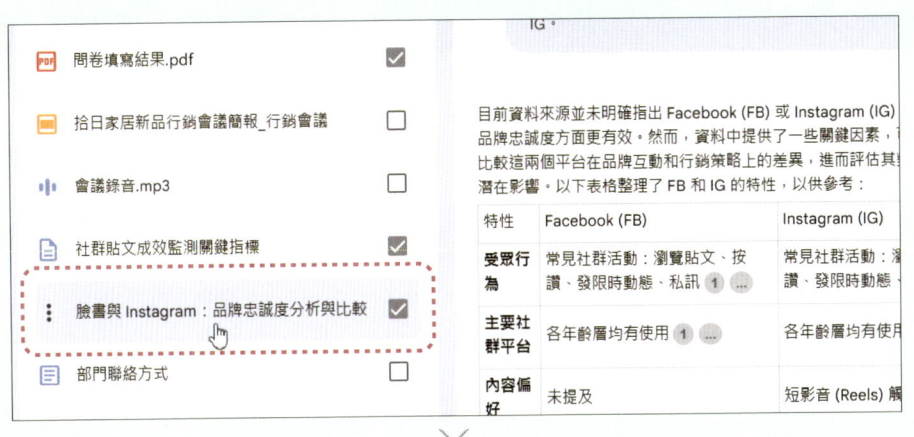

以下省略

4-29

✦ 保留表格格式：整理至 Google 文件

為保留回覆內容中以表格方式整理列項的資料，可將其複製至文件或試算表檔案中保留，在此以 Google 文件示範。

step 01 於回覆的表格內容下方選按 鈕。

step 02 於 Google 文件建立新文件，按 Ctrl + V 鍵將 NotebookLM 複製的資料貼上。

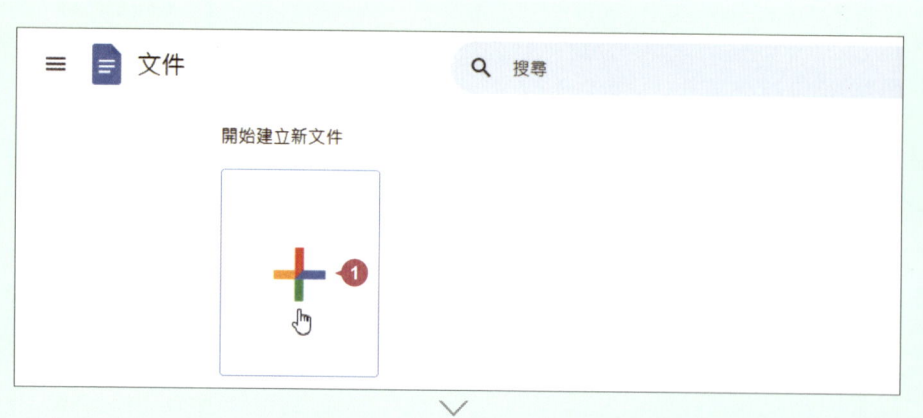

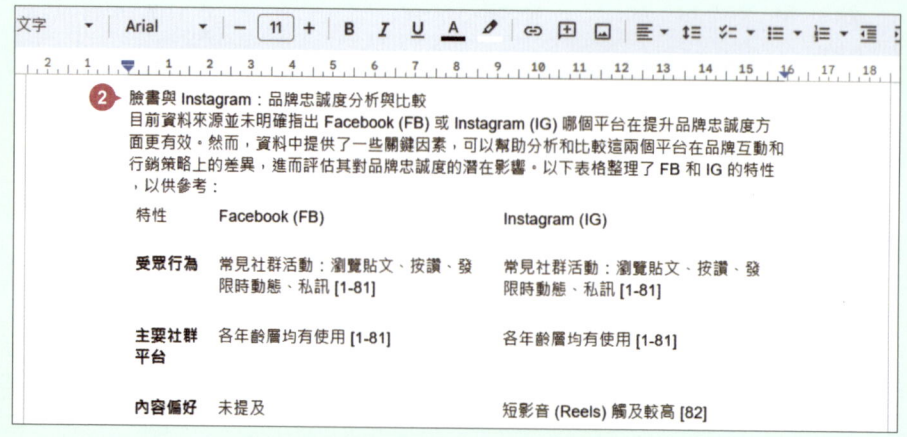

② 臉書與 Instagram：品牌忠誠度分析與比較
目前資料來源並未明確指出 Facebook (FB) 或 Instagram (IG) 哪個平台在提升品牌忠誠度方面更有效。然而，資料中提供了一些關鍵因素，可以幫助分析和比較這兩個平台在品牌互動和行銷策略上的差異，進而評估其對品牌忠誠度的潛在影響。以下表格整理了 FB 和 IG 的特性，以供參考：

特性	Facebook (FB)	Instagram (IG)
受眾行為	常見社群活動：瀏覽貼文、按讚、發限時動態、私訊 [1-81]	常見社群活動：瀏覽貼文、按讚、發限時動態、私訊 [1-81]
主要社群平台	各年齡層均有使用 [1-81]	各年齡層均有使用 [1-81]
內容偏好	未提及	短影音 (Reels) 觸及較高 [82]

step 03 會看到貼上的表格資料並無格線樣式,在 Google 文件中可透過 **表格屬性** 加以調整。於表格資料上任一位置按一下滑鼠左鍵,選按 **格式 \ 表格 \ 表格屬性**,畫面右側開啟 **表格屬性** 面板。

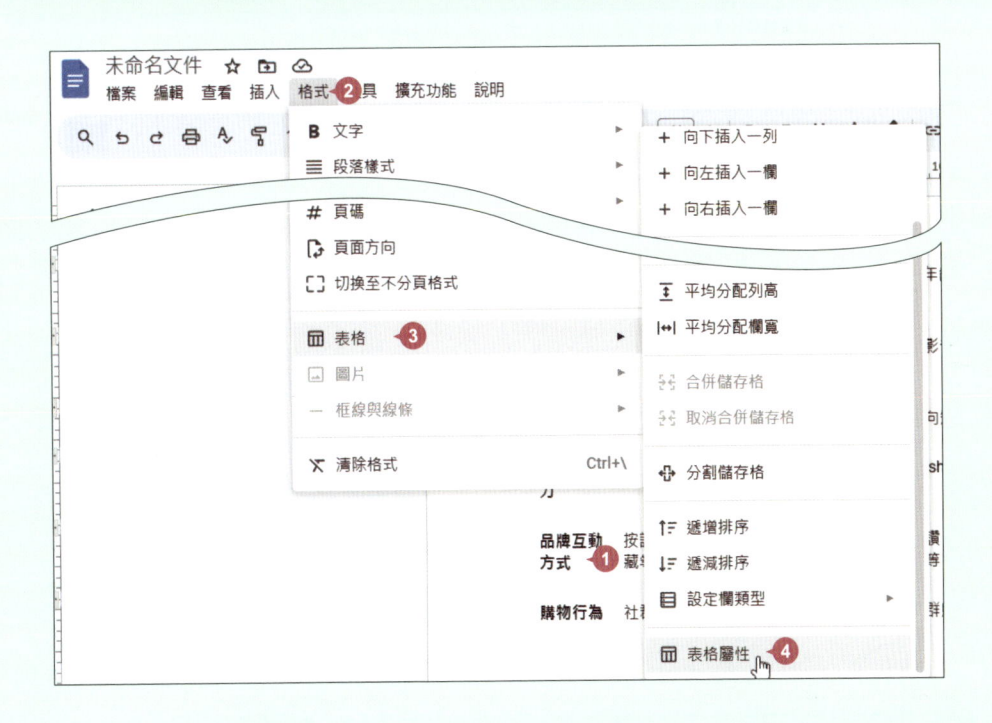

step 04 於右側 **表格屬性** 面板選按 **顏色 \ 表格邊框** 設定邊框線條粗細,為表格加上黑色邊框。

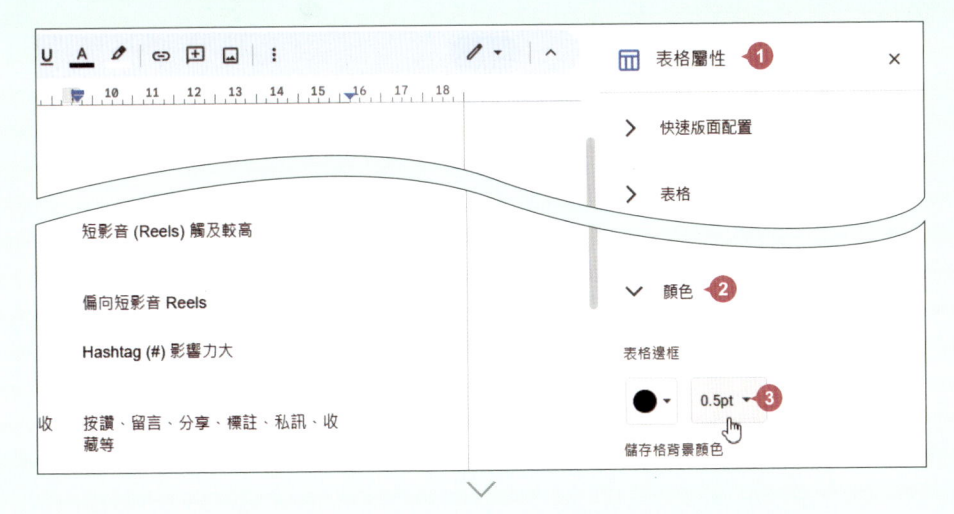

特性	Facebook (FB)	Instagram (IG)
受眾行為	常見社群活動：瀏覽貼文、按讚、發限時動態、私訊 [1-81]	常見社群活動：瀏覽貼文、按讚、發限時動態、私訊 [1-81]
主要社群平台	各年齡層均有使用 [1-81]	各年齡層均有使用 [1-81]
內容偏好	未提及	短影音 (Reels) 觸及較高 [82]

step 05 為了使表格方便瀏覽，選取表格第一列，於右側 **表格屬性** 面板選按 **顏色 \ 儲存格背景顏色** 設定合適的顏色 。

特性	Facebook (FB)	Instagram (IG)
受眾行為	常見社群活動：瀏覽貼文、按讚、發限時動態、私訊	常見社群活動：瀏覽貼文、按讚、發限時動態、私訊
主要社群平台	各年齡層均有使用	各年齡層均有使用
內容偏好	未提及	短影音 (Reels) 觸及較高

	偏向短影音 Reels
	Hashtag (#) 影響力大
收	按讚、留言、分享、標註、私訊、收藏等
	社群購物功能影響消費決策流程

顏色 ❷

表格邊框

● ▼ 0.5pt ▼

儲存格背景顏色

● ▼ ❸

特性	Facebook (FB)	Instagram (IG)
受眾行為	常見社群活動：瀏覽貼文、按讚、發限時動態、私訊	常見社群活動：瀏覽貼文、按讚、發限時動態、私訊
主要社群平台	各年齡層均有使用	各年齡層均有使用
內容偏好	未提及	短影音 (Reels) 觸及較高

PART 05

旅遊規劃
打造專屬完美行程

單元重點

使用 NotebookLM，高效整理旅遊資訊，智慧規劃行程，結合 LINE 群組討論訊息、個人喜好與預算，快速打造專屬完美旅程。

- ☑ 提取關鍵資料與分析方向
- ☑ 建立筆記本
- ☑ 上傳多類型資料來源
- ☑ 快速掌握旅遊規劃重點
- ☑ 整理關鍵的人事時地物
- ☑ 根據資料生成景點推薦與行程建議
- ☑ 將重要回覆儲存至記事與新增記事
- ☑ 用 Google 地圖儲存景點並共享

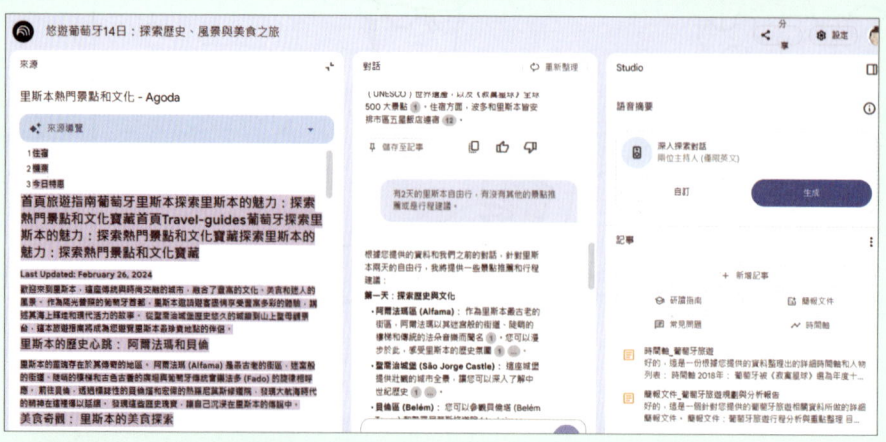

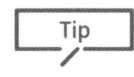

Tip 1　提取關鍵資料與分析方向　　Do it !

要開始以 NotebookLM 整理資料之前，可以先用 ChatGPT 詢問標題名稱，並尋求相關資源的建議與分析。

開啟瀏覽器，於網址列輸入：「https://chatgpt.com/」進入 ChatGPT，可以選擇登入帳號，或直接於畫面中開始提問。

step 01 希望 ChatGPT 提供一個更具吸引力、專業性或精確性的標題，以概括此章要分析的 "葡萄牙 14 日旅遊" 這一個旅遊主題。

> 提示詞 💬
> 若要規劃葡萄牙 14 日旅遊，請給一個比較合適的標題。

> 若要規劃葡萄牙14日旅遊，請給一個比較合適的標題。
>
> 「悠遊葡萄牙14日：探索歷史、人文與美食之旅」

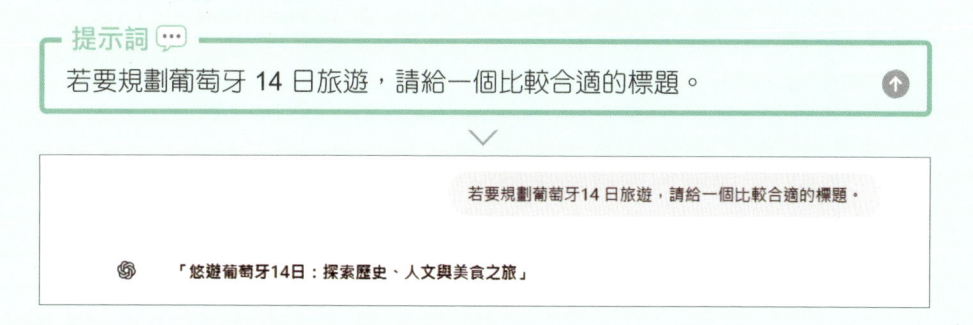

step 02 開啟 **搜尋**，希望 ChatGPT 整理並推薦可信賴的線上資源，以便更有效地針對 "葡萄牙旅遊攻略" 這一主題獲取更多相關文章或影片的資訊。

> 提示詞 💬
> 葡萄牙旅遊攻略，附上至少 5 個資料來源，資源整理成這三類：PDF、影片、網路文章，請標明出處與連結。

> ❶ 葡萄牙旅遊攻略，附上至少 5 個資料來源，資源整理成這三類：PDF、影片、網路文章，請標明出處與連結。
>
> ❷ 🌐 搜尋　💡 推理　　　　　　　　　　　　　　　　❸ ⬆

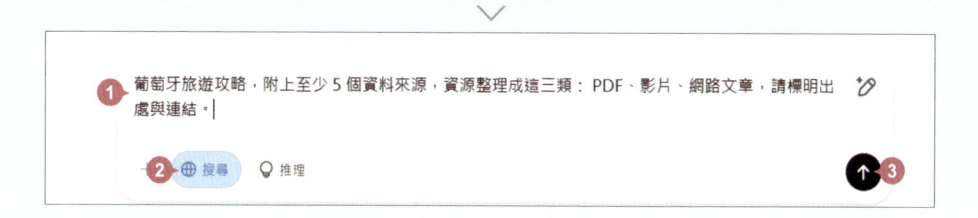

回覆內容會於每個項目提供參考資源連結，選按 **資料來源** 鈕可於右側開啟所有相關參考資料列項。

step 03 可以詢問旅遊當地的貨幣種類或是面額單位，以及在兌換時該如何計算金額，後續可以做為 NotebookLM 的來源資料分析運用。

> **提示詞**
> 葡萄牙主要貨幣是什麼？主要有哪些面額？換算成台幣的話，用什麼樣的方式較好計算。

葡萄牙主要貨幣與面額

葡萄牙的主要貨幣是 **歐元（EUR, €）**。常見的紙鈔與硬幣面額如下：

紙鈔面額：
- €5、€10、€20、€50、€100、€200、€500（但€200 和 €500 鈔票較少流通）

硬幣面額：
- 1、2、5、10、20、50 歐分（cents）
- €1、€2

歐元兌台幣的換算方式

以下省略

step 04 可以請 ChatGPT 提供語言相關協助，例如主要用語或是旅遊常用對話與句子，後續可儲存至 NotebookLM 記事方便隨時運用。

> **提示詞** 💬
> 葡萄牙主要使用的語言是什麼？可以推薦幾句在旅遊時常用的對話或是句子？

葡萄牙主要使用的語言是什麼？可以推薦幾句在旅遊時常用的對話或是句子？

葡萄牙主要語言

葡萄牙的官方語言是 **葡萄牙語**（Português）。在主要城市（如里斯本、波爾圖）和觀光區，英語普及率較高，但在小鎮或鄉村地區，當地人可能較少使用英語。

葡萄牙旅遊常用對話與句子

基本問候與禮貌用語

- 你好 → Olá（歐拉）
- 早安 / 午安 / 晚安 → Bom dia / Boa tarde / Boa noite（邦 迪亞 / 波阿 塔爾德 / 波阿 諾伊特）

以下省略

美特囉 邁斯 普若西馬？）
- 這裡怎麼去 XX？ → Como posso chegar a XX?（寇莫 波索 什加 阿 XX？）
- 請幫我叫計程車 → Pode chamar um táxi para mim?（波得 夏馬翁 塔克希 帕拉明？）

緊急情況

- 請幫幫我！ → Ajude-me, por favor!（阿茹得-米，普爾法沃！）
- 我迷路了 → Estou perdido/perdida.（男：埃斯托 佩爾迪多 / 女：埃斯托 佩爾迪達）
- 請打電話給警察 → Ligue para a polícia, por favor.（里給 帕拉 阿 波利西亞，普爾法沃）
- 醫院在哪裡？ → Onde fica o hospital?（翁得 菲卡 歐 歐斯皮塔爾？）

這些基本葡萄牙語句子可以幫助你在葡萄牙旅遊時更順利溝通！如果想要深入學習，可以下載 Google 翻譯⋯

以下省略

Tip 2　建立筆記本

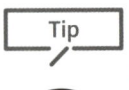

> Do it！

進入 NotebookLM 首頁後，首先建立一本新的筆記本，再將之命名為合適的名稱，完成建立筆記本的基本操作。

✦ 新建筆記本

於 NotebookLM 首頁，選按 **+ 新建** 鈕，即可進入新的筆記本畫面。

歡迎使用 NotebookLM

+ 新建

―― 小提示 ――

出現 "上傳來源" 畫面

進入新的筆記本畫面，若出現如下 **上傳來源** 畫面，可先選按該畫面右上角的 × 關閉此畫面，待後續完成筆記本命名後再上傳來源。

NotebookLM

上傳來源

✦ 修改筆記本名稱

於筆記本畫面左上角選取預設的名稱 Untitled notebook，再輸入合適的筆記本名稱，此範例輸入：「悠遊葡萄牙 14 日：探索歷史、風景與美食之旅」。

悠遊葡萄牙14日：探索歷史、風景與美食之旅

來源　　　　　　　　　　　對話

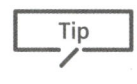

Tip 3　上傳多類型資料來源　(Do it!)

將依 ChatGPT 建議取得相關檔案、網址、影片，或事先準備的行程資料文件與 LINE 群組討論事項，新增至 **來源** 區塊。

✦ 新增來源：線上 PDF 檔案

step 01　於瀏覽器開啟存放 PDF 文件的網頁頁面，此章 **資料來源 1** (晴天旅行社 / 歐洲西海岸葡萄牙之旅)，於 PDF 預覽畫面右上角選按 ⬇，將 PDF 檔下載至本機電腦。(預設下載檔為一串英數字，可重新命名為合適的名稱後，再選按 **存檔** 鈕。)

step 02　於 **來源** 區塊上選按 **+ 新增來源** 鈕。

step 03 **新增來源** 視窗選按 ⬆ 開啟對話方塊，指定存放路徑並選按欲上傳的 PDF 檔案，再選按 **開啟** 鈕。

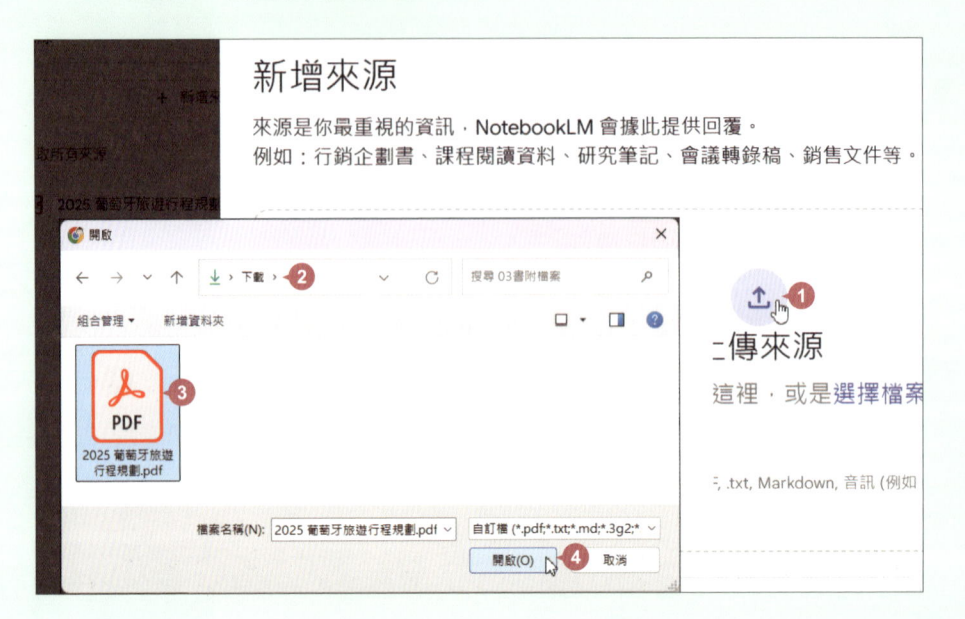

step 04 待上傳完成後，**來源** 區塊會看到該 PDF 檔案項目，且呈核選狀態。

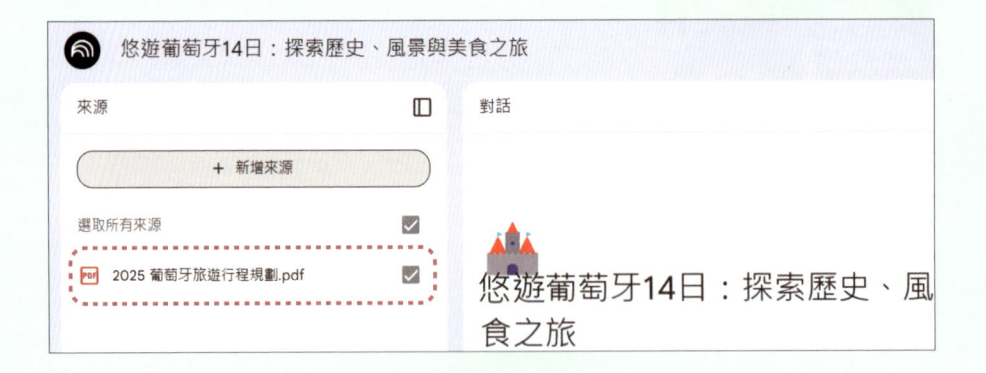

─ 小提示 ─
上傳的 PDF 檔無法辨識文字？

有些 PDF 檔會將內容轉換成圖片，NotebookLM 就無法辨識其中的文字而導致無法正確分析該文件。

✦ 新增來源：網頁連結

step 01 於 **來源** 區塊上選按 **+ 新增來源** 鈕。

step 02 **新增來源** 視窗下方 **連結** 項目選按 **網站**，將在 ChatGPT 提問時取得或手邊收集且合適的網址貼入至欄位中，複製此章 **資料來源 2** (Agoda / 探索里斯本的魅力) 的網址貼上，選按 **插入** 鈕。

step 03 待上傳完成後，**來源** 區塊會看到該網頁項目，且呈核選狀態。

> **小提示**
>
> 依相同方法新增其它參考資料來源檔案：
> - **資料來源 3** (klook / 葡萄牙旅遊攻略)
> - **資料來源 4** (中華民國外交部 / 歐洲地區 / 葡萄牙共和國)
>
> 若將外交部全球資訊網加入來源，在後續整理時間軸時會完整的詳列更多該國的資訊與歷史資料，若只想單純整理此次旅遊資訊時間軸，則不需加入此來源項目。

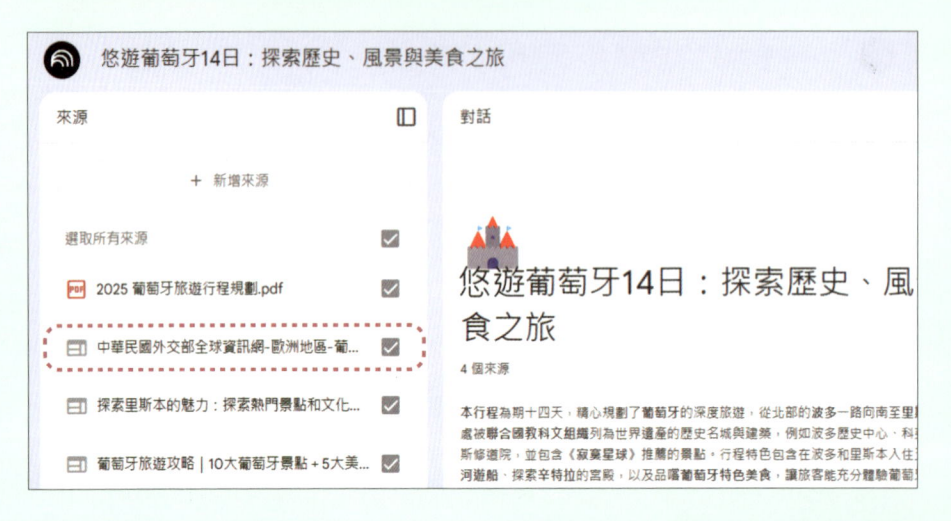

✦ 新增來源：YouTube 連結

step 01 於 **來源** 區塊上選按 **+ 新增來源** 鈕。

5-10

step 02 **新增來源** 視窗下方 **連結** 項目選按 **YouTube**，將在 ChatGPT 提問時取得或手邊收集且合適的 YouTube 網址貼入至欄位中，複製此章 **資料來源 5** (EpicExplorationsTV EN / WONDERS OF PORTUGAL) 的網址貼上，選按 **插入** 鈕。

step 03 待上傳完成後，**來源** 區塊會看到該 YouTube 項目，且呈核選狀態。

— 小提示 —

新增 YouTube 來源的限制

僅支援含有字幕且公開的 YouTube 影片，近期上傳的影片 (72 小時內) 可能無法新增，影片長度不限，但字幕內容不得超過 50 萬個字。另外也有其他很多原因：像是連結無效、影片可能不安全、來源字幕檔無法讀取或是影片語言無法支援…等因素，如果遇到此狀況，建議再嘗試新增其他影片。

5-11

✦ 新增來源：ChatGPT 回覆的文字訊息

step 01 於 **來源** 區塊上選按 **+ 新增來源** 鈕。

悠遊葡萄牙14日：探索歷史、風景與美食之旅

來源　　　　　　　　　　　對話

　　　+ 新增來源

step 02 **新增來源** 視窗下方 **貼上文字** 項目選按 **複製的文字**，將在 ChatGPT 提問時取得且合適的文字內容貼入至文字欄位，複製此章 **資料來源 6** (葡萄牙主要貨幣及兌換匯率) 內容貼上，選按 **插入** 鈕。

Google 雲端硬碟　　　　　　連結　　　　　　　　貼上文字

Google 文件　Google 簡報　　網站　YouTube　　　複製的文字 ①

在這裡貼上文字 *
葡萄牙的主要貨幣是 歐元 (EUR, €)。
歐元兌換新台幣 (TWD)
歐元兌新台幣的匯率會隨時變動，目前可以透過以下方式查詢最新匯率：
Google 搜尋：「1 歐元換新台幣」
銀行官網 (如台灣銀行、玉山銀行、永豐銀行等) ②
匯率 App (如 XE Currency、Google 財經等)
簡單換算方式 (估算)
如果不想每次查詢即時匯率，可以用大約的換算方式：
1 歐元 ≈ 33-35 台幣 (視當日匯率)
10 歐元 ≈ 330-350 台幣

插入 ③

step 03 待上傳完成後，**來源** 區塊會看到該文字項目，且呈核選狀態。

2025 葡萄牙旅遊行程規劃.pdf
WONDERS OF PORTUGAL | Most Amazin...
葡萄牙旅遊：歐元兌換與消費指南

悠遊葡萄牙14日：探索歷史、風景食之旅

6 個來源

5-12

✈ 新增來源：Line 文字訊息

step 01 於 **來源** 區塊上選按 **+ 新增來源** 鈕，。

step 02 **新增來源** 視窗下方 **貼上文字** 項目選按 **複製的文字**，將在 LINE 收到的文字訊息貼入至文字欄位，複製此章 **資料來源 7** (注意事項_LINE 訊息) 內容貼上，再選按 **插入** 鈕。

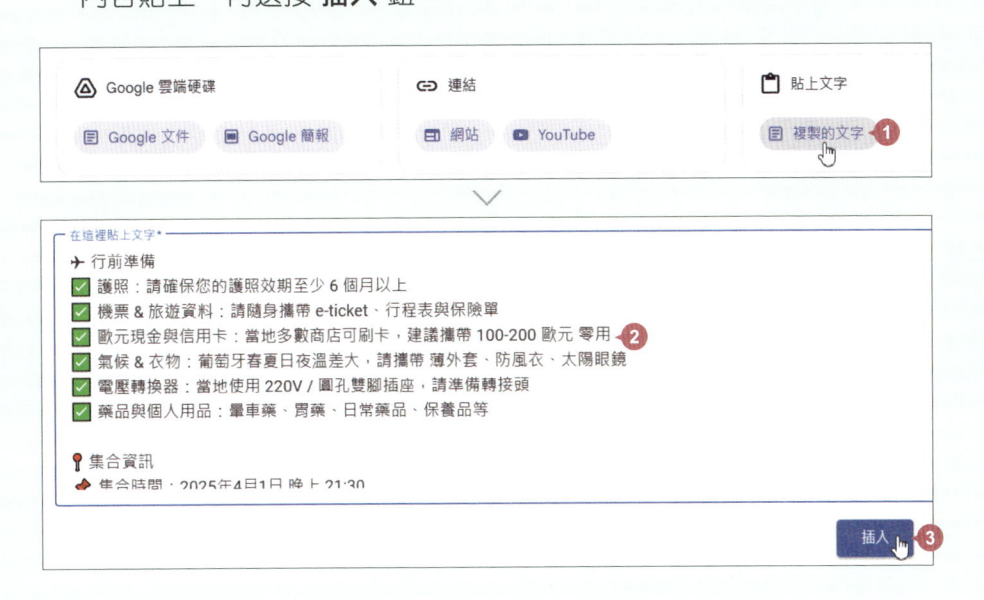

step 03 待上傳完成後，**來源** 區塊會看到該文字項目，且呈核選狀態。

✦ 管理來源：重新命名來源

NotebookLM 中以 **複製的文字** 新增資料時，於左側 "來源" 區中會自動分析內容並命名該項目，若命名的名稱不合適可再手動調整。

step 01 將滑鼠指標移至欲重新命名的項目上，選按 ⋮ \ **重新命名來源**。

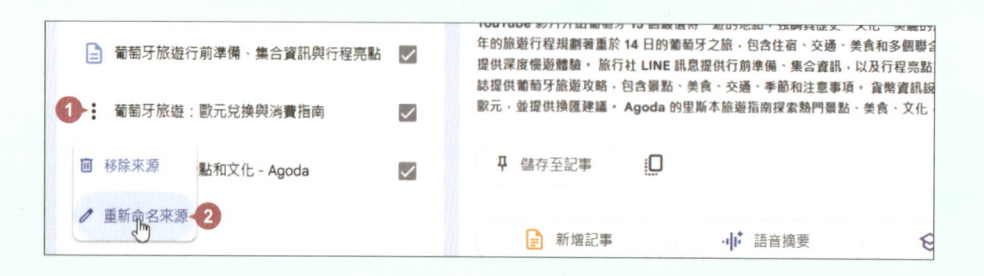

step 02 於 **來源名稱** 欄位刪除原名稱，再輸入欲變更的名稱，再選按 **儲存**。

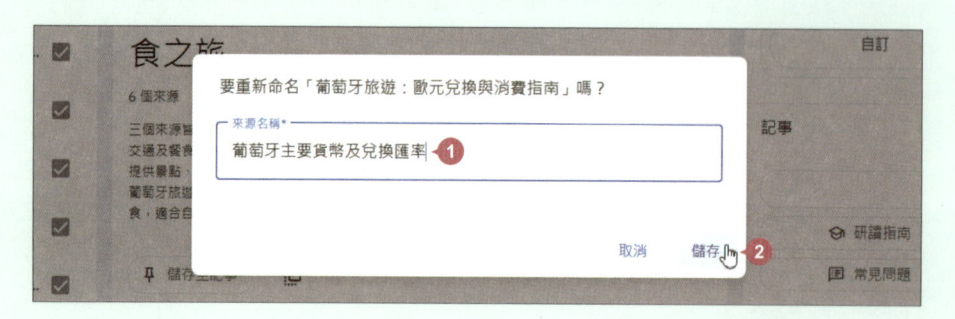

step 03 依相同方法，分別完成變更其他的來源名稱，方便後續在分析來源時快速辨識出需核選或是取消核選的項目。

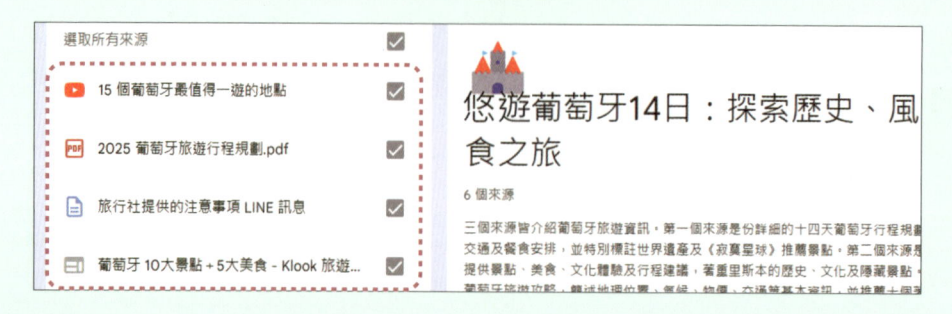

5-14

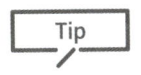

Tip 4 一鍵掌握旅遊規劃重點　　Do it！

NotebookLM **簡報文件** 功能可快速完成所有來源檔案、文件的分析，自動生成一份詳細的簡介報告。

step 01 於 **Studio** 區塊選按 **簡報文件** 鈕。

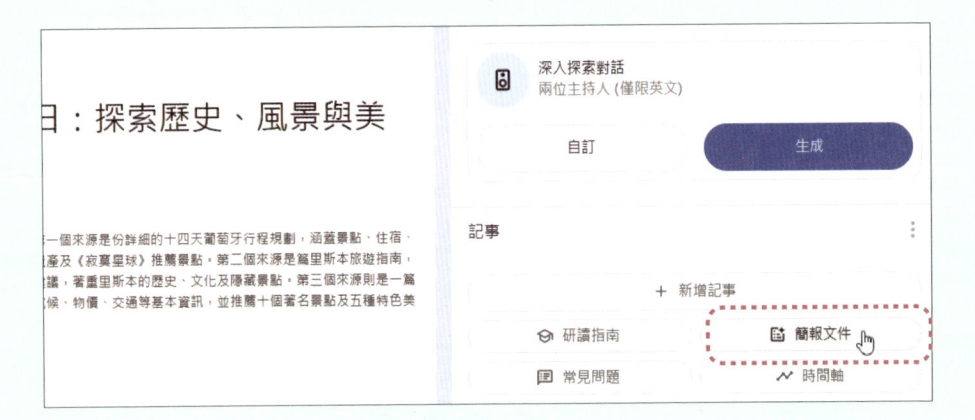

step 02 待 AI 分析完成後，即會自動生成一份詳細的記事，選按該記事可開啟並瀏覽內容。(自動生成的記事僅供檢視，無法編輯。)

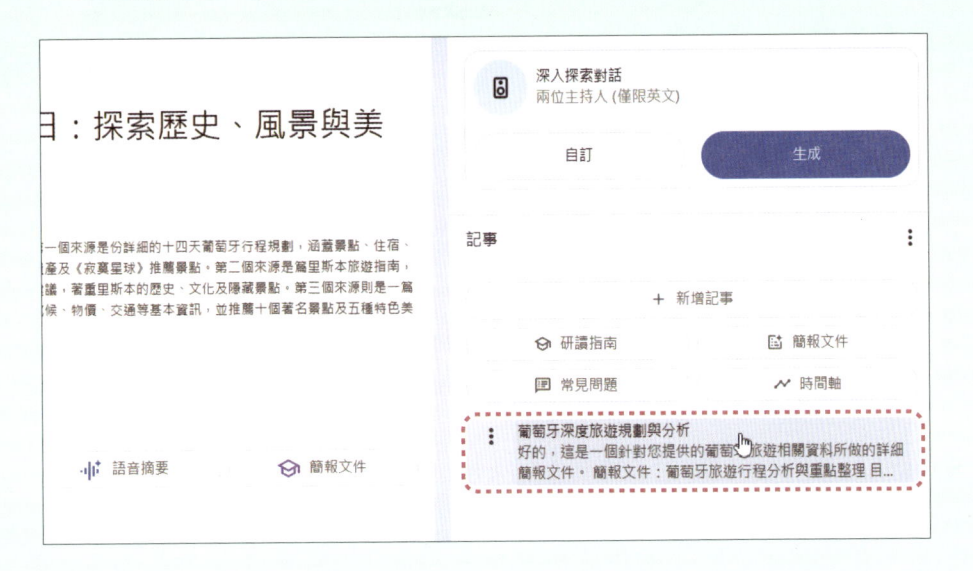

5-15

step 03 **簡報文件** 功能可依核選的來源資料，自動整理為條理清晰的內容，列出重點摘要，適用於工作報告、提案、簡報與會議摘要 (不同來源資料生成的簡報文件記事架構會有所不同)。

於記事名稱上按一下滑鼠左鍵，可重新命名 (建議可於名稱前加上 "簡報文件 - " 用以識別記事本生成方式)，選按 圖示 即可收合此記事。

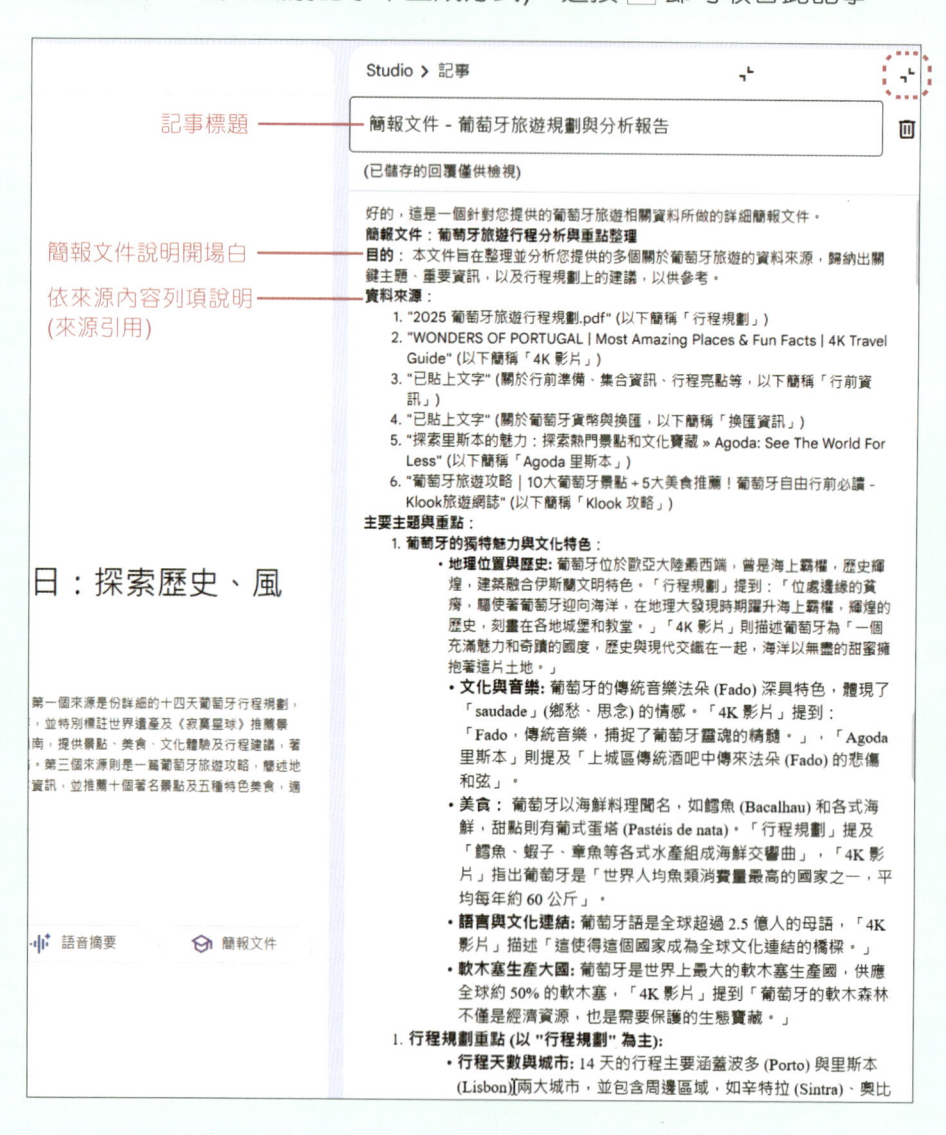

記事標題 ── 簡報文件 - 葡萄牙旅遊規劃與分析報告

簡報文件說明開場白 ── 好的，這是一個針對您提供的葡萄牙旅遊相關資料所做的詳細簡報文件。

簡報文件：葡萄牙旅遊行程分析與重點整理
目的：本文件旨在整理並分析您提供的多個關於葡萄牙旅遊的資料來源，歸納出關鍵主題、重要資訊，以及行程規劃上的建議，以供參考。

依來源內容列項說明（來源引用） ──
資料來源：
1. "2025 葡萄牙旅遊行程規劃.pdf" (以下簡稱「行程規劃」)
2. "WONDERS OF PORTUGAL | Most Amazing Places & Fun Facts | 4K Travel Guide" (以下簡稱「4K 影片」)
3. "已貼上文字" (關於行前準備、集合資訊、行程亮點等，以下簡稱「行前資訊」)
4. "已貼上文字" (關於葡萄牙貨幣與換匯，以下簡稱「換匯資訊」)
5. "探索里斯本的魅力：探索熱門景點和文化寶藏 » Agoda: See The World For Less" (以下簡稱「Agoda 里斯本」)
6. "葡萄牙旅遊攻略 | 10大葡萄牙景點＋5大美食推薦！葡萄牙自由行前必讀 - Klook旅遊雜誌" (以下簡稱「Klook 攻略」)

主要主題與重點：
1. **葡萄牙的獨特魅力與文化特色：**
   - **地理位置與歷史**：葡萄牙位於歐亞大陸最西端，曾是海上霸權，歷史輝煌，建築融合伊斯蘭文明特色。「行程規劃」提到：「位處邊緣的貧瘠，驅使著葡萄牙迎向海洋，在地理大發現時期躍升海上霸權，輝煌的歷史，刻畫在各地城堡和教堂。」「4K 影片」則描述葡萄牙為「一個充滿魅力和奇蹟的國度，歷史與現代交織在一起，海洋以無盡的甜蜜擁抱著這片土地。」
   - **文化與音樂**：葡萄牙的傳統音樂法朵 (Fado) 深具特色，體現了「saudade」(鄉愁、思念) 的情感。「4K 影片」提到：「Fado，傳統音樂，捕捉了葡萄牙靈魂的精髓。」，「Agoda 里斯本」則提及「上城區傳統酒吧中傳來法朵 (Fado) 的悲傷和弦。」
   - **美食**：葡萄牙以海鮮料理聞名，如鱈魚 (Bacalhau) 和各式海鮮，甜點則有葡式蛋塔 (Pastéis de nata)。「行程規劃」提及「鱈魚、蝦子、章魚等各式水產組成海鮮交響曲」，「4K 影片」指出葡萄牙是「世界人均魚類消費量最高的國家之一，平均每年約 60 公斤」。
   - **語言與文化連結**：葡萄牙語是全球超過 2.5 億人的母語，「4K 影片」描述「這使得這個國家成為全球文化連結的橋樑。」
   - **軟木塞生產大國**：葡萄牙是世界上最大的軟木塞生產國，供應全球約 50% 的軟木塞，「4K 影片」提到「葡萄牙的軟木森林不僅是經濟資源，也是需要保護的生態寶藏。」

2. **行程規劃重點 (以 "行程規劃" 為主)：**
   - **行程天數與城市**：14 天的行程主要涵蓋波多 (Porto) 與里斯本 (Lisbon)兩大城市，並包含周邊區域，如辛特拉 (Sintra)、奧比

5-16

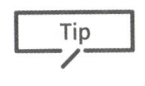

Tip 5 一鍵生成關鍵的人事時地物

Do it！

NotebookLM **時間軸** 功能可快速完成所有來源檔案、文件的分析，以時序方式整理人、事、時、地、物...等事件資訊。

step 01 於 **Studio** 區塊選按 **時間軸** 鈕。

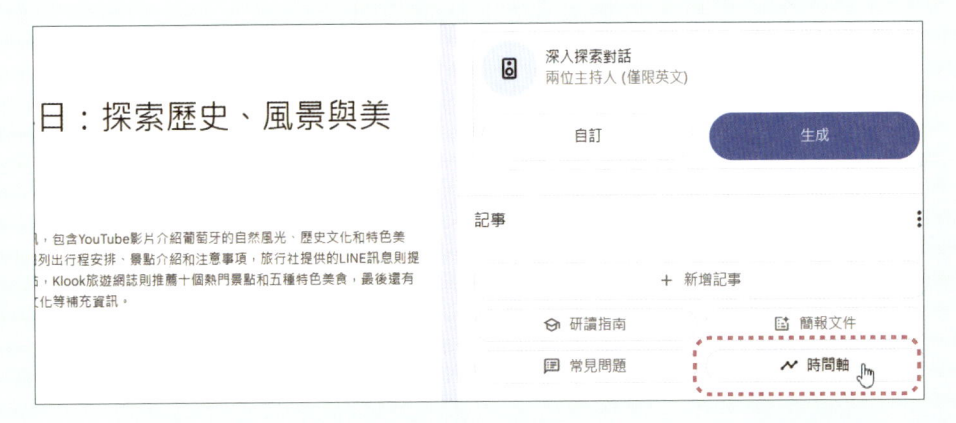

step 02 待 AI 分析完成後，即會自動生成一份詳細的記事，選按該記事可開啟並瀏覽內容。(自動生成的記事僅供檢視，無法編輯。)

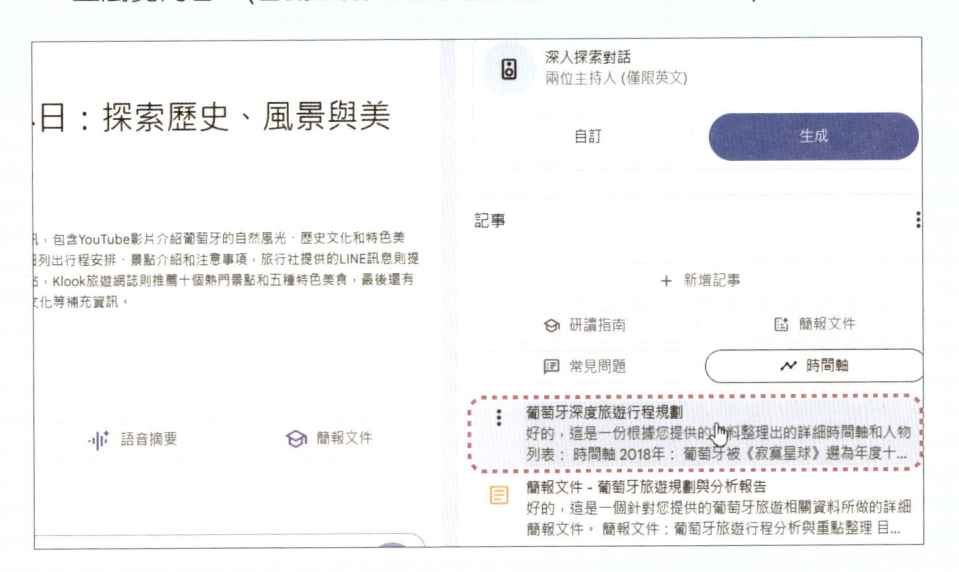

實用篇 05 旅遊規劃／打造專屬完美行程

5-17

step 03 **時間軸** 功能可依核選的來源資料，將來源中出現的人、事、時、地、物...等資訊，依時序整理成一個容易閱讀且完整的時間軸，幫助使用者快速掌握事件脈絡。於記事名稱上按一下滑鼠左鍵，可重新命名；選按 即可收合此記事。

Studio > 記事

時間軸 - 葡萄牙旅遊

(已儲存的回覆僅供檢視)

好的，這就為您整理出葡萄牙旅遊的相關資訊時間軸和人物誌：
時間軸
- **西元前2000年：**葡萄牙地區曾為羅馬帝國的一部分。
- **西元3世紀：**多個部族佔領居住葡萄牙。
- **西元8世紀：**摩爾人征服伊比利亞半島，建立較統一政權。
- **1139年：**葡萄牙王國建立，阿方索·亨利克斯為第一任國王。
- **1297年：**《阿爾卡尼塞斯條約》確立葡萄牙統治疆界，使其成為歐洲最古老的國家之一。
- **15世紀：**葡萄牙開啟大航海時代，成為海上強權，建立殖民帝國。
- **1494年：**葡萄牙與西班牙簽署《托爾德西里亞斯條約》，瓜分世界。
- **1580年：**葡萄牙因國王塞巴斯提安去世無子嗣，被西班牙菲利普王朝統治。
- **1640年：**葡萄牙脫離西班牙統治。
- **18世紀末：**拿破崙軍隊入侵葡萄牙。
- **1822年：**葡萄牙重要殖民地巴西宣佈獨立，葡萄牙國勢衰落。
- **1910年10月5日：**葡萄牙王室被推翻，建立第一共和國。
- **1933年：**薩拉查建立軍事獨裁政權，進入第二共和國時代。
- **1955年12月14日：**葡萄牙加入聯合國。
- **1974年：**康乃馨革命爆發，葡萄牙重回民主自由。
- **2011年：**法朵音樂被聯合國教科文組織列為無形文化遺產。
- **2012年：**基馬拉什被選為歐洲文化之都。
- **2015年：**《寂寞星球》評選辛特拉、波多杜羅河畔、里斯本阿法瑪區、熱羅尼莫斯修道院為全球500大景點。
- **2018年：**葡萄牙被《寂寞星球》選為十大最佳旅行國度之一。
- **2021年1月24日：**馬塞洛·雷貝洛·德·索薩連任葡萄牙總統。
- **2024年3月10日：**葡萄牙舉行國會選舉，民主聯盟(AD)成為得票最多的政黨。
- **2024年1月至10月** 葡萄牙出口總值892.96億歐元
- **2024年1月至10月** 葡萄牙進口總值669.21億歐元
- **2025年4月1日：** 晴天旅行社的葡萄牙14日遊旅行團預定自台灣出發。

人物誌
- **阿方索·亨利克斯 (Afonso Henriques)：**葡萄牙第一任國王，被譽為葡萄牙的開國元勳，在基馬拉什出生，以該城為基礎建立葡萄牙王國。
- **伊莎貝拉皇后 (Queen Isabel)：**葡萄牙皇后，深受奧比都斯小鎮的喜愛，促使國王阿方索二世將此城送給她作為結婚禮物。
- **瑪麗亞二世女王 (Queen Maria II)：**葡萄牙女王。其丈夫費迪南德為她建造了佩納宮。
- **費迪南德 (Ferdinand)：**瑪麗亞二世女王的丈夫，為她建造了佩納宮。
- **達伽馬 (Vasco da Gama)：**葡萄牙航海家，曾帶領船隊前往印度，對葡萄牙的航海事業有重要貢獻。
- **塞巴斯提安 (Sebastião)：**葡萄牙國王，死於戰場且無子嗣，導致葡

5-18

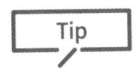

Tip 6 根據資料生成景點推薦與行程建議 (Do it！)

在 NotebookLM 的對話中，若希望針對特定來源內容提問，可先選定合適的來源項目再提問，以便更精準地分析資訊並提供準確回覆。

✦ 依單一來源資料列項每日行程

在所有來源資料中，只有行程規劃 PDF 檔案有安排每日行程，所以將指定此份來源資料來列項每日行程。

step 01 於 **來源** 區塊 **選取所有來源** 右側選按 ☑ 先取消所有核選項目，再核選欲分析的來源項目。(在此核選上傳的行程規劃 PDF)

step 02 於 **對話** 區塊對話框輸入：「請列出每日的行程內容。」，選按 ▶ 鈕送出提問，接著 NotebookLM 會開始分析並回覆詳細的訊息。

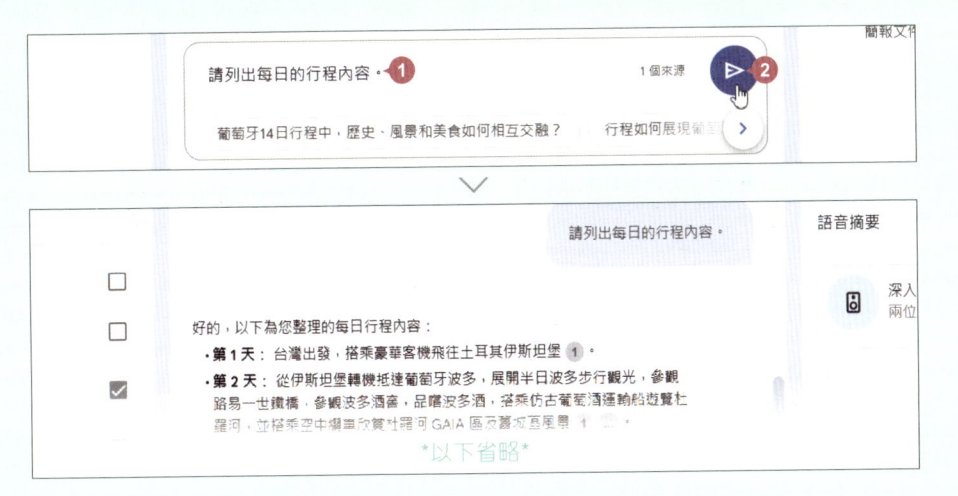

好的，以下為您整理的每日行程內容：
- **第 1 天**：台灣出發，搭乘豪華客機飛往土耳其伊斯坦堡。
- **第 2 天**：從伊斯坦堡轉機抵達葡萄牙波多，展開半日波多步行觀光，參觀路易一世鐵橋，參觀波多酒窖，品嚐波多酒，搭乘仿古葡萄酒運輸船遊覽杜羅河，並搭乘空中纜車欣賞社羅可 GAIA 區葡萄酒區風景 ⋯

以下省略

✦ 依多個來源資料生成旅遊規劃

指定多個來源資料，讓 NotebookLM 協助分析並完成旅遊行程的規劃。

step 01 於 **來源** 區塊核選欲用來分析的來源項目。

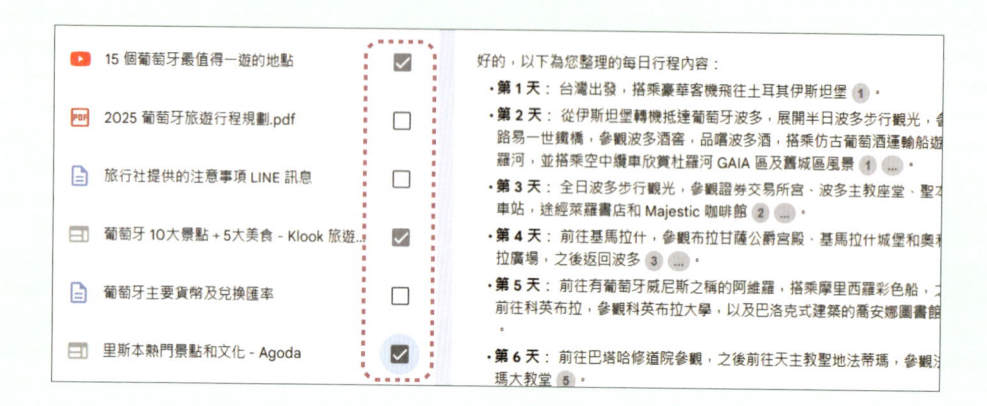

step 02 於 **對話** 區塊對話框輸入：「在里斯本有兩天自由行，請問有推薦的景點或行程建議嗎？」，選按 ▷ 鈕送出提問。

以下省略

5-20

step 03 將滑鼠指標移至回覆的訊息最後方數字註腳上，會顯示此段回覆所參考的來源項目與內容，選按數字註腳可於 **來源** 區塊開啟完整的文章；於 **來源** 區塊右上角選按 即可關閉。(若是數字註腳後方尚有 圖示，表示該回覆內容還有參考其他來源項目，選按即可展開。)

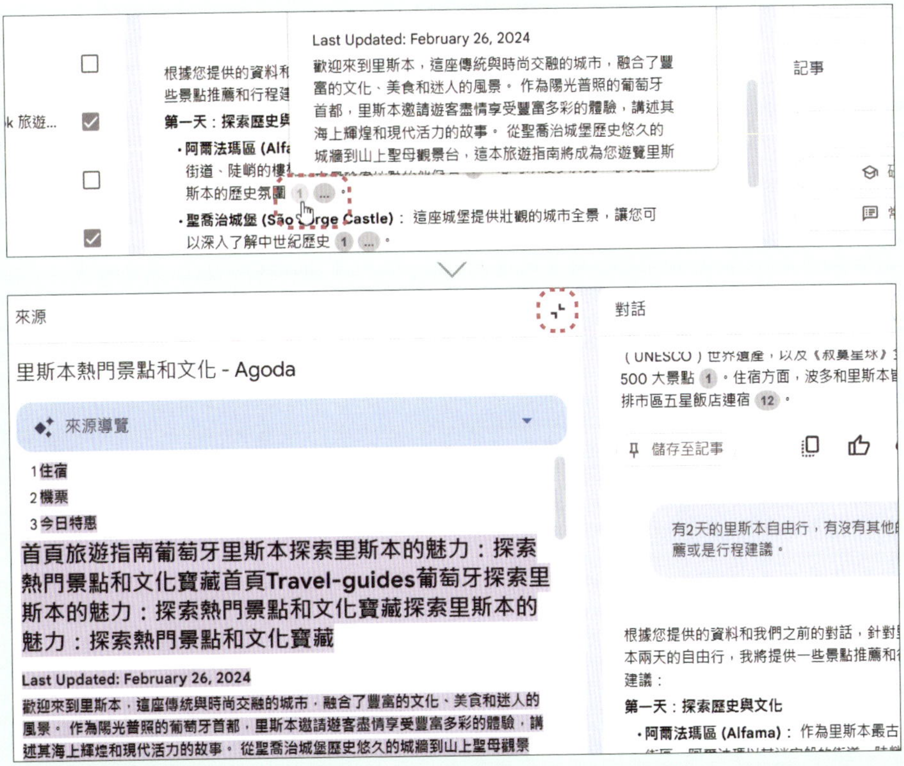

小提示

其他建議的提問

除了上述的提問，依這本筆記本的來源資料，還可進一步詢問其他常見的旅遊資訊分析與相關建議：

- 「此次旅遊大概需要攜帶多少現金會較好？」
- 「旅行規劃中有保險嗎？」
- 「護照效期至少幾個月以上。」
- 「葡萄牙的美食有哪些適合台灣人的口味？」
- 「葡萄牙有什麼必去的熱門或人文特色的景點？」

Tip 7　將重要回覆儲存至記事　Do it！

儲存至記事 功能可快速保存對話中 NotebookLM 回覆的資訊，方便隨時回顧與整理，確保關鍵內容不遺漏。

✦ 將對話生成的訊息儲存至記事

對話 區塊中的回覆訊息需手動儲存才能保留，否則只要重整頁面、回到首頁或是重新開啟瀏覽器，回覆內容將會消失無法復原。

step 01 於 **對話** 區塊捲動畫面至欲儲存的訊息下方，選按 **儲存至記事** 鈕。

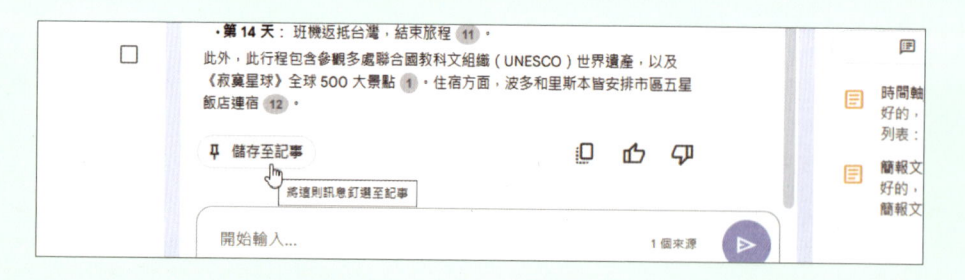

step 02 於 **Studio** 區塊選按儲存的記事，可瀏覽存放的內容；於記事名稱上按一下滑鼠左鍵，可重新命名記事名稱。變更完成後，選按 ⊡ 即可回到筆記本主畫面。(該記事僅供檢視，無法編輯。)

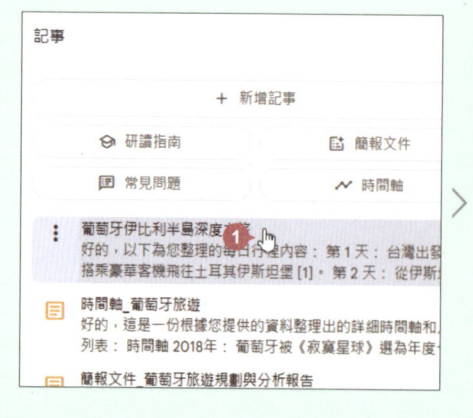

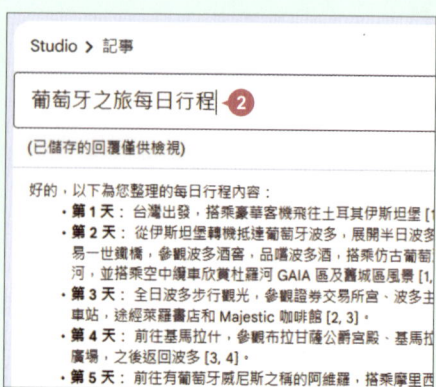

5-22

✦ 手動新增記事內容

除了將 **對話** 區塊的回覆訊息儲存至記事，也可以於 **Studio** 區塊手動新增記事，記錄重要訊息。

step 01 於 **Studio** 區塊選按 **+ 新增記事** 鈕，即會新增 **新記事** 的空白記事本。

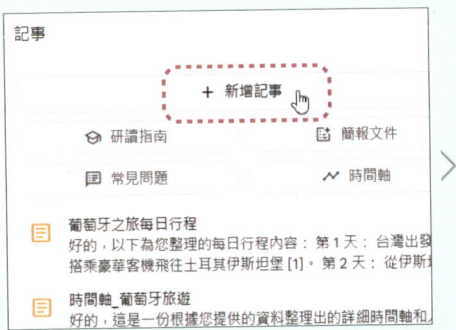

step 02 記事名稱上按一下滑鼠左鍵，重新命名記事名稱後，將在 ChatGPT 提問時取得或手邊收集且合適文字訊息貼入至記事中，最後選按 ⬈ 即可回到筆記本主畫面。(該記事可供檢視也可編輯。)

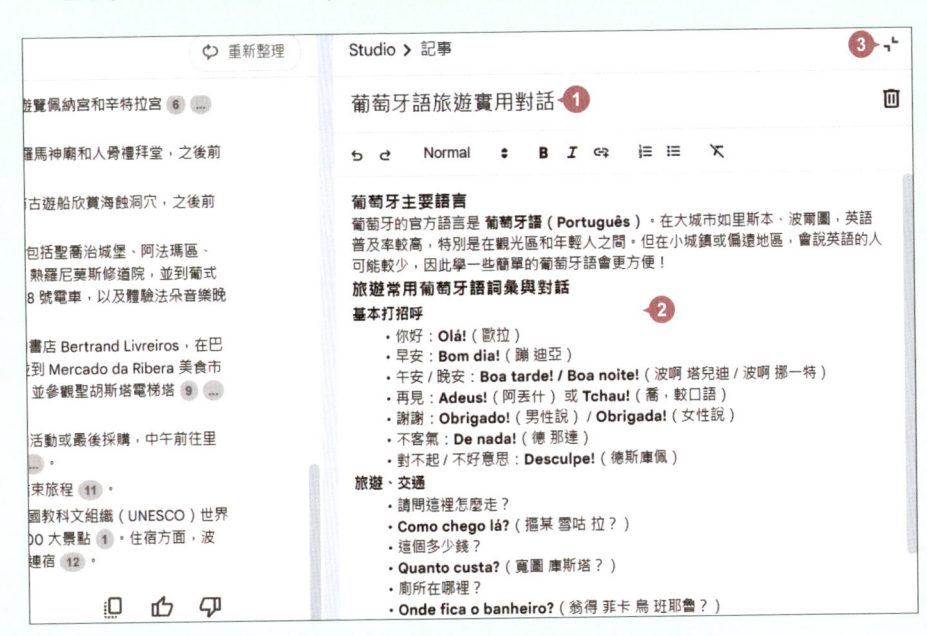

5-23

Tip 8 用 Google 地圖儲存景點並共享　　Do it !

由 NotebookLM 整理並列出旅遊規劃中的住宿與景點位置，然後標記至 Google 地圖並設計成清單，方便與同行成員分享。

✦ 將住宿與景點整理列項並存成記事

step 01 於 **來源** 區塊核選欲用來分析的來源項目。

step 02 於 **對話** 區塊對話框輸入：「列出旅遊規劃中的所有飯店及景點的地址。」，選按 ▶ 鈕送出提問；接著捲動畫面至欲儲存的訊息下方，選按 **儲存至記事** 鈕，將內容儲存至記事。

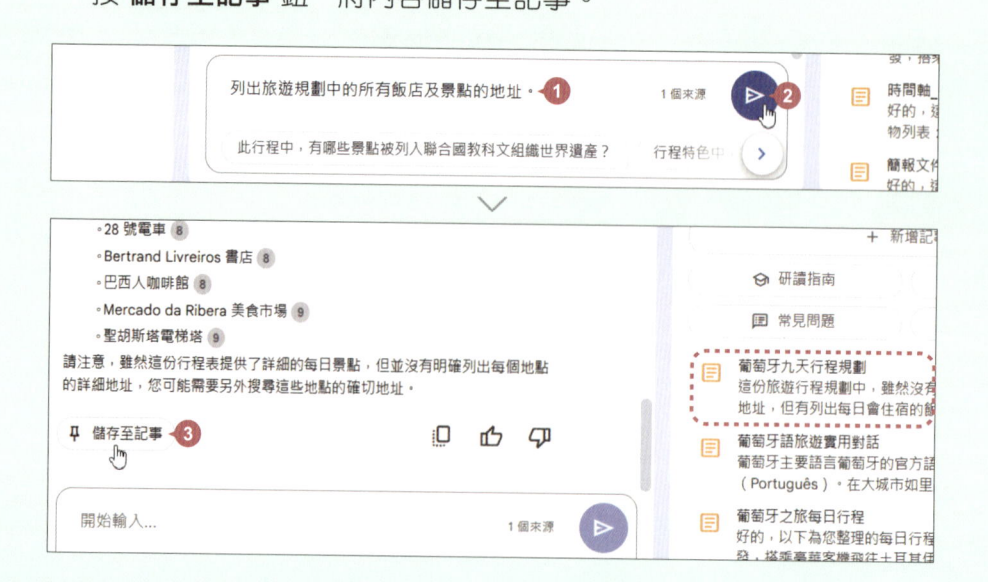

✦ 在 Google 地圖標記重要地點

step 01 於 Studio 區塊開啟剛剛新增的記事，選取欲標記的重要地點名稱或是詳細地址，按 `Ctrl` + `C` 鍵複製。

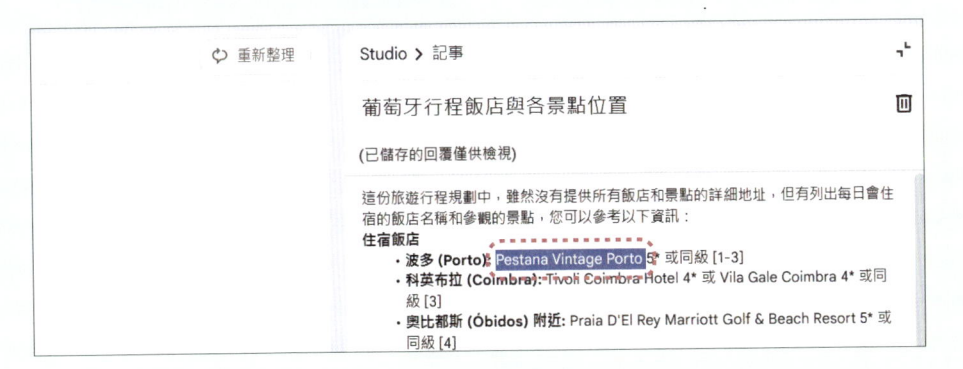

step 02 於瀏覽器開啟 Google 地圖，畫面左上角搜尋欄位貼入剛剛複製的文字，搜尋結果清單中選按正確的項目，即會在地圖上標記該地點。

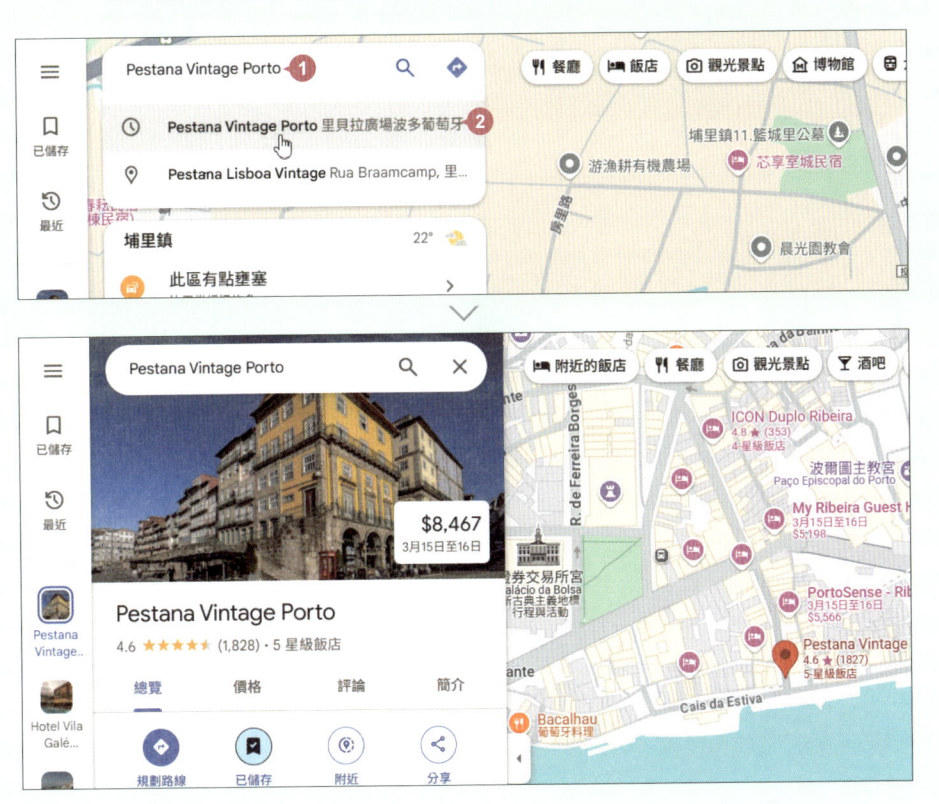

05 旅遊規劃／打造專屬完美行程

5-25

step 03 確認搜尋的地點與規劃中的飯店或景點是相同的即可儲存，於側邊欄選按 **總覽** 標籤 \ 🔖 **儲存**，再選按合適的清單項目即可，或是建立新的清單。(在此選按 **+ 新增清單**)

step 04 於 **清單名稱** 欄位輸入合適的名稱，選按 **建立**，回到 Google 地圖主畫面，即可看到該地點已標記為 🔖 **已儲存** 狀態。

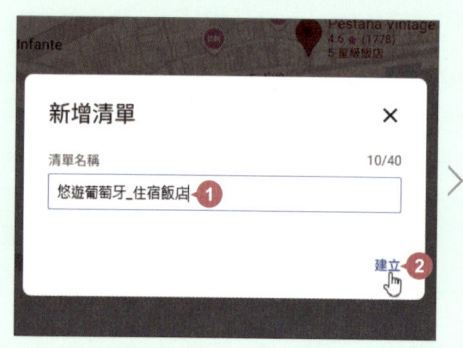

step 05 於畫面左側選按 **已儲存 \ 清單** 標籤，即可看到剛剛已建立好的清單項目，之後只要依相同方法將飯店一一加至同一個清單即可。

5-26

✦ 將 Google 地圖分享給同行者

完成所有地點的標記後,即可將地圖清單分享給同行者。

step 01 於側邊欄選按 🔖 **已儲存 \ 清單** 標籤,於欲分享的清單項目右側選按 🔖 **\ 傳送檢視連結**。

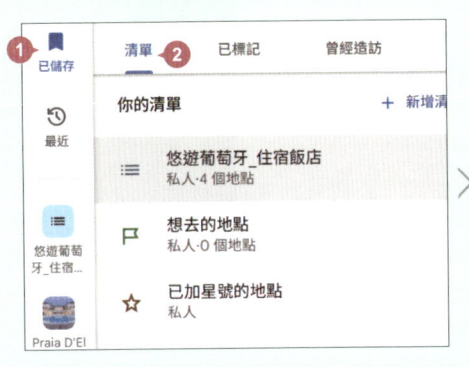

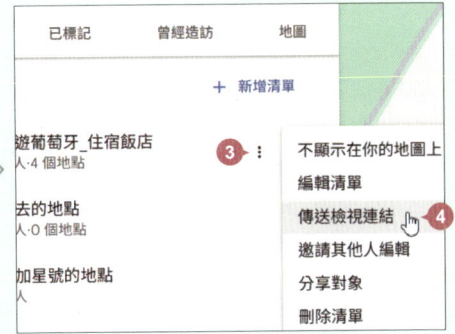

step 02 選按 **取得分享連結**,再選按 **取得連結**。(若是要使用電子郵件寄送則可選按 Gmail)

5-27

step 03 最後選按 **複製連結**，即可複製檢視連結，之後只要將該網址傳送給欲分享的同行者即可檢視已標記的地圖清單。

當其他同行者收到連結後，選按或於網址列貼上，即可開啟並瀏覽該項目清單。(此為公開項目，不需登入 Google 帳號也可以瀏覽。)

PART

06

創意發想
整理靈感並生成行動方案

單元重點

用行動裝置錄製 Podcast 節目內容，完成後上傳至 NotebookLM 生成逐字稿與後續檢討、改進的行動清單。

- ☑ 提取關鍵資料與分析方向
- ☑ 用行動裝置錄音
- ☑ 建立筆記本
- ☑ 上傳來源與生成音檔逐字稿
- ☑ 檢討與改進並生成完整行動清單
- ☑ 依指定風格生成文章

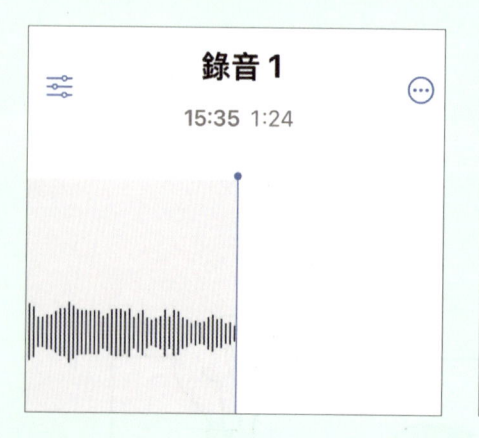

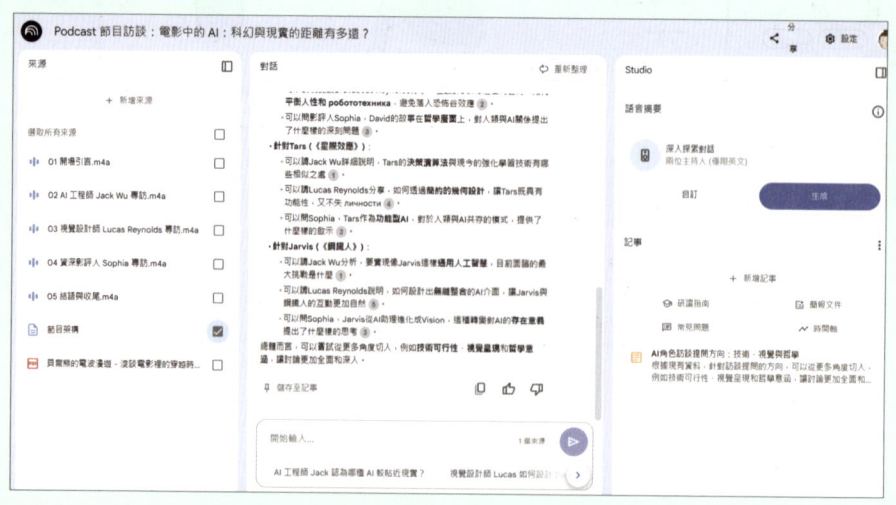

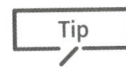

Tip 1　提取關鍵資料與分析方向　　Do it！

開始以 NotebookLM 整理資料之前，可以先用 ChatGPT 詢問標題名稱，並尋求相關資源的建議與分析。

開啟瀏覽器，於網址列輸入：「https://chatgpt.com/」進入 ChatGPT，可以選擇登入帳號，或直接於畫面中開始提問。

step 01 已構思好 Podcast 主題後，希望 ChatGPT 提供建議並生成一份節目架構，並以此架構延伸後續的提問與生成。

> **提示詞**
> 我想製作一個 Podcast 節目訪談，主題暫定為：「電影中的 AI：科幻與現實的距離有多遠？」，你有什麼建議？

> 我想製作一個 podcast 節目訪談，主題暫定為：「電影中的 AI：科幻與現實的距離有多遠？」，你有什麼建議？
>
> 這個 podcast 訪談的主題非常有吸引力，特別是在 AI 技術迅速發展的當下，能夠吸引科幻影迷、科技愛好者和一般大眾的關注。以下是一些建議，幫助你打造一個有深度且具娛樂性的節目：
>
> **1. 訪談架構與內容**
>
> **(1) 開場引言（5-10 分鐘）**
> - 介紹節目與來賓，說明討論的重點：
>   「AI 在電影中的形象往往超越現實，那麼現實世界的 AI 技術到底發展到什麼程度了？今天我們將從電影與科技的角度來探討這個話題。」
>
> *以下省略*

step 02 如果生成的架構提及到的電影項目不適合或你有其他想要的內容，可以請 ChatGPT 依所設定的項目重新安排架構。

> **提示詞**
> 主題引入的部分，以美國電影 "AI 人工智慧" 中的 David、"星際效應" 中的 TARS 以及 "鋼鐵人" 的 JARVIS 舉例說明，後續也會以這三部電影的角色來討論這次的節目主題。

> 主題引入的部分，以美國電影 "AI 人工智慧" 中的 David、"星際效應" 中的 TARS 以及 "鋼鐵人" 的 JARVIS 來舉例說明，後續也會以這三部電影的角色來討論這次的節目主題。

這樣的引入方式很棒！這三個 AI 角色代表了不同的 AI 形態，可以幫助聽眾快速理解「電影中的 AI 與現實技術的距離」。以下是更細緻的引導方式：

📻 主題引入（開場 5-10 分鐘）

以下省略

step 03 根據主題，可以請 ChatGPT 建議該邀請什麼類型的來賓來接受訪談，讓節目內容可以更加豐富。

提示詞 💬

以 "電影中的 AI：科幻與現實的距離有多遠？" 這主題跟所設定的 3 部電影，建議該邀請什麼類型的來賓來進行訪談？

⌄

> 以 "電影中的 AI：科幻與現實的距離有多遠？" 這主題跟所設定的 3 部電影，建議該邀請什麼類型的來賓來訪談？

這個主題已經有明確的電影範圍（《AI 人工智慧》、《星際效應》、《鋼鐵人》），所以來賓的選擇可以圍繞這三部電影涉及的 AI 技術、電影製作與哲學思考來進行。以下是幾類適合的來賓：

🔘 1. AI 技術與科學專家（分析 AI 的現實發展與可能性）

以下省略

step 04 完成主要節目架構的安排後，接著就可以請 ChatGPT 生成開場引言的文字稿。

提示詞 💬

首先幫我生成開場的引言文字稿，並簡單描述 "現實 AI 發展與電影 AI 形象的距離，真的沒有我們想像中那麼遠？" 這個主題的開場文字稿，時間長度約約 3 分鐘。

⌄

> 首先幫我生成開場的引言文字稿,並簡單描述 "現實 AI 發展與電影 AI 形象的距離,真的沒有我們想像中那麼遠?" 這個主題的開場文字稿,約 3 分鐘以內可以說完。

🎙 **Podcast 開場引言文字稿**

🎧（配樂:帶點科幻感的背景音）

主持人（你）開場白:

以下省略

step 05 依相同方法,可以請 ChatGPT 生成結語與收尾的文字稿。

- 提示詞 💬
> 針對節目主題:"電影中的 AI:科幻與現實的距離有多遠?",生成最後結語與收尾的內容,時間長度約 5 分鐘。

⬇

> 針對節目主題:"電影中的 AI:科幻與現實的距離有多遠?",生成最後結語與收尾的內容,時間長度約 5 分鐘。

🎙 **Podcast 結語與收尾文字稿**

🎧（配樂:帶點未來感、輕柔的背景音）

主持人（你）結語:

以下省略

step 06 最後將所有生成的內容,請 ChatGPT 整理成一篇完整的說明,若是想在節目後與聽眾互動,還可以請 ChatGPT 生成相關題目。

- 提示詞 💬
> 整理節目的架構,將剛剛生成的開場引言以及結語與收尾的內容收集合成一篇完整的說明,並安排一個與聽眾互動的問題。

⬇

> 整理節目的架構,將剛剛生成的開場引言以及結語與收尾的內容收集合成一篇完整的說明,並安排一個與聽眾互動的問題。

Podcast 節目架構:

🎙 **主題**:《電影中的 AI:科幻與現實的距離有多遠?》

Tip 2 用行動裝置錄音　　Do it!

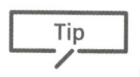

行動裝置的普及，使錄影與錄音這類型專業作業變得更加簡單。只要選對手機應用程式，就能輕鬆完成錄製工作。

✦ 安裝手機應用程式

iPhone 手機內建 **語音備忘錄** 應用程式，若是你的設備沒有安裝，可掃描右側 QRCode 安裝即可；若是你的設備為 Android 手機，也可掃描右側 QRCode 安裝，或是使用你覺得合適的錄音應用程式。

iOS 　　Android

✦ 建立檔案夾並開始錄音

於手機開啟應用程式即可開始錄音，在此以 iPhone 示範操作。

step 01 開始錄音前可先建立專屬檔案夾，於畫面右下角點選 📁，輸入檔案夾後點選 **儲存**。

新增檔案夾
輸入此檔案夾的名稱。
Podcast 電影的 A ❷
取消　　儲存 ❸

6-6

step 02 檔案夾建立完成後，於 **我的檔案夾** 當選該檔案夾名稱即可進入，接著於畫面下方點選 🔴 即可開始錄音。

step 03 開始錄音後，預設只有畫面下半部有部分資訊及控制選項，用手指向上滑動即可展開更詳盡的畫面。

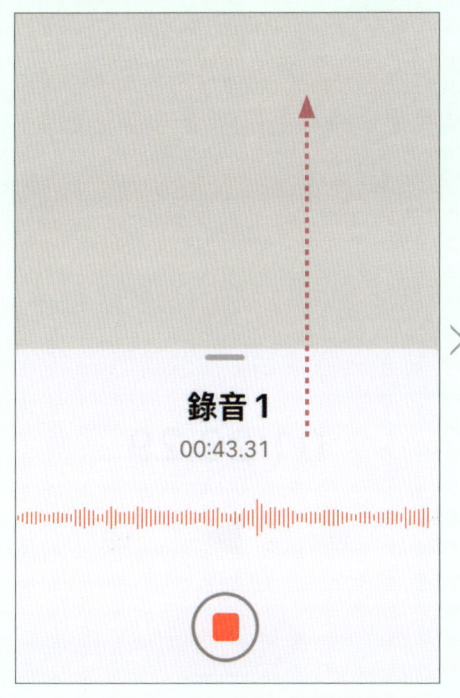

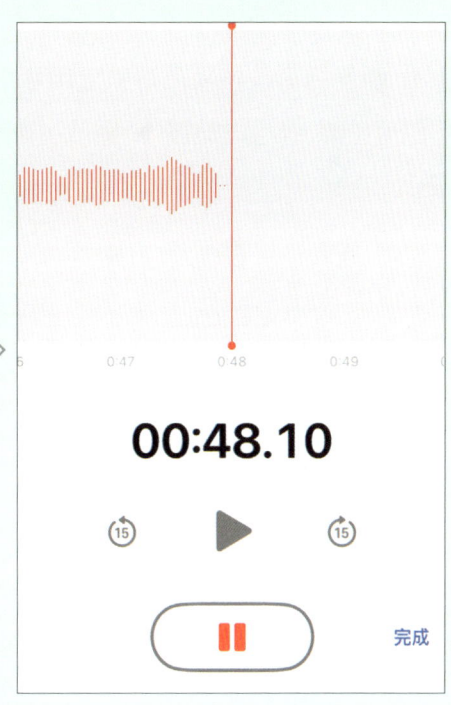

step 04 錄製過程點選 ▯▯ 可先暫停錄音，此時可於畫面上方點一下錄音檔名稱後輸入合適名稱，若要繼續錄音則點選 **繼續**；錄製完成點選 **完成** 即可。

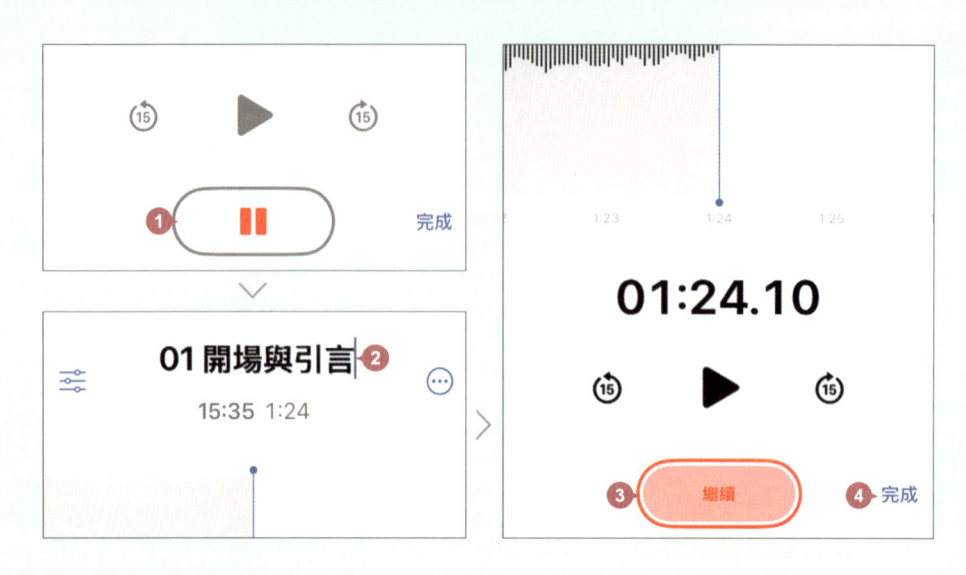

✦ 重新取代錄音內容

錄製過程中，如果覺得剛剛的片段說得不好想重錄，可依以下方法操作：

點選 ▯▯ 暫停錄音，接著於音軌上用手指向右滑動至欲重新錄製的位置，再點選 **取代** 即可重錄。(可先點選 ▶ 播放，確認需重新錄製的位置後再取代重錄。)

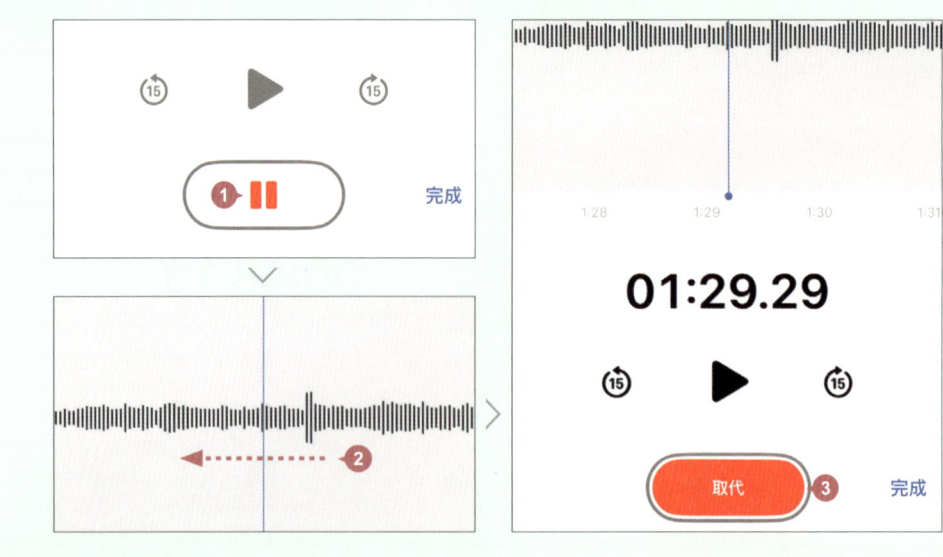

6-8

✦ 將錄音檔儲存至雲端或手機資料夾

依相同方法完成節目錄製後,即可將完成的錄音檔儲存至指定位置。

step 01 點選欲儲存的錄音檔,再點選 ⋯ \ 分享。

step 02 用手指向上滑動,點選 **儲存到檔案**,畫面左上角點選 ＜ **瀏覽**,再選擇 **iCloud 雲端** 或是 **我的 iPhone** (在此點選 **我的 iPhone**),畫面右上角點選 **儲存** 即可。(也可先點選 ⋯ 建立資料夾後,再將音檔集中儲存。)

若使用 Android 裝置錄製,依操作指示完成錄製後,可將音訊檔儲存至裝置,或是直接備份至 Google 雲端硬碟。

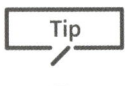

Tip 3 建立筆記本　Do it！

進入 NotebookLM 首頁後，首先建立一本新的筆記本，再將之命名為合適的名稱。

✦ 新建筆記本

目前 NotebookLM 尚未推出相關的手機應用程式，但是可以使用 Chrome 瀏覽器開啟 NotebookLM。

於手機開啟 Chrome 瀏覽器 APP，於網址列輸入，於網址列輸入：「https://notebooklm.google.com/」，進入 NotebookLM 首頁，點選 ➕ 鈕，進入新的筆記本畫面。

✦ 修改筆記本名稱

於畫面左上角筆記本名稱點一下輸入正確的筆記本名稱，此範例輸入：「Podcast 節目訪談：電影中的 AI：科幻與現實的距離有多遠？」，完成後點選 **換行**，或是下方空白處點一下即可。(由於手機畫面較窄，部分欄位不會顯示，此時可以將手機橫向使用，就可以讓畫面顯示更寬的欄位。)

6-10

Tip 4 上傳來源與生成音檔逐字稿

Do it！

將錄製好的音檔上傳至 NotebookLM，即會自動生成逐字稿，並將其他事先準備的資料或文件，新增至 **來源** 區塊。

✦ 新增來源：上傳錄音檔並自動生成逐字稿

雖然官方說明裡只提到支援 MP3、WAV...等格式，不過經測試後，iPhone 錄製的 .m4a 格式也是可以使用，在此就不需要轉檔即可直接上傳。

step 01 於 **來源** 區塊上選按 **+ 新增來源**，**新增來源** 視窗選按 ⬆ \ **選擇檔案**。

step 02 核選欲上傳的錄音檔案，再點選 **打開**。

6-11

step 03　來源新增完成後，點選任一錄音來源檔，再點選一次即可開啟並瀏覽該錄音檔的逐字稿內容。(點選 ← 可返回上一個畫面)

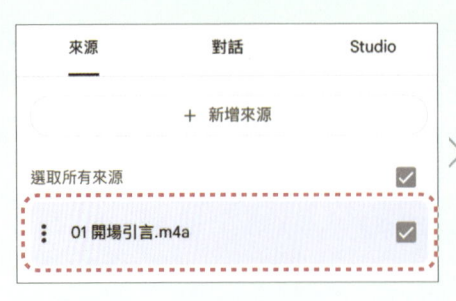

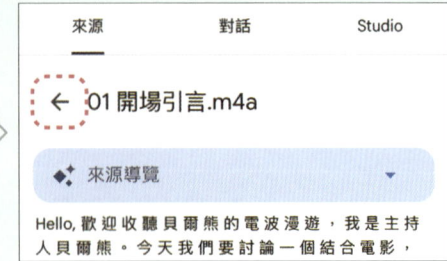

小提示

使用書附範例音檔練習

若無合適的音檔資料，可回到電腦操作，下載 **資料來源 1~5**，再新增至 NotebookLM 來源。

✦ 新增來源：上傳 PDF 檔案

接著會新增來源 PDF 文件及 ChatGPT 回覆訊息，所以接下來使用電腦操作後續編輯動作。

step 01　於電腦的 Chrome 瀏覽器開啟 NotebookLM，於首頁選按 "Podcast 節目訪談" 筆記本，再於 **來源** 區塊上選按 **+ 新增來源** 鈕。

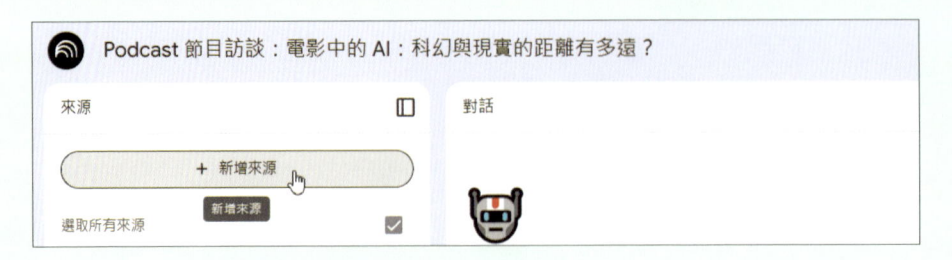

step 02　**新增來源** 視窗選按 ⬆ 開啟對話方塊，指定存放路徑並選按欲上傳的 PDF 檔案，此章 **資料來源 6** (貝爾熊的電波漫遊 - 淺談電影裡的穿越時光.pdf)，再選按 **開啟** 鈕。

6-12

新增來源

來源是你最重視的資訊，Noteboo...
如：行銷企劃書、課程閱讀資料...

step 03 待上傳完成後，**來源** 區塊會看到該 PDF 檔案項目，且呈核選狀態。

✦ 新增來源：ChatGPT 回覆的文字訊息

step 01 於 **來源** 區塊上選按 **+ 新增來源** 鈕。

step 02 **新增來源** 視窗下方 **貼上文字** 項目選按 **複製的文字**，將在 ChatGPT 提問時取得且合適的文字內容複製後 (整理完成的節目架構)，回到 NotebookLM 貼入至文字欄位，選按 **插入** 鈕。

6-13

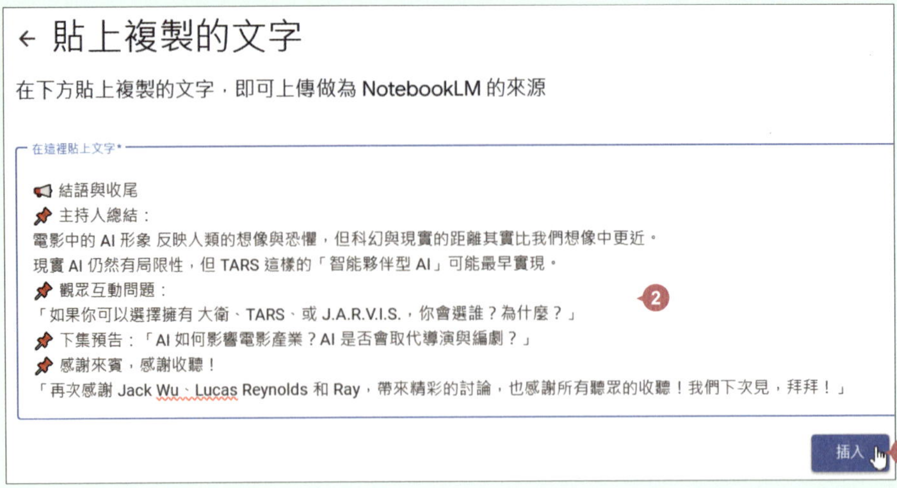

← 貼上複製的文字

在下方貼上複製的文字，即可上傳做為 NotebookLM 的來源

在這裡貼上文字*

📢 結語與收尾
📌 主持人總結：
電影中的 AI 形象 反映人類的想像與恐懼，但科幻與現實的距離其實比我們想像中更近。
現實 AI 仍然有局限性，但 TARS 這樣的「智能夥伴型 AI」可能最早實現。
📌 觀眾互動問題：
「如果你可以選擇擁有 大衛、TARS、或 J.A.R.V.I.S.，你會選誰？為什麼？」
📌 下集預告：「AI 如何影響電影產業？AI 是否會取代導演與編劇？」
📌 感謝來賓，感謝收聽！
「再次感謝 Jack Wu、Lucas Reynolds 和 Ray，帶來精彩的討論，也感謝所有聽眾的收聽！我們下次見，拜拜！」

❷

插入 ❸

step 03 待上傳完成後，**來源** 區塊會看到該文字項目，且呈核選狀態。

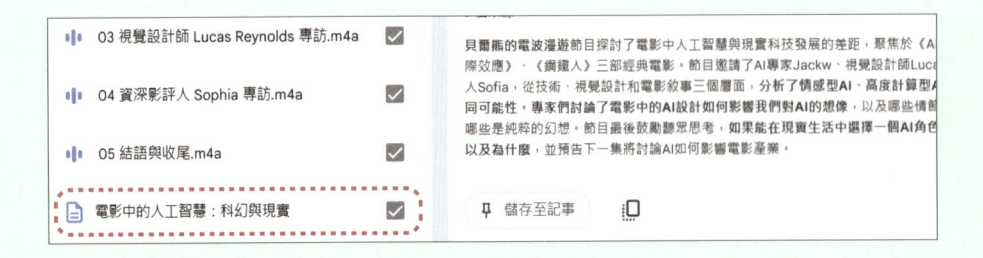

03 視覺設計師 Lucas Reynolds 專訪.m4a	✓
04 資深影評人 Sophia 專訪.m4a	✓
05 結語與收尾.m4a	✓
電影中的人工智慧：科幻與現實	✓

貝爾熊的電波漫遊節目探討了電影中人工智慧與現實科技發展的差距，聚焦於《A際效應》、《鋼鐵人》三部經典電影，節目邀請了AI專家Jackw、視覺設計師Luca人Sofia，從技術、視覺設計和電影敘事三個層面，分析了情感型AI、高度計算型A同可能性。專家們討論的電影中的AI設計如何影響我們對AI的想像，以及哪些情節哪些是純粹的幻想。節目最後鼓勵聽眾思考，如果能在現實生活中選擇一個AI角色以及為什麼，並預告下一集將討論AI如何影響電影產業。

📌 儲存至記事

step 04 將滑鼠指標移至剛剛新增的文字項目上，選按 ⋮ \ **重新命名來源**，於 **來源名稱** 欄位輸入欲變更的名稱：「節目架構」，再選按 **儲存**。

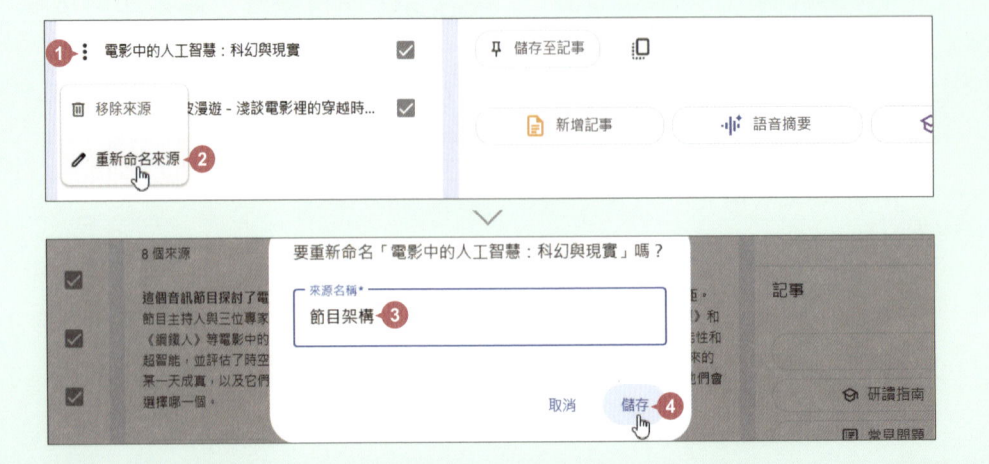

❶ ⋮ 電影中的人工智慧：科幻與現實 ✓

🗑 移除來源
✏ 重新命名來源 ❷

📌 儲存至記事
📄 新增記事   ·ıl· 語音摘要

⬇

要重新命名「電影中的人工智慧：科幻與現實」嗎？

來源名稱*
節目架構 ❸

取消   儲存 ❹

6-14

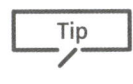

Tip 5 檢討、改進並生成完整行動清單

Do it！

利用 NotebookLM 來分析節目的內容，整理出後續檢討與改進的建議，也可安排播出前所需要的社群貼文宣傳。

✦ 分析節目內容並提出建議與改善

利用錄音檔來源，請 NotebookLM 分析節目內容，提出建議以及改善。

step 01 於 **來源** 區塊 **選取所有來源** 右側選按 ☑ 先取消所有核選項目，再核選欲分析的來源項目。(在此核選來賓的訪談內容)

step 02 於 **對話** 區塊對話框輸入：「與來賓之間的問答是否有可改進或是加強提問內容建議？」，選按 ▷ 鈕送出提問，接著 NotebookLM 會開始分析並回覆詳細的訊息。

以下省略

06 創意發想／整理靈感並生成行動方案

6-15

step 03　於 **對話** 區塊捲動畫面至欲儲存的訊息下方，選按 **儲存至記事** 鈕，將 NotebookLM 分析後所建議及改進的回覆儲存起來。

✦ 生成社群平台宣傳貼文

利用來源 "節目架構"，快速生成社群平台運用的宣傳貼文。

step 01　於 **來源** 區塊先取消所有核選項目，再核選來源項目 "節目架構"。

step 02　於 **對話** 區塊對話框輸入：「生成適合在 Facebook 與 Instagram 的節目預告貼文推廣內容。」，選按 ▶ 鈕送出提問，接著 NotebookLM 會開始分析並回覆詳細的訊息。

6-16

step 03 若覺得生成的內容合適，於 **對話** 區塊捲動畫面至欲儲存的訊息下方，選按 **儲存至記事** 鈕，將 NotebookLM 生成的文案儲存起來。

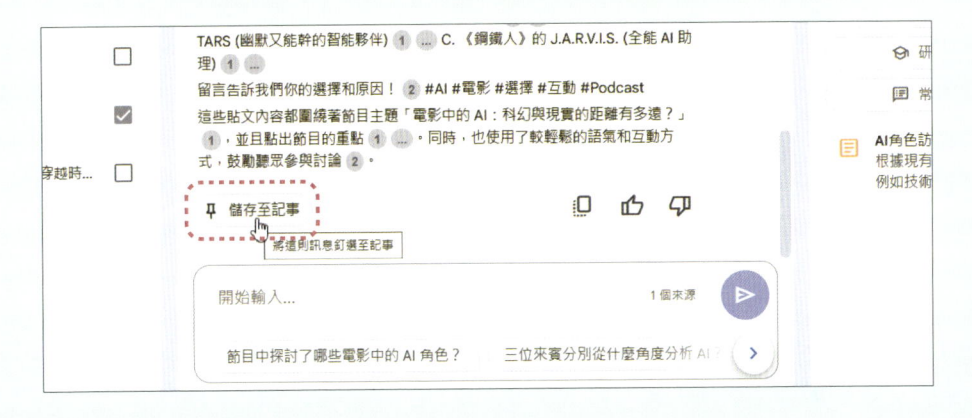

✦ 生成後續節目主題與規劃

依此次節目內容與架構，如果要製作一系列後續相關題材，請 NotebookLM 分析並建議主題與規劃節目內容。

step 01 於 **來源** 區塊核選除了 PDF 文件以外的所有來源項目。

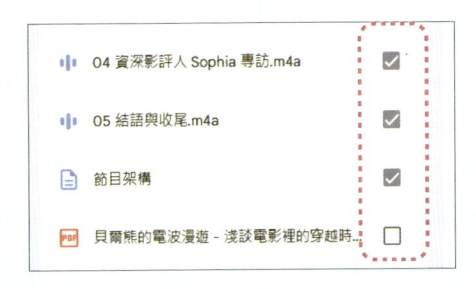

6-17

step 02 於 **對話** 區塊對話框輸入：「依此次的主題，如果後續想做一系列的內容，有何建議的主題與規劃？」，選按 ▷ 鈕送出提問，接著 NotebookLM 會開始分析並回覆詳細的訊息。

以下省略

step 03 若對回覆的內容覺得滿意，於 **對話** 區塊捲動畫面至欲儲存的訊息下方，選按 **儲存至記事** 鈕，將 NotebookLM 回覆的建議或規劃儲存起來。

6-18

✦ 設計與聽眾互動的 Google 表單

透過來源 "節目架構"，可請 NotebookLM 生成問卷內容，然後在 Google 表單中製作調查。

step 01 於 **來源** 區塊先取消所有核選項目，再核選來源項目 "節目架構"。

step 02 於 **對話** 區塊對話框輸入：「依節目架構，設計一份 Google 表單問卷，內容包含架構中所提到的互動問題外，也要涵蓋節目內容滿意度、改進建議...等。」，選按 ▷ 鈕送出提問。

以下省略

step 03 若對回覆的內容覺得滿意，於 **對話** 區塊捲動畫面至欲儲存的訊息下方，選按 **儲存至記事** 鈕，將 NotebookLM 回覆的建議或規劃儲存起來。

step 04 後續可利用儲存的記事，於 Google 表單建立一份問卷，再將發布連結搭配 Podcast 節目頁面或社群平台貼文，收集聽眾的意見。(也可參考 P4-19 ChatGPT 快速生成 Google 問卷，以 Google Apps Script 程式碼製作。)

Tip 6 依指定風格生成文章　　Do it !

NotebookLM 除了能協助分析來源,也可以幫忙撰寫文章,讓創作更加高效流暢。

善用過去文章的風格,利用 NotebookLM 協助撰寫新內容,能在錄製 Podcast 節目外,對於經營社群平台或部落格時,能穩定且定期發布文章,進一步提升粉絲黏著度。

✦ 指定仿寫來源與了解風格

在開始仿寫前,先指定來源文件,讓 NotebookLM 分析其撰寫風格。待後續仿寫完成後,再進行比對,確保風格一致。

step 01 於 **來源** 區塊先取消所有核選項目,再核選來源項目 PDF 文件。

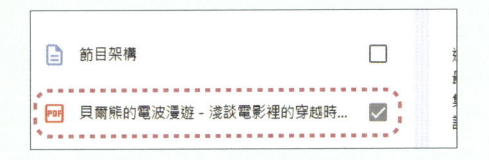

step 02 於 **對話** 區塊對話框輸入:「請用 10 點列項說明 "貝爾熊的電波漫遊 - 淺談電影裡的穿越時光" 文章的寫作風格。」,選按 ▶ 鈕送出提問。

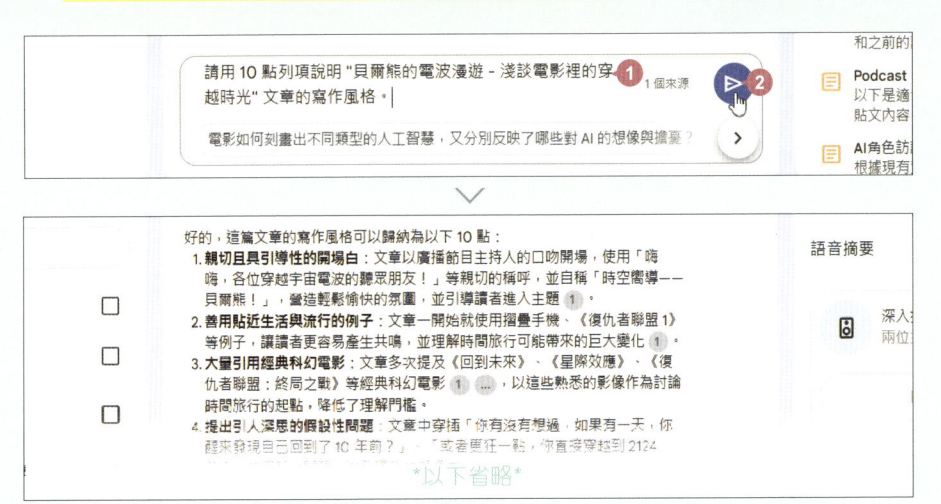

以下省略

step 03　若對回覆的內容覺得滿意，於 **對話** 區塊捲動畫面至欲儲存的訊息下方，選按 **儲存至記事** 鈕，將 NotebookLM 生成的文章儲存起來。

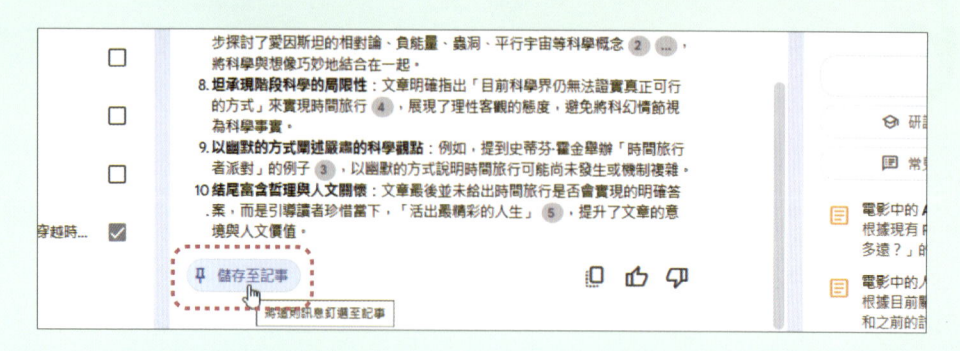

✦ 說明主題與規格開始仿寫

接著要利用過去的文章撰寫方式及風格，請 NotebookLM 幫忙生成一篇主題不同，但語氣與風格相似的文章。

step 01　接續前面的操作，維持 **來源** 區塊 PDF 項目的核選。

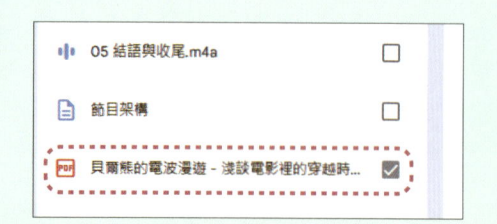

step 02　於 **對話** 區塊對話框輸入：「請幫我依 "貝爾熊的電波漫遊 - 淺談電影裡的穿越時光" 的風格、口吻、思維路線，並針對 "電影中的 AI：科幻與現實的距離有多遠？"，仿寫一篇節目內容心得與想法的文章。」，選按 ▷ 鈕送出提問。

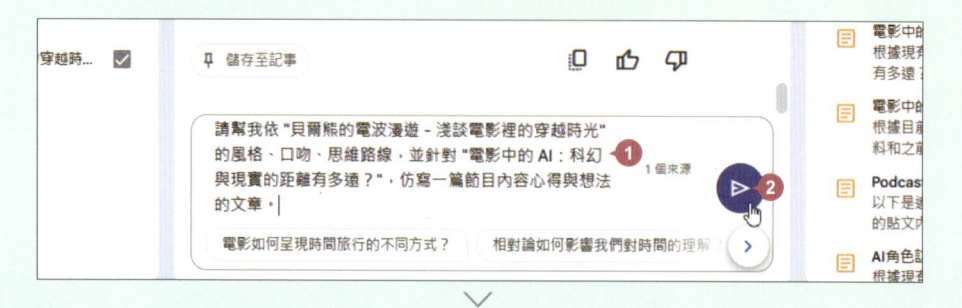

6-22

[圖示:NotebookLM 對話範例,內容包含「哈囉哈囉,各位穿梭在數位電波中的聽眾朋友們!這裡是《貝爾熊的電波漫遊》,我是你們的科技嚮導——貝爾熊!」等仿寫文章內容]

以下省略

step 03 若對回覆的內容覺得滿意,於 **對話** 區塊捲動畫面至欲儲存的訊息下方,選按 **儲存至記事** 鈕,將 NotebookLM 生成的文章儲存起來。

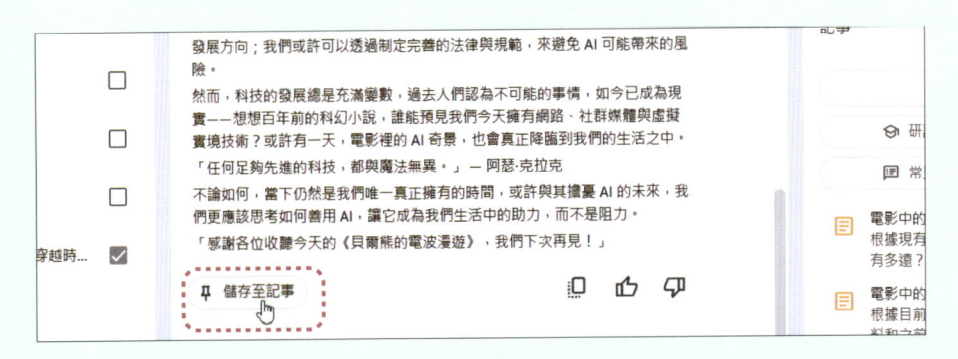

[圖示:文章結尾及「儲存至記事」按鈕示意]

✦ 優化文章細節並調整語氣

對於已完成仿寫的文章,若覺得生成的內容需要再調整,可請 NotebookLM 優化或調整語氣。

例如:於 **對話** 區塊對話框輸入:「請加入更多感性的表達方式。」或是「能否讓語氣更輕鬆幽默一些?」。

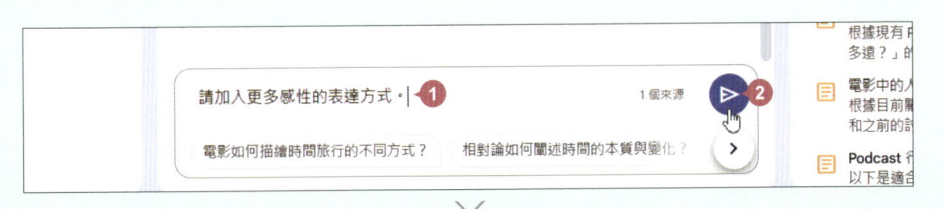

[圖示:對話框輸入「請加入更多感性的表達方式。」示意]

6-23

若是要讓文章段落分明或是更貼近某些特定族群，可於 **對話** 區塊對話框輸入：「<mark>請重新整理段落，使內容更有邏輯性。</mark>」、「<mark>能否讓文章更貼近年輕族群的語言風格？</mark>」...等提問方式來優化內容。

小提示

模仿其他作家或是網路文章風格

此範例中所生成的文章風格，是根據先前撰寫的內容進行風格再製。如果希望學習特定人士或部落客的寫作風格，可以在 **對話** 區塊提問：「請依 "古代詩人 (或指定某詩人)" 的風格、口吻、思維路線，仿寫一篇節目內容心得與想法的文章。」，或是在 **來源** 區塊新增該作家的文章，或是提供部落格的網址，讓 NotebookLM 有足夠的參考素材進行參考與模仿，生成的文章仍需仔細檢查用字與句法，以確保內容符合主題，並避免過度相似或潛在的版權問題。

PART 07

Podcast 知識對談
提升語音資訊傳遞力

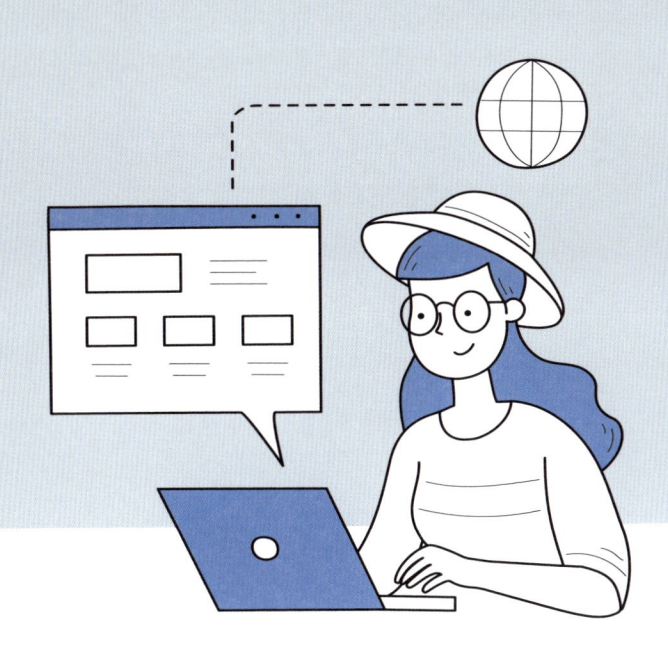

單元重點

上傳 PDF 文件至 NotebookLM，可生成對談式語音摘要並轉換為逐字稿，讓資訊以更自然、生動的方式呈現。

- ☑ 提取關鍵資料與分析方向
- ☑ 建立筆記本
- ☑ 上傳多類型資料來源
- ☑ 生成與管理語音摘要
- ☑ 下載語音摘要音訊檔
- ☑ 語音摘要音訊檔上傳並分析
- ☑ 與語音摘要互動
- ☑ 用 Mixerbox AI 生成中文 Podcast 對話

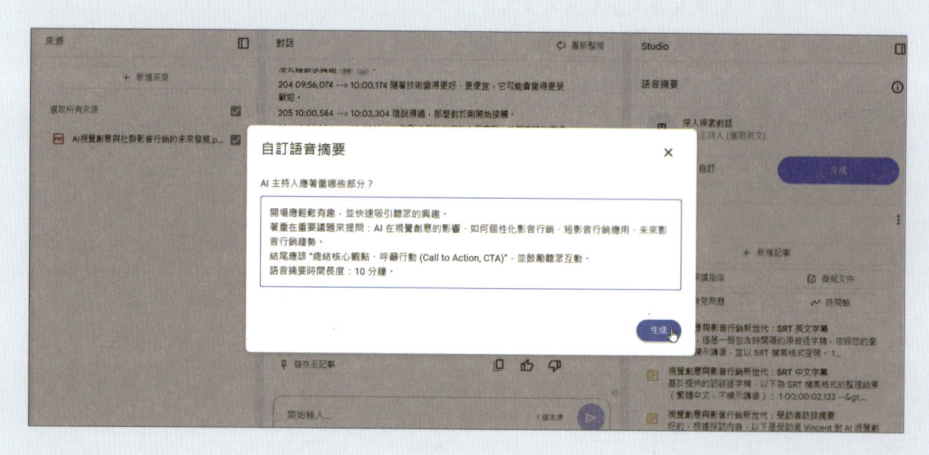

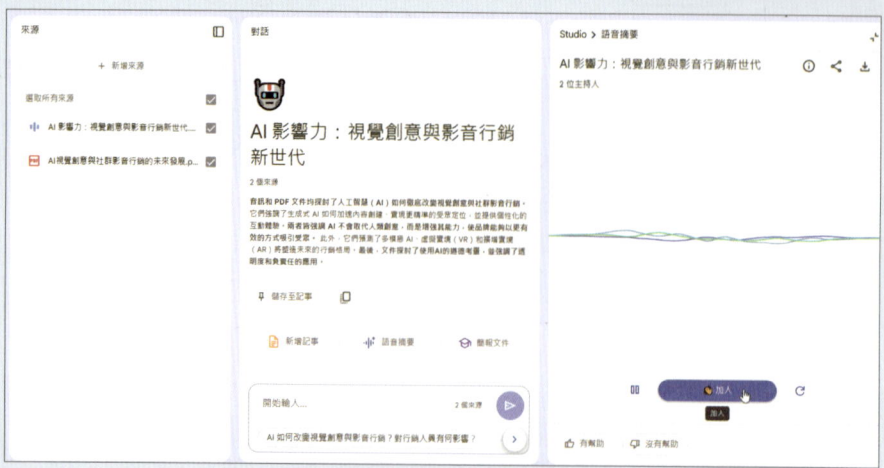

Tip 1 生成關鍵資料與分析方向　Do it！

要開始以 NotebookLM 整理資料之前，可以先用 ChatGPT 詢問標題名稱，並尋求相關資源的建議與分析。

開啟瀏覽器，於網址列輸入：「https://chatgpt.com/」進入 ChatGPT，可以選擇登入帳號，或直接於畫面中提問。

step 01 於對話框選按 **+** \ **從電腦上傳** 開啟對話方塊，指定電腦中的存放路徑並選按欲上傳的 PDF 檔案，此章 **資料來源 1** (AI視覺創意與社群影音行銷的未來發展.pdf)，再選按 **開啟** 鈕。

step 02 上傳完成後，可以請 ChatGPT 以 "AI視覺創意與社群影音行銷的未來發展" 這一主題生成合適的標題供選擇。

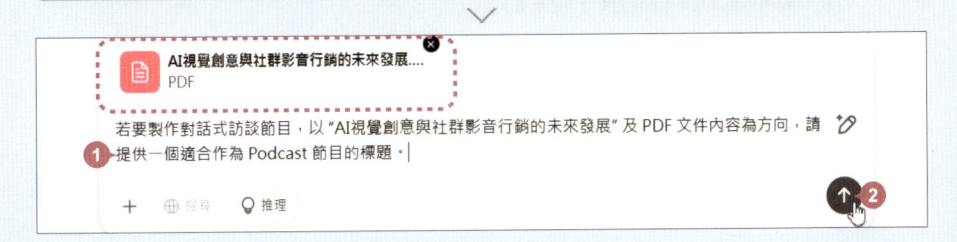

> **提示詞**
> 若要製作對話式訪談節目，以 "AI視覺創意與社群影音行銷的未來發展" 及 PDF 文件內容為方向，請提供一個適合做為 Podcast 節目的標題。

> 📄 AI視覺創意與社群影音行銷的未來發展....
> PDF
>
> 若要製作對話式訪談節目，以 "AI視覺創意與社群影音行銷的未來發展" 及 PDF 文件內容為方向，請提供一個適合作為 Podcast 節目的標題。
>
> 以下是適合作為 Podcast 節目的標題選項，結合了 "AI視覺創意與社群影音行銷的未來發展" 及 PDF 文件內容：
>
> 1. 「未來視界：AI創意與影音行銷新風向」
> 2. 「AI創意進化論：社群影音行銷的下一步」
> 3. 「AI X 影音：視覺創意的未來探索」
> 4. 「數位行銷新視界：AI如何重塑影音體驗」
>
> *以下省略*

step 03 於 NotebookLM 生成語音摘要前，可以請 ChatGPT 生成數個關鍵提示詞，讓生成的語音摘要能更符合需求。

> 💬 提示詞
>
> 以 PDF 文件為架構，在設計 Podcast 節目時，主持人在訪談過程中應著哪些重點？又或是在開場及結尾時使用活潑的語氣說明，生成數個建議的提示詞。

⌄

> 以 PDF 文件為架構，在設計 Podcast 節目時，主持人在訪談過程中應著哪些重點？又或是在開場及結尾時使用活潑的語氣說明，生成數個建議的提示詞。
>
> 根據 PDF 文件內容「AI視覺創意與社群影音行銷的未來發展」，以下是設計 Podcast 節目時適用的重點與提示詞，涵蓋 **訪談過程中的重點** 以及 **開場與結尾的活潑語氣說明**。
>
> ---
>
> **一、訪談過程中的重點**
>
> **1. 前言與背景設定**
> - 「AI 如何重塑視覺創意與影音行銷的模式？」
> - 「您認為 AI 對創意工作者最大的影響是什麼？」
> - 「面對數位時代浪潮，品牌應如何因應 AI 帶來的行銷變革？」
>
> **2. AI視覺創意的革新**
>
> *以下省略*

step 04
若要整理與分析受訪者的分享內容,可以請 ChatGPT 建議使用哪些合適的提示詞在 NotebookLM 中提問。

> **提示詞** 💬
> 如何撰寫合適的提示詞,以整理和分析 Podcast 採訪後受訪者分享的內容?

⬇

如何撰寫合適的提示詞,以整理和分析 Podcast 採訪後受訪者分享的內容?

要整理和分析 Podcast 採訪後受訪者分享的內容,可以使用以下提示詞,以清晰、結構化的方式進行:

1. 摘要與重點整理
「請總結受訪者在 Podcast 採訪中分享的主要觀點和關鍵想法,並列出最具影響力的三個重點。」
「整理受訪者的核心論點,並按照主題分類,使內容更具條理性。」

2. 深入分析與洞察
「分析受訪者分享的觀點背後的原因或動機,並探討其可能帶來的影響或啟發。」
「根據受訪者的分享,提出對未來趨勢的預測或可能的發展方向。」

3. 引用與重構
「從受訪者的回答中,擷取出有價值的引言,並重構成易於分享的金句或社群貼文。」
「將受訪者的觀點重組,以形成連貫且引人入勝的敘事框架。」

4. 受眾互動與共鳴
「根據受訪者的分享,設計可引發聽眾共鳴的問題或互動式內容,以提高參與度。」
「分析受訪者的故事或案例,並找出最能打動受眾的情感元素。」

5. 行銷與推廣應用
「將受訪者的觀點轉化為行銷訊息,並設計出適合在不同社群平台上推廣的文案或影音素材。」
「根據受訪者分享的內容,策劃後續的延伸討論主題,以持續吸引聽眾關注。」

6. 具體範例
假設採訪內容涉及「AI 視覺創意與社群影音行銷」,可以這樣撰寫:
「請整理受訪者對 AI 在視覺創意應用上的見解,並分析他們對短影音行銷趨勢的預測。」
「根據受訪者分享的成功案例,提煉 AI 影音行銷策略的關鍵點,並提出可操作的建議。」

以下省略

Tip 2　建立筆記本

Do it！

進入 NotebookLM 首頁後，首先建立一本新的筆記本，再命名為合適的名稱。

✦ 新建筆記本

於 NotebookLM 首頁，選按 **+ 新建** 鈕，即可進入新的筆記本畫面。

歡迎使用 NotebookLM

[+ 新建]

---小提示---

出現 "上傳來源" 畫面

進入新的筆記本畫面，若出現如下 **上傳來源** 畫面，可先選按該畫面右上角的 × 關閉此畫面，待後續完成筆記本命名後再上傳來源。

NotebookLM　　　　　　　　　　　　　　×
　　　　　　　↑
　　　　　　上傳來源

✦ 修改筆記本名稱

於筆記本畫面左上角選取預設的名稱 Untitled notebook，再輸入合適的筆記本名稱，此範例輸入：「AI 影響力：視覺創意與影音行銷新世代」。

AI 影響力：視覺創意與影音行銷新世代

來源　　　　　　　　　對話

7-6

Tip 3 上傳多類型資料來源　Do it！

將準備好的資料上傳至 NotebookLM，後續將以此文章內容生成對談式語音摘要。

step 01 於 **來源** 區塊上選按 **+ 新增來源** 鈕。

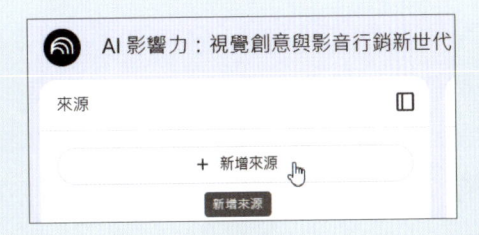

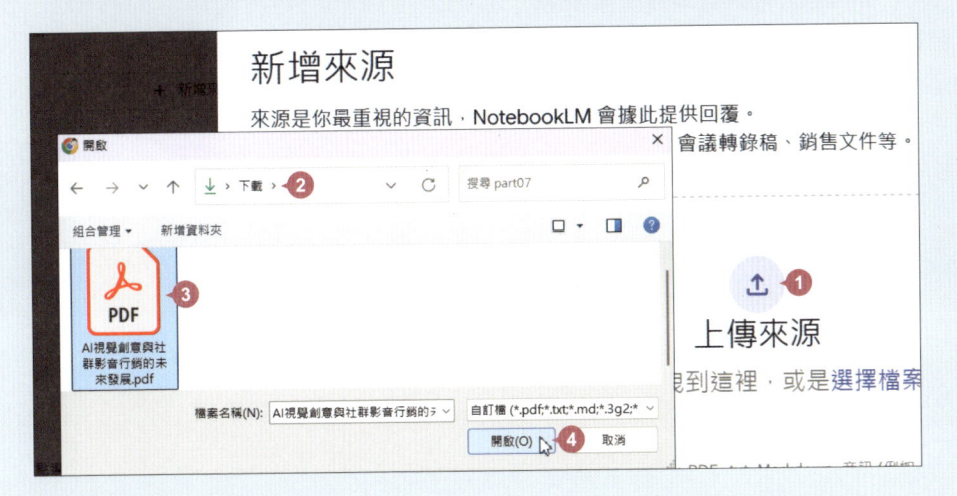

step 02 **新增來源** 視窗選按 ⬆ 開啟對話方塊，指定存放路徑並選按欲上傳的 PDF 檔案，此章 **資料來源 1** (AI 視覺創意與社群影音行銷的未來發展.pdf)，再選按 **開啟** 鈕，完成後，**來源** 區塊會看到該文件項目。

小提示

生成語音摘要前的注意事項

由於生成語音摘要時，會依 **來源** 區塊中所有的項目來分析 (無法指定項目)，所以在此先新增 PDF 文件即可，如後續有需要新的來源項目時，再依相同方法完成新增的操作。

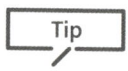

Tip 4 生成與管理語音摘要 （Do it！）

NotebookLM 的語音摘要採用對話模式，能夠歸納並深入解析來源中的關鍵主題，讓使用者像聆聽 Podcast 一樣，快速理解重要資訊。

生成語音摘前要先確認輸出內容的語系，於頁面右上角選按 ⚙ **設定** 鈕 \ **輸出內容語言**。若希望使用當前介面的語言，可指定：**預設**；如果需要生成特定語言的 Podcast 語音摘要，於 **選擇語言覆寫設定** 選按合適的語言，再選按 **儲存** 即可。(請注意：此處指定的語言將同時影響語音摘要、對話及記事內容的語系。)

✦ 檢視資料來源內容

step 01 於 **來源** 區塊檢視資料來源，若有多項資料，可於資料項目右側取消核選不需要生成語音摘要的資料。

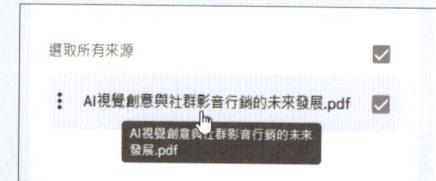

step 02 選按 **來源** 區塊有核選的任一資料項目，可瀏覽內容是否合適，確認無誤後，於 **來源** 區塊右上角選按 ⬅ 返回。(若 PDF 文件內的文字被圖片化，就無法正確分析出完整的內容。)

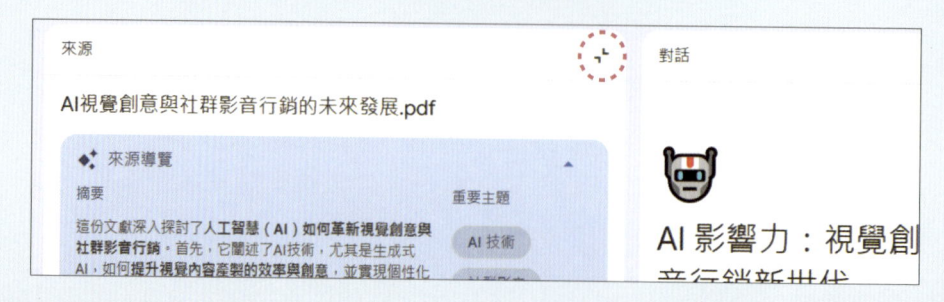

✦ 自訂對話式語音摘要並生成

語音摘要可依核選的來源資料自動生成,透過 **自訂** 功能可以讓摘要生成時能著重在某些部分。

step 01 於 **Studio** 區塊上選按 **自訂** 鈕。

step 02 將在 ChatGPT 提問 "訪談重點" 與 "開場及結尾時的語氣" 時取得且合適的文字內容複製後,回到 NotebookLM 貼入至文字欄位,選按 **生成** 鈕。

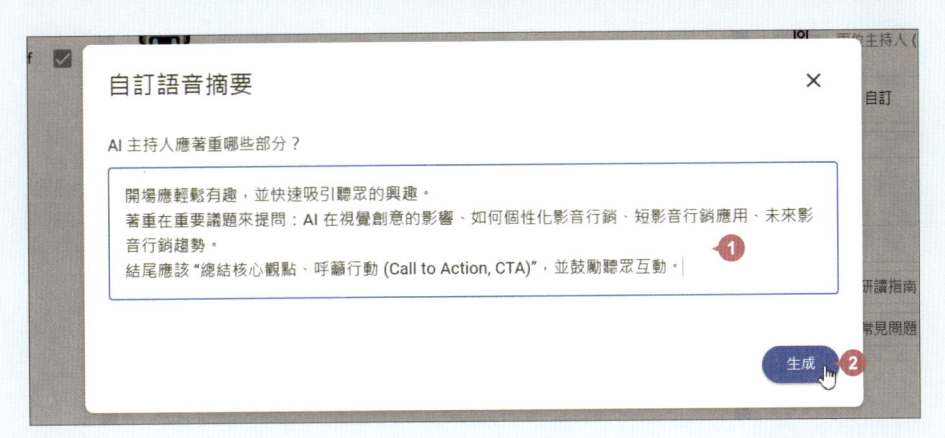

step 03 等待一段時間後即會生成完成,選按 ▶ 即可試聽完整的語音內容。

✦ 分享語音摘要

step 01　若要分享語音摘要，於 **Studio** 區塊語音摘要選按 🔼 。

step 02　於 **公開存取權** 右側對話方塊選按 ⚪ 呈 ✅ 狀開啟，再選按 **複製分享連結** 鈕，即可將複製的連結網址傳送給他人。(之後若是要停止分享，只要選按 ✅ 呈 ⚪ 狀關閉。)

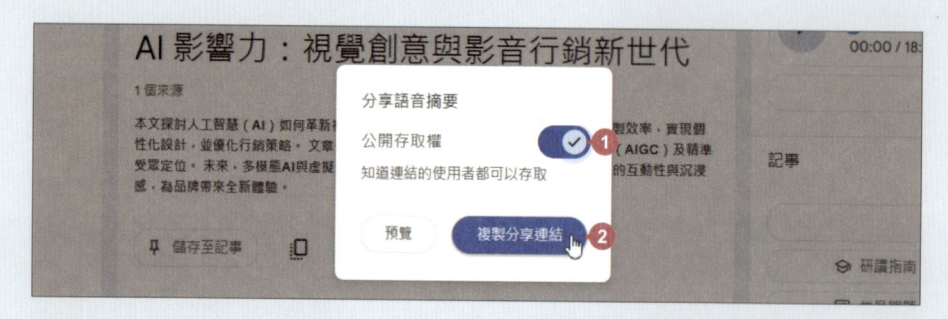

✦ 調整語音速度

於 **Studio** 區塊語音摘要右側選按 ⋮ \ **變更播放速度**，清單項目再選按欲設定的播放速度。(此設定只會影響在 NotebookLM 播放時的語速，並不會實際縮短或延長已生成好的語音摘要時間長度。)

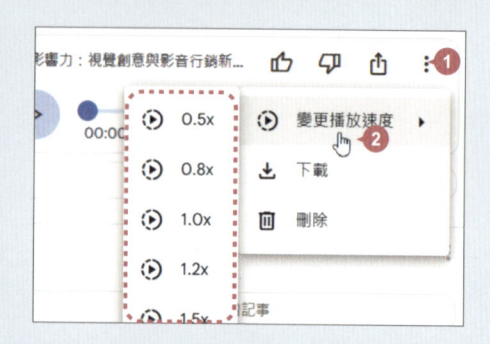

✦ 刪除並重新生成語音摘要

若覺得此次生成的內容並不符合需求,想重新生成新的語音摘要,需先刪除已生成的語音摘要,才可以再重新生成。

step 01 若要刪除語音摘要,於 **Studio** 區塊語音摘要選按 **⋮ \ 刪除**。

step 02 於對話方塊選按 **刪除** 鈕即可刪除,之後可再依 P7-9 相同方法重新生成語音摘要。

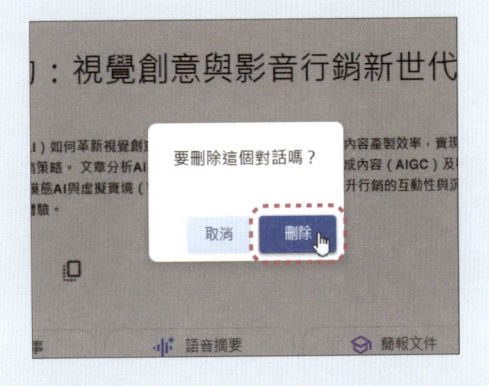

小提示

重新載入語音摘要

已生成的語音摘要若在頁面重整或是重啟瀏覽器的情況下,會顯示 "點選即可載入對話",此時只要選按 **載入** 鈕,即可將之前生成的語音摘要載入。

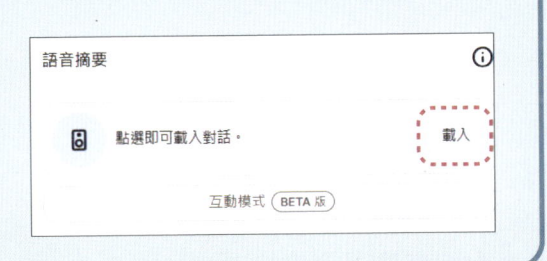

Tip 5 下載語音摘要音訊檔

Do it！

如果生成的語音摘要符合需求，便可下載並儲存至本機，之後也可以再上傳至 NotebookLM 作為參考來源。

step 01 於 **Studio** 區塊語音摘要選按 ⋮ \ 下載。

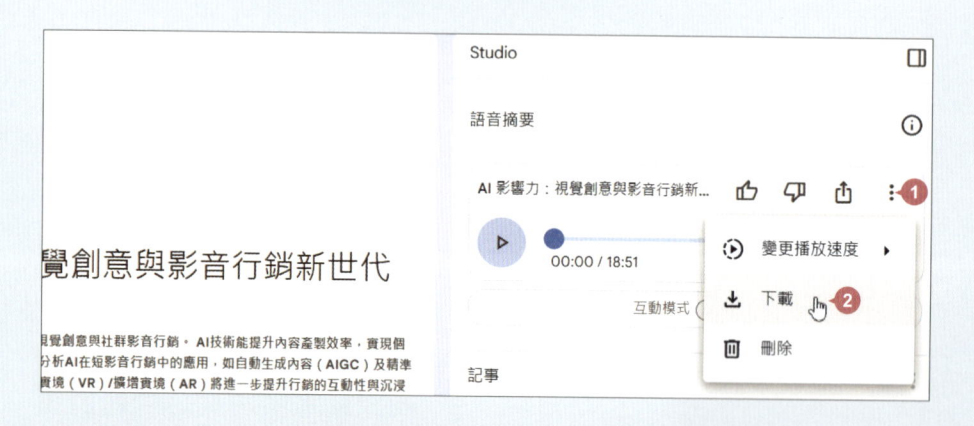

step 02 下載完成後，於瀏覽器右上角選按 ⬇ 開啟下載清單，將滑鼠指標移至檔案名稱上，選按 🗁 即可使用檔案總管開啟下載的資料夾。

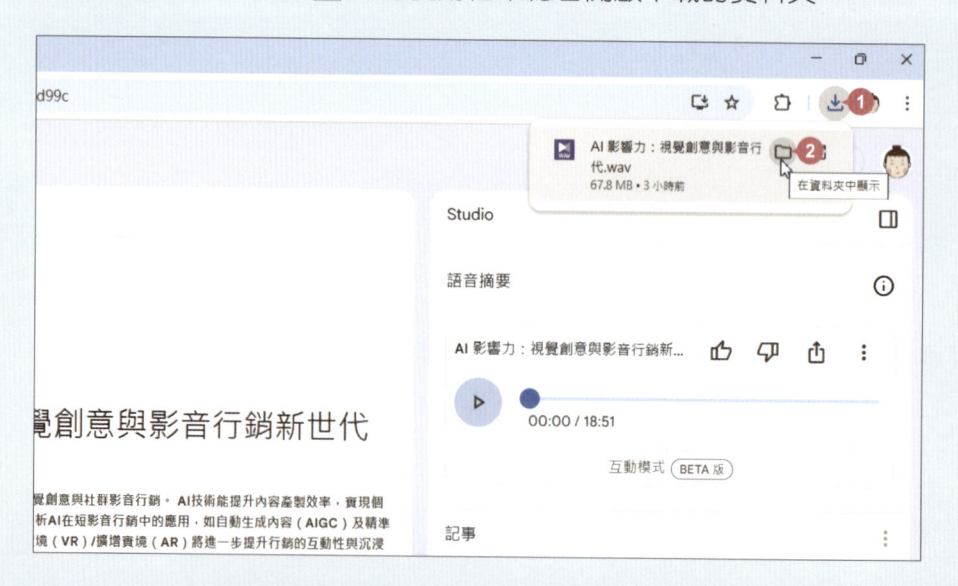

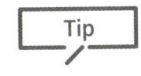

Tip 6　語音摘要音訊檔上傳並分析　　Do it !

將下載的語音摘要新增為來源，讓 NotebookLM 進行分析並提供改進建議與回饋。

✦ 新增來源：語音摘要音訊檔

step 01　於 **來源** 區塊上選按 **+ 新增來源** 鈕。

step 02　**新增來源** 視窗選按 ⬆ 開啟對話方塊，指定存放路徑並選按欲上傳的音訊檔，再選按 **開啟** 鈕。

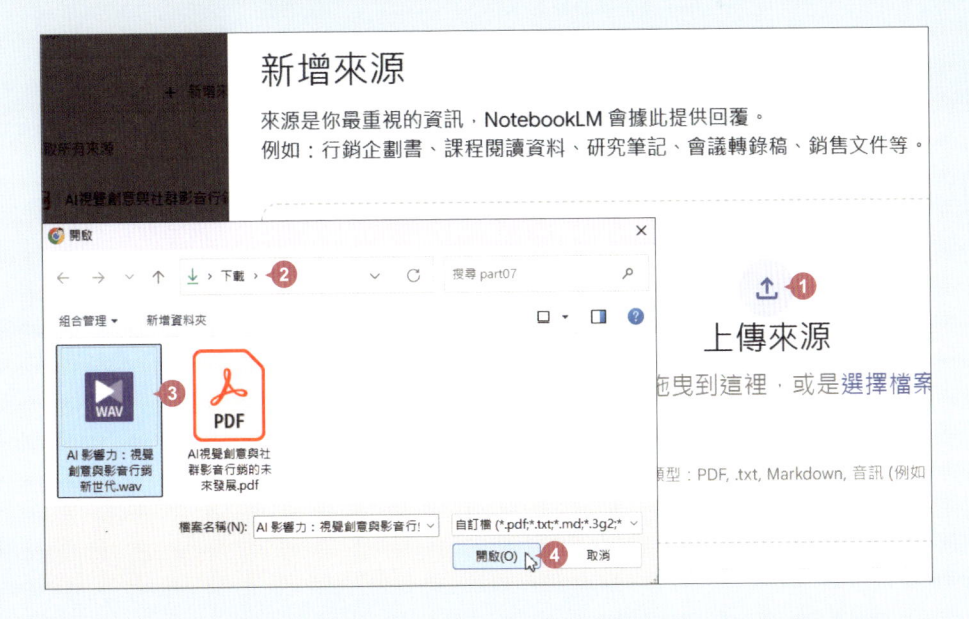

7-13

✦ 生成語音摘要逐字稿

利用語音摘要音訊來源，請 NotebookLM 分析內容生成逐字稿，並為其中的男聲與女聲加入名稱以利分辨。

step 01 於 **來源** 區塊 **選取所有來源** 右側選按 ☑ 先取消所有核選項目，再核選語音摘要音訊來源。

step 02 於 **對話** 區塊對話框輸入：「將音訊檔中的語音轉為繁體中文逐字稿，並為女音名稱設定為 "Maria"，男音名稱為 "Vincent"。」，選按 ▶ 鈕送出提問，接著 NotebookLM 會開始分析並回覆完整的逐字稿內容。

逐字稿內容範例：

- **Vincent**：事情變化太大了，對吧？就算只是短短幾年，像是現在的短影音。
- **Maria**：對啊。
- **Vincent**：到處都看得到。我的意思是，我們現在獲取新聞、娛樂，甚至是學習最新產品和趨勢的方式都是透過短影音。這幾乎變成了一種自己的語言。但身為行銷人員，想要跟上腳步，製作出真正能吸引人的內容...
- **Maria**：嗯。
- **Vincent**：只能說這讓我們很忙。
- **Maria**：沒錯。現在視覺效果的世界完全不同了。難怪 AI 對於任何想要創作和行銷視覺內容的人來說，變得如此重要。
- **Vincent**：驚然，這三是我們今天要深入探討的。我們有很多研究文章，以及

以下省略

7-14

step 03 於 **對話** 區塊捲動畫面至欲儲存的訊息下方，選按 **儲存至記事** 鈕，將 NotebookLM 分析後所整理的逐字稿儲存起來。

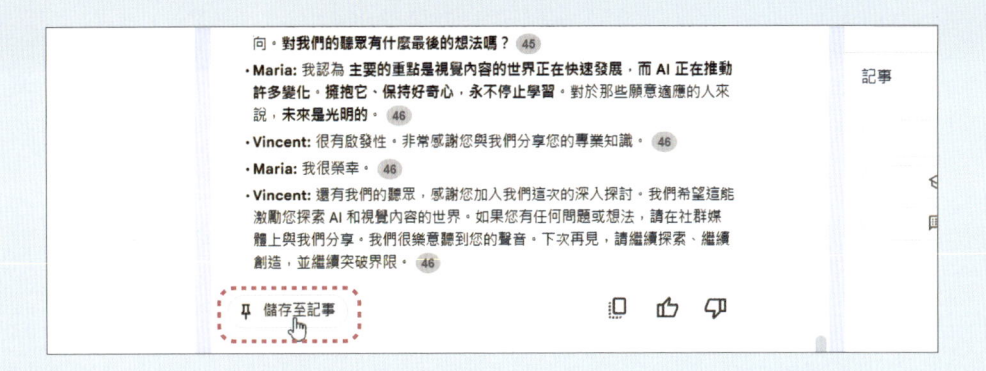

✦ 彙整受訪者的內容並列項摘要

語音摘要中有一來一往的對話，在此要提取其中一位的訪談內容列項。

step 01 於 **來源** 區塊維持語音摘要音訊的核選。

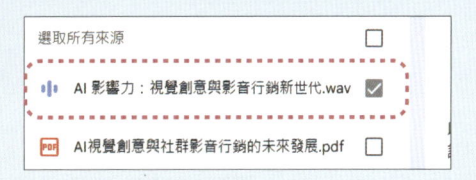

step 02 於 **對話** 區塊對話框輸入：「請根據採訪內容，提取 Vincent 的核心觀點，並整理出主要論點、關鍵數據、案例分享，以及對 AI 視覺創意與社群影音行銷的影響。請用條列式摘要，並適當分類內容。」，選按 ▶ 鈕送出提問。

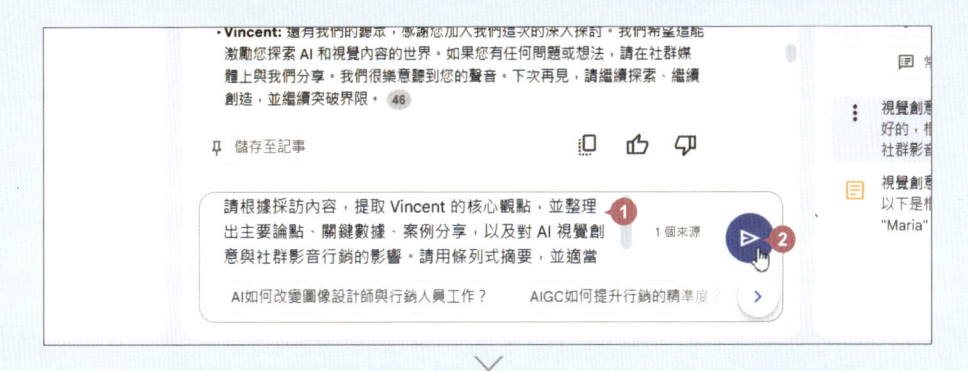

7-15

以下省略

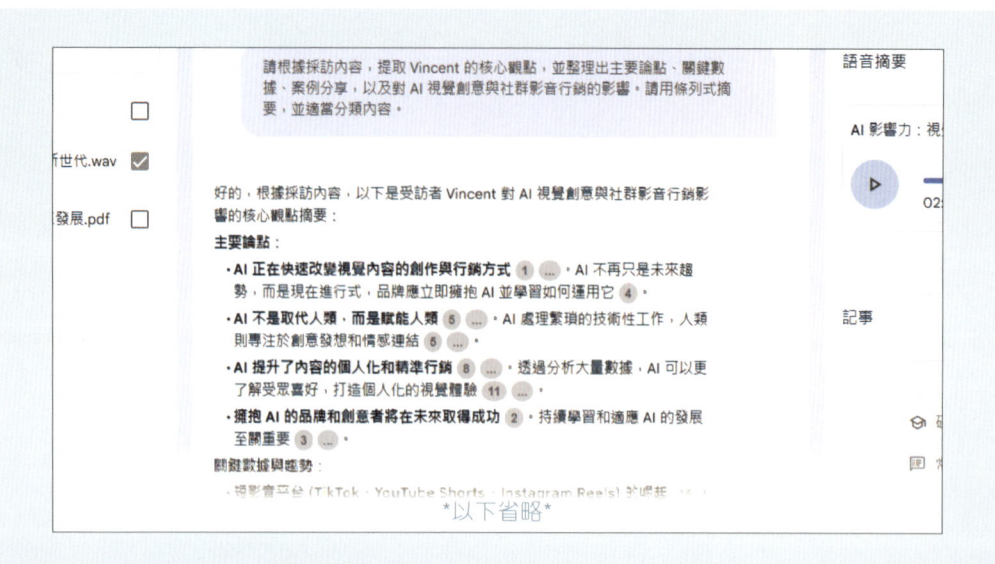

step 03 於 **對話** 區塊捲動畫面至欲儲存的訊息下方，選按 **儲存至記事** 鈕，將 NotebookLM 所整理的核心觀點與摘要儲存起來。

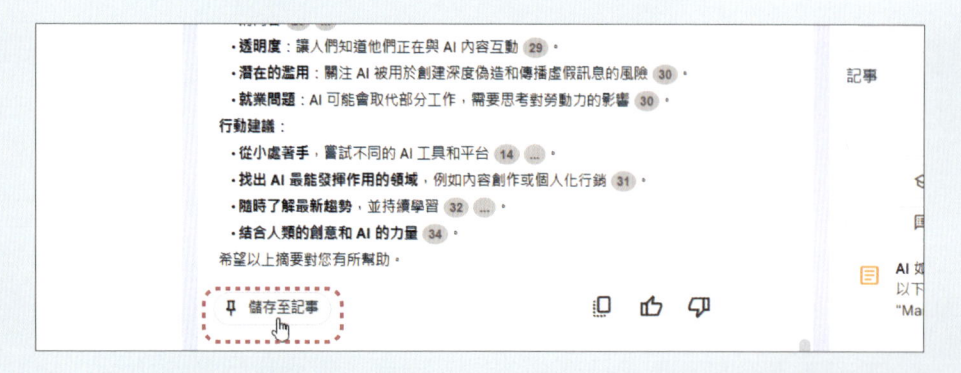

✦ 摘錄精采語錄及可供社群宣傳的貼文金句

在社群宣傳貼文中，提取訪談的精采語錄與金句，能讓內容更精煉、更具吸引力，迅速抓住目光！

step 01 於 **來源** 區塊維持語音摘要音訊的核選。

7-16

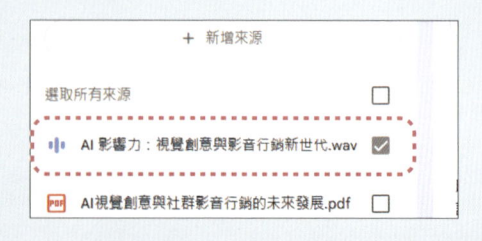

step 02 於 **對話** 區塊對話框輸入:「請從訪談內容中,摘錄 Vincent 的精采語錄、具有啟發性的觀點,以及可用於社群宣傳的金句。」,選按 ▷ 鈕送出提問。

step 03 於 **對話** 區塊捲動畫面至欲儲存的訊息下方,選按 **儲存至記事** 鈕,將 NotebookLM 分析後所整理的語錄與金句儲存起來。

✦ 分析並建議合適的短影音片段

若要製作短影音宣傳影片，可請 NotebookLM 分析並建議合適的剪輯片段。

step 01 於 **來源** 區塊維持只有語音摘要音訊的核選。

step 02 於 **對話** 區塊對話框輸入：「請根據訪談內容，識別適合剪輯為短影音片段的關鍵時刻，並提供最佳剪輯點的具體時間標記，例如 10:25 - 11:10。」，選按 ▷ 鈕送出提問。

以下省略

step 03 於 **對話** 區塊捲動畫面至欲儲存的訊息下方，選按 **儲存至記事** 鈕，將 NotebookLM 分析影音片段時間點儲存起來。

✦ 特定主題於語音摘要互動的建議

step 01 於 **來源** 區塊維持只有語音摘要音訊的核選。

step 02 於 **對話** 區塊對話框輸入：「想在語音摘要互動模式下參與討論，可以提問哪些問題？並使用英文提問。」，選按 ▶ 鈕送出提問。

以下省略

✦ 重新命名已儲存的記事

完成所有提問與分析後，請將先前儲存的記事重新命名為適當的名稱，以便之後要查詢時，能更快速找到所需資料。

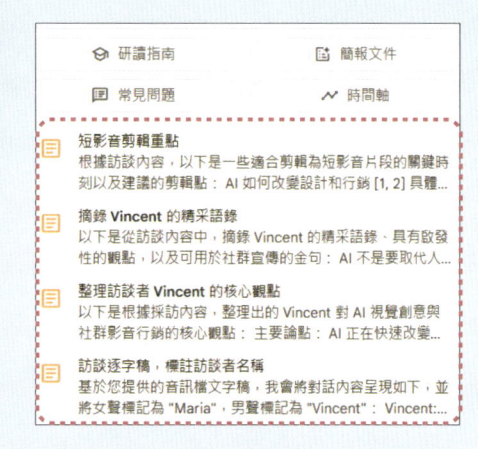

Tip 7　與語音摘要互動

Do it !

可與已建立的語音摘要互動，只需切換至 **互動模式**，並透過麥克風提問，主持人將依據來源文件回答相關問題。

step 01　於 Studio 區塊語音摘要選按 **互動模式 (BETA 版)** 鈕。

step 02　選按 ▶ 開始播放語音摘要。

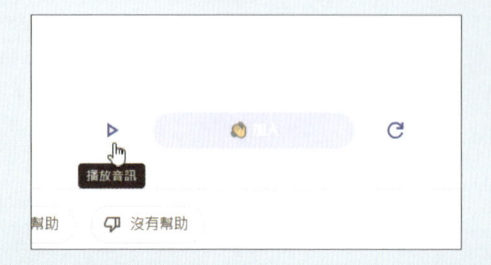

step 03　在對談過程中選按 **加入** 鈕，主持人就會以歡迎的口氣歡迎你的加入，此時依事先想好的問題或前面 NotebookLM 建議的內容，對著麥克風說出，主持人就會依來源文件中的資訊來回答問題並與你互動，回答完成後會繼續進行原本語音摘要的對話內容。

7-20

> **小提示**
>
> **語音摘要只支援英文**
>
> 目前語音摘要只支援英文，所以在互動模式下也只能以英文的方式提出你的問題。
>
> **無法開啟互動模式？**
>
> 需先啟用麥克風才可以進行互動模式，初次進行互動模式時，瀏覽器會出現要求權限的對話方塊，選按 **造訪這個網站時允許** 鈕；若是沒有出現要求權限時，可於網址列最前方選按 🎛️，再於對話方塊 **麥克風** 右側選按 ⚪ 呈 🔵 狀，回到 NotebookLM 主畫面再重整畫面即可執行互動模式。  
>
> 若是以上狀況都沒有出現，可於瀏覽器右上角選按 ⋮ \ **設定**，於 **設定** 畫面 \ **隱私權和安全性** 中的 **網站設定** 清單中，選擇 notebooklm.google.com 的設定頁面，於 **麥克風** 右側設定 **允許**，設定完成回到 NotebookLM 主畫面再重整畫面即可執行互動模式。

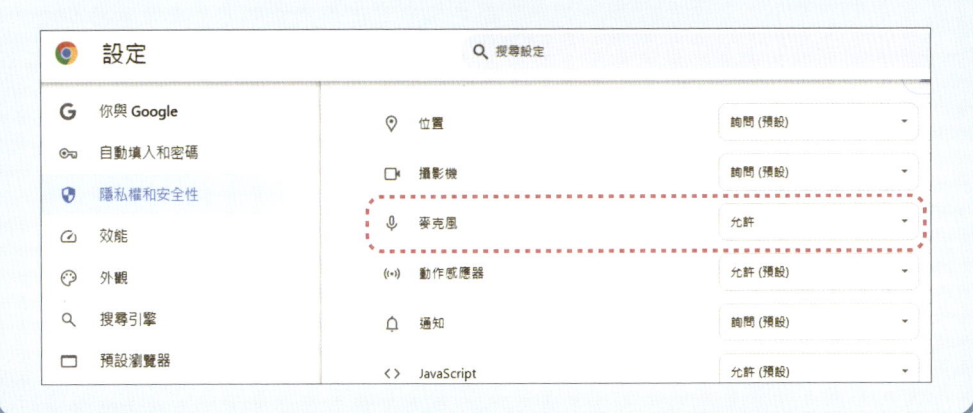

Tip 8　用 Mixerbox AI 生成中文 Podcast 對話　(Do it！)

雖然 NotebookLM 目前只支援英文，如果要生成中文的對話可以利用 MixerBox AI 輕鬆完成製作。

開啟瀏覽器，於網址列輸入：「https://mixerbox.ai/genpod」進入 Mixerbox AI 中文 Podcast 產生器。

step 01 於對話框輸入：「AI 影響力：視覺創意與影音行銷新世代」，選按 **免費產生** 鈕送出。

step 02 初次使用須驗證電子郵件信箱，輸入後，選按 **繼續**。

7-22

step 03 於輸入的電子郵件接收信件，再將驗證碼並輸入。

step 04 接著會自動開始生成一部 Podcast 內容，於下方選按 **編輯文稿** 開啟 Podcast 內容，複製 NotebookLM 整理好的中文訪談逐字稿，並替換掉原本的訪談者名稱，改用「a:」與「b:」，區分訪談內容，再選按 **產生新的 Podcast 語音與連結** 鈕。

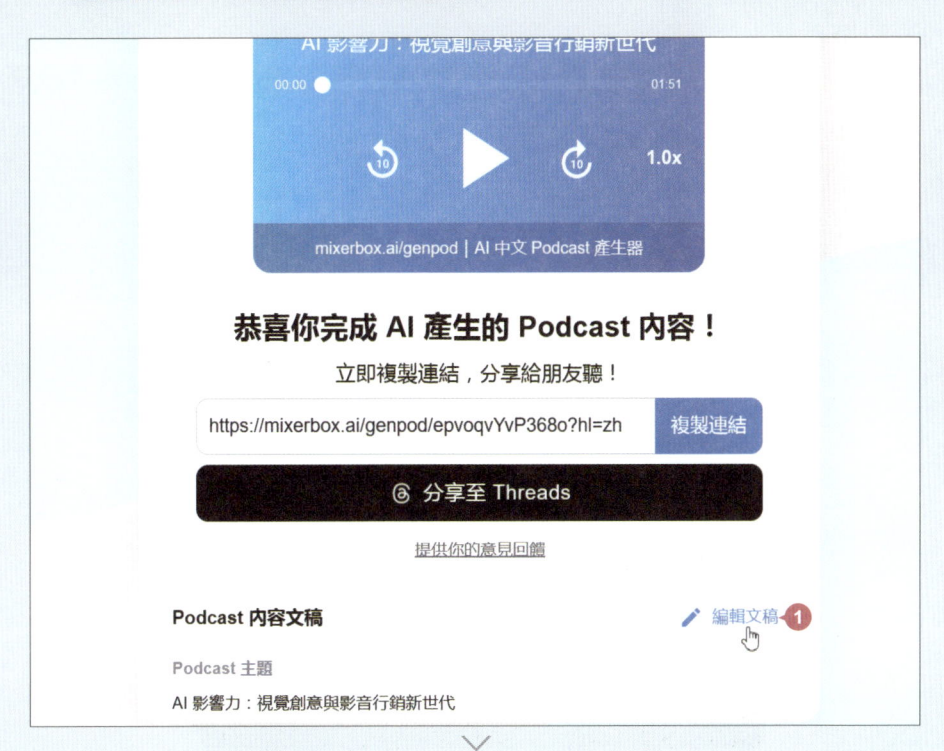

Podcast 內容

A:事情變化太大了，對吧？就算只是短短幾年，像是現在的短影音。 ②
B:對啊。
A:到處都看得到。我的意思是，我們現在獲取新聞、娛樂，甚至是學習最新產品和趨勢的方式都是透過短影音。這幾乎變成了一種自己的語言。但身為行銷人員，想要跟上腳步，製作出真正能吸引人的內容...
B:嗯，
A:只能說這讓我們很忙。
B:沒錯。現在視覺效果的世界完全不同了。難怪 AI 對於任何想要創作和行銷視覺內容的人來說，變得如此重要。
A:當然，這正是我們今天要深入探討的。我們有很多研究文章，以及許多關於 AI 如何改變遊戲規則 的有趣想法，從視覺設計到我們如何 個人化行銷。

產生新的 Podcast 語音與連結 ③

小提示

生成中文字數限制

Mixerbox AI 目前免費版本每次生成的字數上限是 2000 個字，如果要生成較長的 Podcast 內容建議分段生成。

---

step 05 重新生成完成後，選按播放鈕即可聆聽完成的 Podcast 內容，若要分享此 Podcast 內容可選按 **複製連結** 鈕，再將該連結傳送給其他人或是分享至社群平台。

AI 影響力：視覺創意與影音行銷新世代

mixerbox.ai/genpod｜AI 中文 Podcast 產生器

恭喜你完成 AI 產生的 Podcast 內容！

立即複製連結，分享給朋友聽！

https://mixerbox.ai/genpod/epEtwOJR_tVIM?hl=zh   **複製連結**

🧵 分享至 Threads

7-24

PART

08

高效建立視覺化簡報
NotebookLM × Gamma

單元重點

將 NotebookLM 整理的簡報大綱匯入 Gamma，利用 AI 技術，自動生成圖文並茂的專業簡報，精準分配段落，智能判斷內容分頁。

- ☑ 用 NotebookLM 生成簡報大綱
- ☑ 用 Gamma 輕鬆建立簡報
- ☑ 簡報大綱生成簡報
- ☑ 用簡報編輯工具進階設計
- ☑ 匯出與分享簡報
- ☑ 管理 Gamma 簡報專案

AI 視覺創意的革新

1. 生成式 AI 的突破性影響
借助 ChatGPT 及 DALL·E 等工具，高效創建高度精美的視覺內容，顯著優化設計師的工作流程。

2. AI 驅動的深度趨勢分析
運用深度學習模型，對海量視覺數據進行分析，精準洞察設計趨勢，助力品牌實現更有效的市場策略。

3. 高度個性化的視覺設計
透過 AI 算法，依據精確的用戶數據，生成定制化的視覺內容，有效提升消費者互動，進而提高轉換率。

社群影音行銷中的 AI 應用

1. 短影音時代挑戰
消費者注意力分散，內容生命週期縮短，品牌需快速吸引觀眾。

2. AI 協助行銷
分析觀看數據，優化內容，提高演算法推薦機率，智慧剪輯與自動字幕生成。

3. 提高效率
AI 自動剪輯、快速生成短影音腳本，大幅提高內容產出效率。

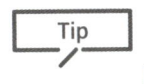

Tip 1 用 NotebookLM 生成簡報大綱　　Do it !

要開始以 Gamma 生成簡報之前，可以先用 NotebookLM 依據 Gamma 格式生成分頁式的簡報大綱。

✦ 新建筆記本

於 NotebookLM 首頁，選按 **+ 新建** 鈕，即可進入新的筆記本畫面。

歡迎使用 NotebookLM

+ 新建

小提示

出現 "上傳來源" 畫面

進入新的筆記本畫面，若出現如下 **上傳來源** 畫面，可先選按該畫面右上角的 × 關閉此畫面，待後續完成筆記本命名後再上傳來源。

✦ 修改筆記本名稱

於筆記本畫面左上角選取預設的名稱 Untitled notebook，再輸入合適的筆記本名稱，此範例輸入「AI 視覺創意與社群影音行銷的未來發展」。

AI視覺創意與社群影音行銷的未來發展

✦ 新增來源：本機 PDF 檔案

step 01 於 **來源** 區塊選按 **+ 新增來源** 鈕。

step 02 **新增來源** 視窗選按 開啟對話方塊，指定存放路徑並選按欲上傳的 PDF 檔，此章 **資料來源1** (AI視覺創意與社群影音行銷的未來發展.pdf)，再選按 **開啟** 鈕。

step 03 待上傳完成後，**來源** 區塊會看到該 PDF 檔案項目，且呈核選狀態。

8-4

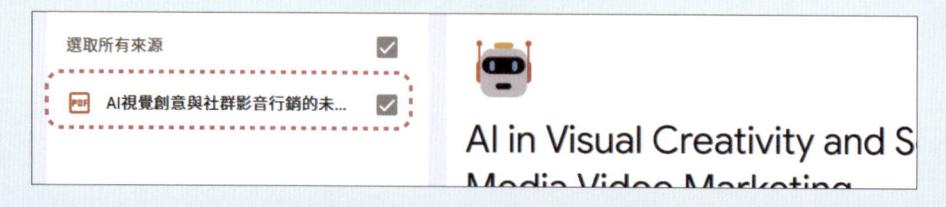

✦ 匯整簡報內容

指定主題、對象、時間...等簡報要素，依來源資料生成簡報。於 **對話** 區塊對話框輸入：「請將來源資料轉化為職場技術分享會一小時教學方案，並以專業的口吻整理出簡報內容。」，選按 ▷ 鈕送出提問，接著 NotebookLM 會開始詳細分析並回覆內容。

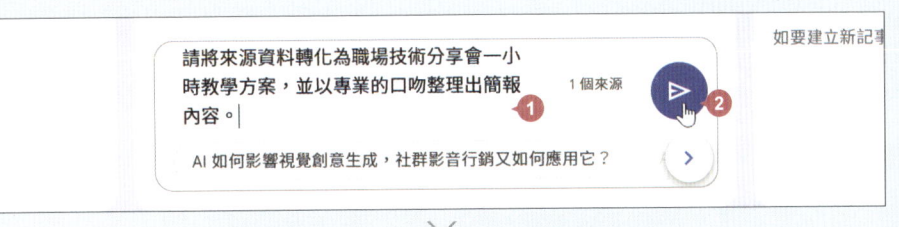

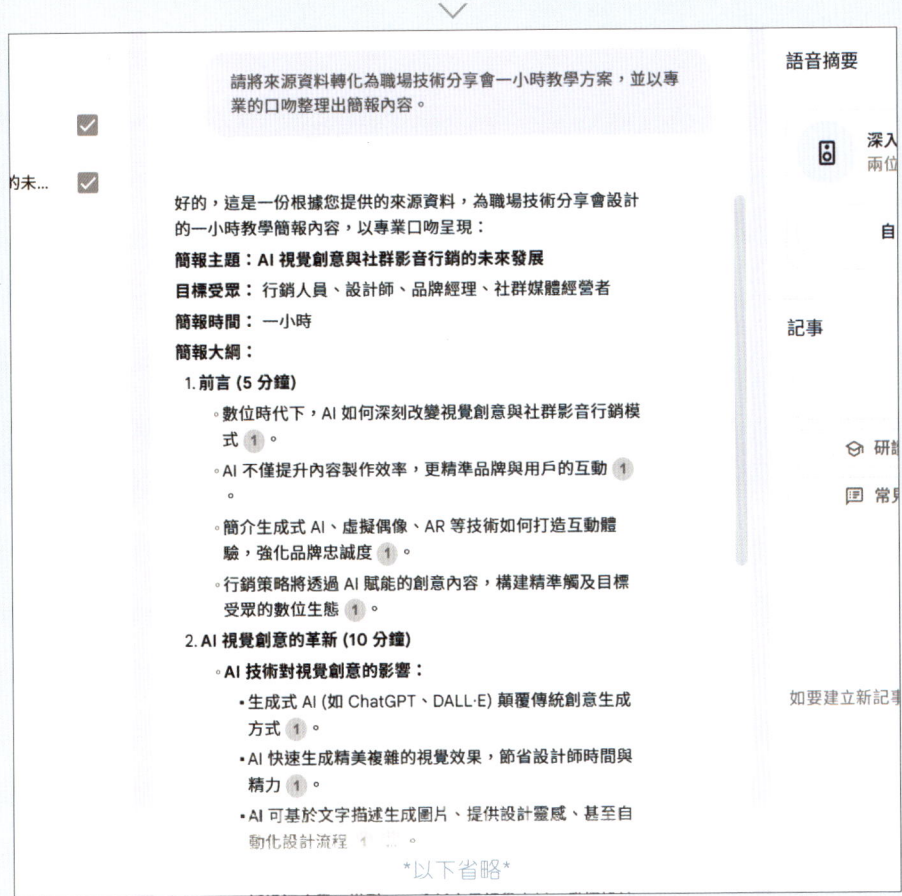

請將來源資料轉化為職場技術分享會一小時教學方案，並以專業的口吻整理出簡報內容。

好的，這是一份根據您提供的來源資料，為職場技術分享會設計的一小時教學簡報內容，以專業口吻呈現：

簡報主題：AI 視覺創意與社群影音行銷的未來發展
目標受眾：行銷人員、設計師、品牌經理、社群媒體經營者
簡報時間：一小時
簡報大綱：

1. 前言 (5 分鐘)
   - 數位時代下，AI 如何深刻改變視覺創意與社群影音行銷模式。
   - AI 不僅提升內容製作效率，更精準品牌與用戶的互動。
   - 簡介生成式 AI、虛擬偶像、AR 等技術如何打造互動體驗，強化品牌忠誠度。
   - 行銷策略將透過 AI 賦能的創意內容，構建精準觸及目標受眾的數位生態。
2. AI 視覺創意的革新 (10 分鐘)
   - AI 技術對視覺創意的影響：
     - 生成式 AI (如 ChatGPT、DALL·E) 顛覆傳統創意生成方式。
     - AI 快速生成精美複雜的視覺效果，節省設計師時間與精力。
     - AI 可基於文字描述生成圖片、提供設計靈感、甚至自動化設計流程

以下省略

8-5

✦ 指定簡報大綱格式與分頁

將生成的簡報內容依需求指定格式,後續貼到 Gamma 可以自動產生標題並分頁。於 **對話** 區塊對話框輸入:「請將以上內容整理為:主標、副標、內容,並用 h1, h2, h3 以及條列式來呈現,第 1 頁為標題跟演講者:Clair,再整理 8 頁簡報內容。每頁之間以 --- 區隔。」,選按 ▷ 鈕送出提問,接著 NotebookLM 會開始詳細分析並回覆內容。生成後選按 複製回覆內容。

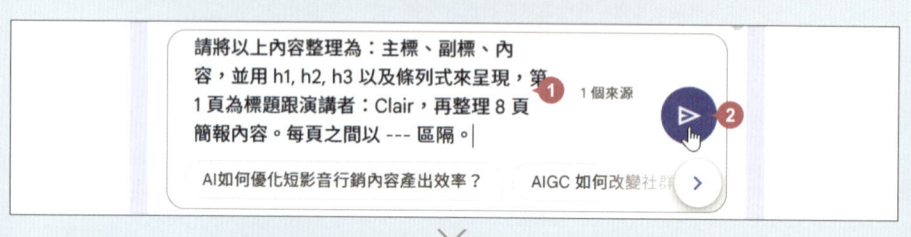

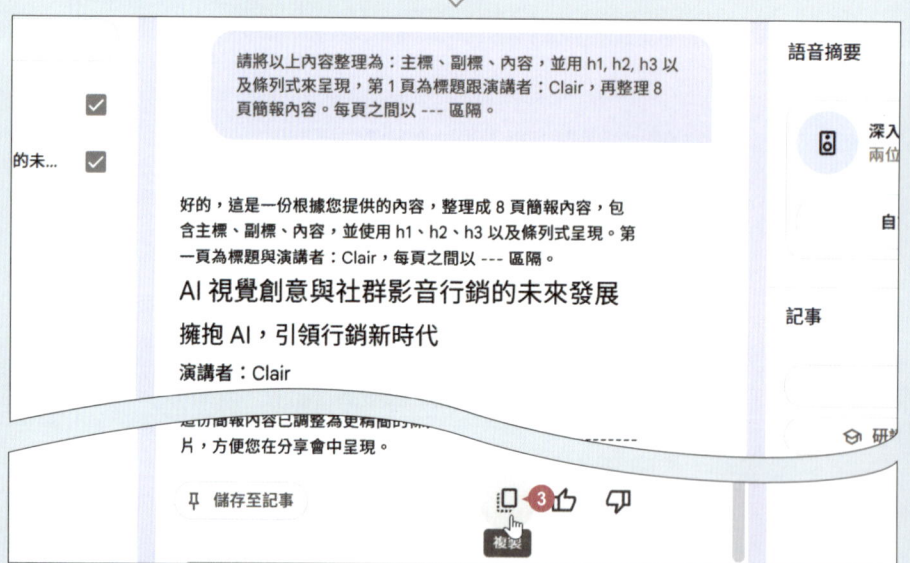

小提示

將重要回覆儲存至記事

在詢問 AI 後,如果擔心之後找不到回覆,可以於重要的回覆內容最下方,選按 **儲存至記事** 鈕,儲存到記事,更容易統整資料,否則只要重整頁面或是關閉瀏覽器,都會讓回覆的訊息消失。

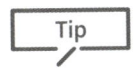

Tip 2　Gamma 高效 AI 簡報設計　Do it !

Gamma 提供設計建議和內容優化，簡化了簡報製作過程，使你能輕鬆、高效地建立專業簡報。

✦ 免費線上簡報 AI 生成編輯器

Gamma 以一頁式的內容編排方式讓操作更直覺、好整理，結合 AI 快速生成圖片和內容。支援中文介面，提供大量且完全免費的版面配置與素材。用戶也可以選擇付費訂閱升級方案，以取得更多的服務項目，例如：發布至自訂網域、自訂字型、沒有浮水印…等。

	免費方案	Plus 方案	Pro 方案
費用	$0 / 年	需費用	需費用
AI 生成	註冊時可獲得 400 點 AI 點數	無限 AI 使用	無限 AI 使用
產生卡片	最多產生 10 張卡片	最多產生 20 張卡片	最多產生 50 張卡片
AI 生圖模型	基礎圖像生成模型	基礎圖像生成模型	進階圖像生成模型
其他	PDF 匯出 (含浮水印) PPT 匯出 (含浮水印)	PDF 匯出 (無浮水印) PPT 匯出 (無浮水印)	PDF 匯出 (無浮水印) PPT 匯出 (無浮水印) 發布至自訂網域 自訂字型 詳細分析 密碼保護

更詳盡的方案和定價說明，請參考 Gamma 官網：「https://gamma.app/zh-tw/pricing」。(此資訊以官方公告為準)

✦ 註冊並登入 Gamma 帳號

step 01 開啟瀏覽器,在網址列輸入:「https://gamma.app/」進入 Gamma 首頁,畫面中選按 **免費註冊** 鈕。

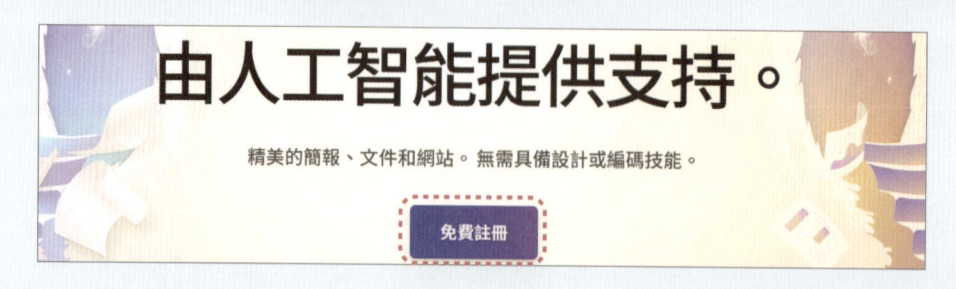

step 02 選擇要註冊的方式,在此選按 **使用 Google 繼續** 鈕,再選擇欲註冊的帳號,並依步驟完成登入,最後再選按 **繼續** 鈕完成註冊。

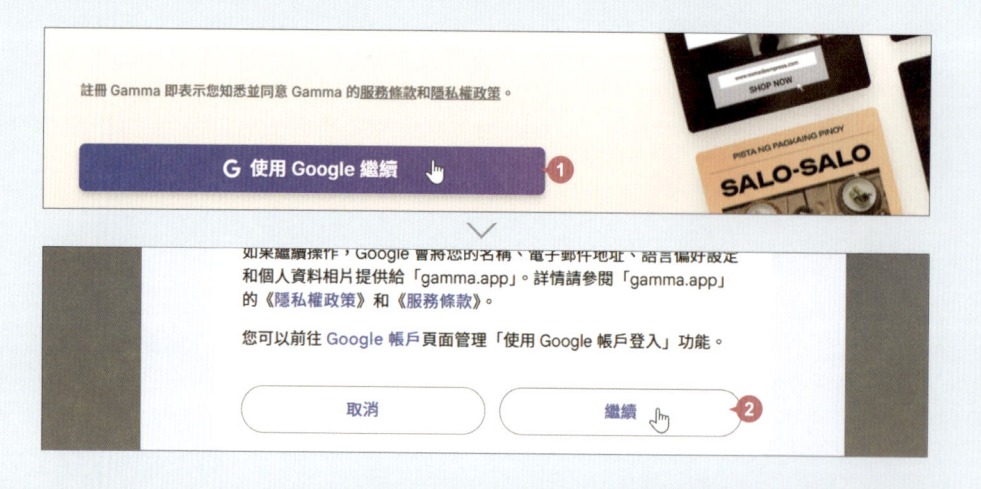

step 03 核選用途項目及回答相關問題,最後選按 **完成** 鈕即可。

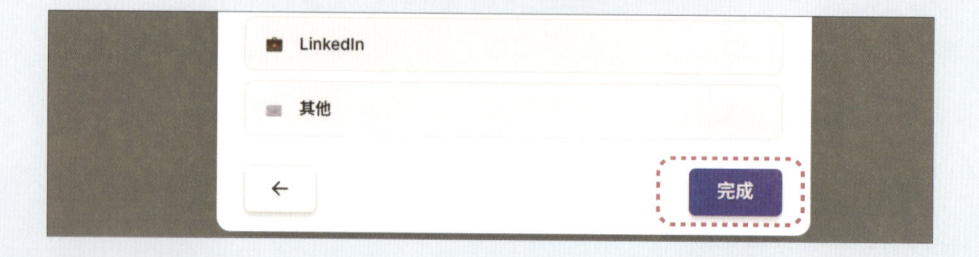

✦ 認識 Gamma 首頁畫面

初次註冊完成會直接進入 **使用 AI 建立** 簡報的畫面，在此先選按畫面左上角 **首頁** 鈕。

在開始操作先了解一下 Gamma 的首頁畫面：

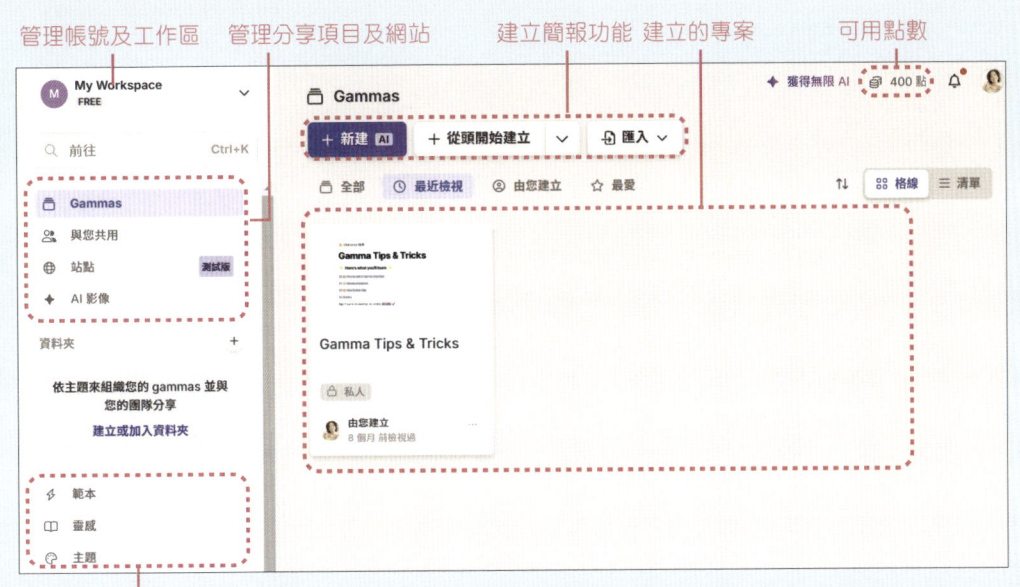

- 管理帳號及工作區
- 管理分享項目及網站
- 建立簡報功能
- 建立的專案
- 可用點數
- 範本、自訂功能區

8-9

Tip 3 簡報大綱快速生成簡報　Do it！

利用 Gamma AI 高效簡報工具中的 **貼上文字**，搭配 NotebookLM 生成的簡報大綱，快速省時，輕鬆打造內容豐富的簡報。

✦ 貼上文字自動將簡報分頁

step 01 於首頁側邊欄選按 **Gammas**，選按 **+ 新建 AI** 鈕，再選按 **貼上文字**。

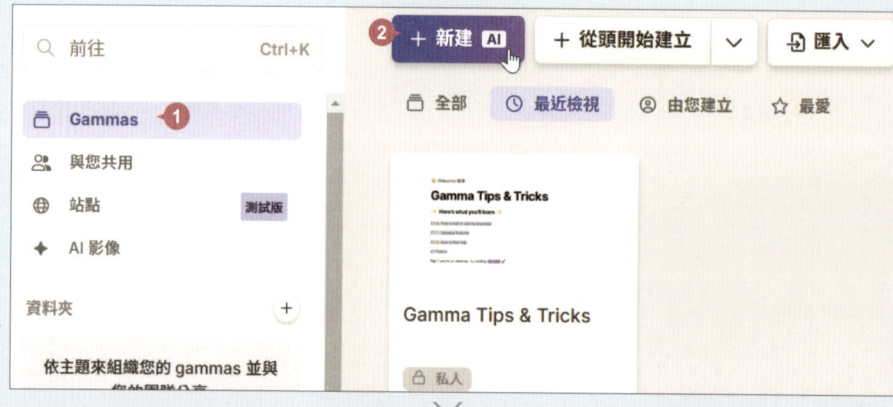

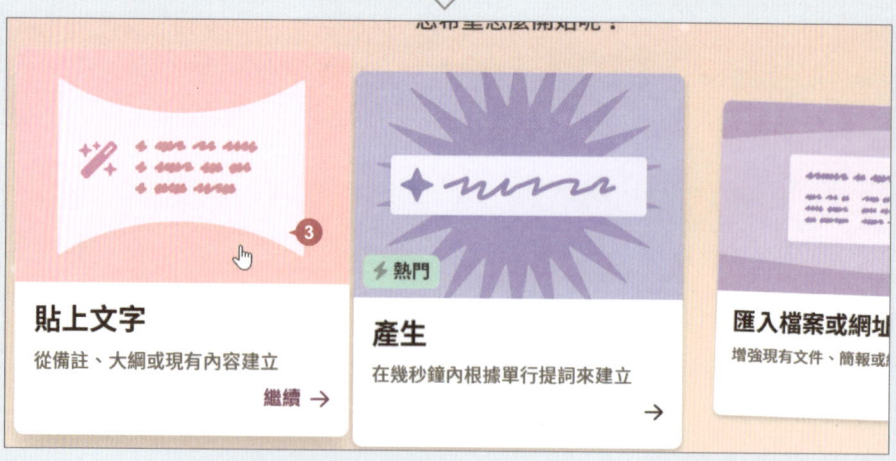

step 02 於下方欄位按一下滑鼠左鍵顯示插入點後，按 Ctrl + V 鍵貼上 NotebookLM 生成的文字內容，或複製 **資料來源 2** (簡報大綱.txt) 的文字貼上；貼上的文字可於下方欄位中編輯調整，刪除不需要的文字。接著於下方選按 **簡報內容** 及 **繼續** 鈕。

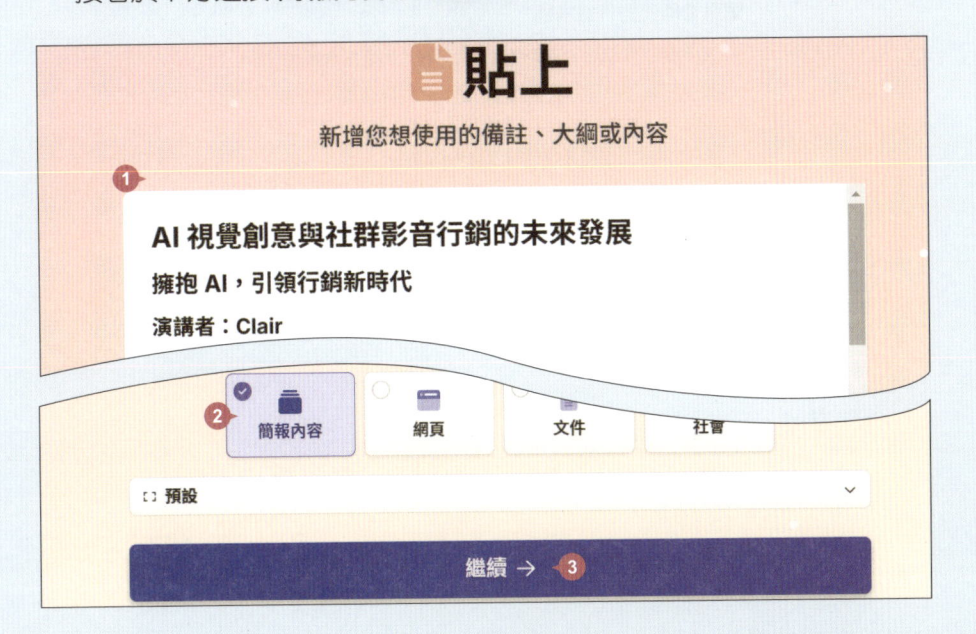

step 03 設定文字內容與字數，例如：想要精簡簡報內容，可設定 **文字內容：緊縮**；若要每張卡片的內容以簡潔的段落呈現，可設定 **每張卡片的最大文字數：中等**。(將滑鼠指標移至項目上，即可看到該項設定的說明。)

step 04 由於 NotebookLM 生成文字內容時已加入 --- (水平分隔線)，所以預設即會以 **逐卡片** 模式呈現大綱，且依 --- 符號分頁。

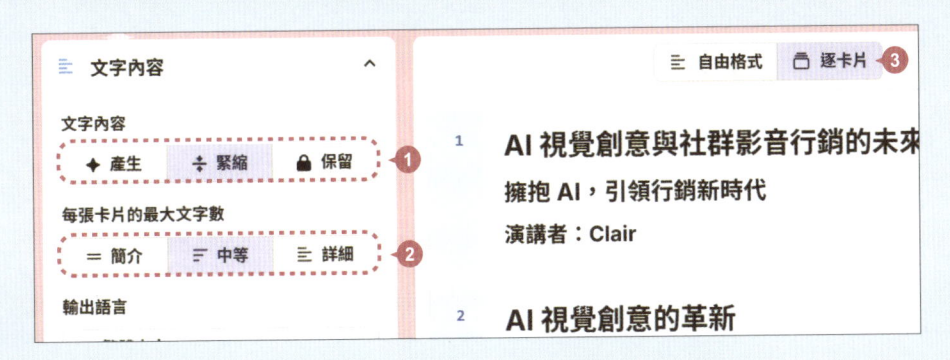

step 05 於卡片內容上按一下滑鼠左鍵顯示插入點後,可以編輯內容。確認相關設定及大綱內容沒問題後,選按 **繼續** 鈕。(完成簡報設計後會自動扣除 40 點)

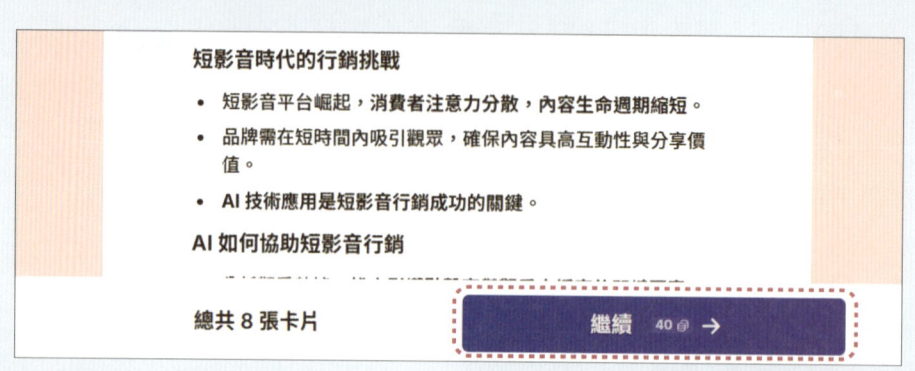

小提示

沒有出現自動分割的提示!

如果沒有自動開啟 **逐卡片** 模式,選按 **逐卡片** 標籤後,畫面上方會出現 **要將內容分割成多張卡片嗎?**,選按 **是,替我分割** 鈕,讓 Gamma 自動分頁。

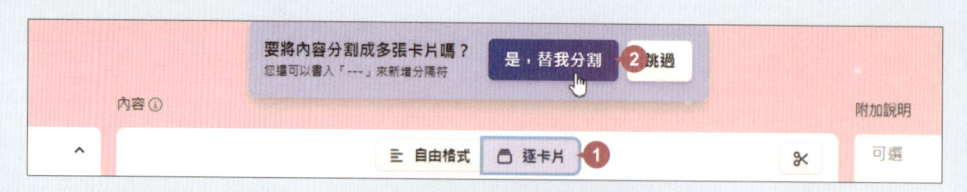

若選按 **逐卡片** 標籤後,沒有出現自動分割的提示,於右側選按 ✂ 鈕,要求自動分割卡片。

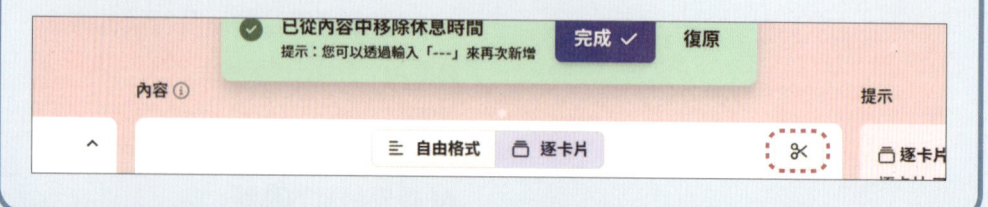

✦ 挑選主題並生成簡報

step 01 主題預覽頁面右側可先依簡報風格篩選類型：**深色、細、專業、多彩** (可複選)，再於下方選按主題套用；左側會顯示主題的預覽畫面，選定主題後選按 **產生** 鈕會開始生成簡報。

step 02 完成 AI 簡報的初稿與設計後，會自動儲存於 **Gammas**，可於畫面左上角選按簡報名稱，顯示輸入線後變更為合適名稱，再按 Enter 鍵完成簡報名稱的命名。

Tip 4　用 Gamma 編輯工具進階設計　(Do it!)

AI 生成簡報的初稿與各頁面設計後，可以利用 Gamma 的簡報編輯工具進行調整，讓簡報更符合需求和預期效果。

在開始操作前先了解 Gamma 的編輯畫面：

- 投影片頁面管理
- 設定主題及分享、展示
- 更多功能
- 主要編輯區
- 簡報編輯與 AI 工具

✦ 修改文字與格式

於簡報專案編輯畫面，將滑鼠指標移至文字段落上，按一下滑鼠左鍵產生輸入線即可調整文字內容。於文字段落左側選按 ⋮ 或拖曳選取部分文字，可透過快速工具列套用段落樣式，或是修改文字顏色、粗體、斜體...等格式設定。

8-14

✦ 透過 AI 調整指定文句的寫作方式

於簡報專案編輯畫面，使用 **AI 編輯** 功能可針對指定文句加長內容摘要、簡潔文字或調整為更具吸引力的內容。

step 01 將滑鼠指標移至文字段落上，於左側選按 ⋮ 或拖曳選取部分文字，快速工具列選按 ✦ **使用 AI 編輯**，清單中選按要使用的 AI **重新措辭** 功能即可。(使用此功能每次會自動扣除 10 點)

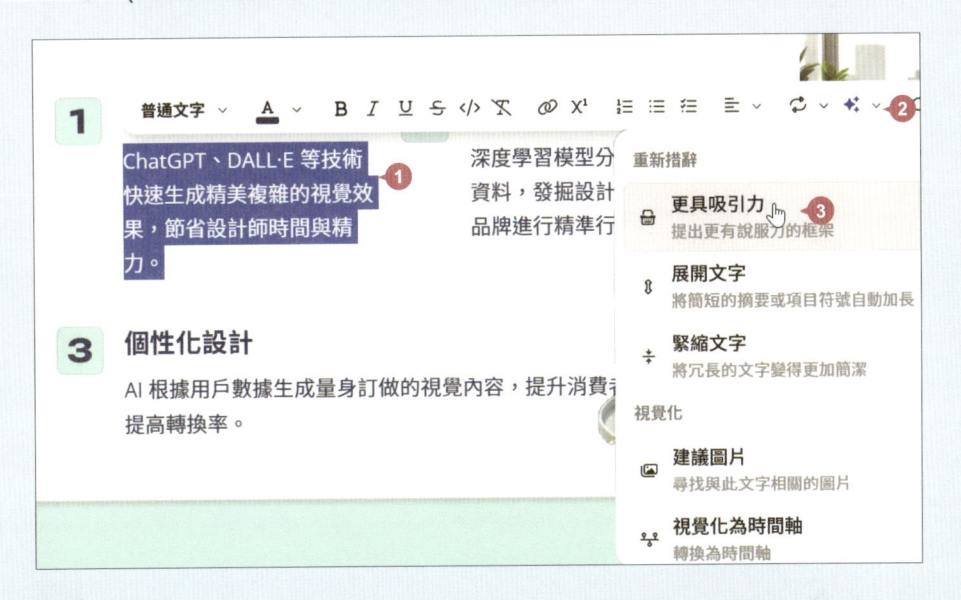

step 02 會開啟右側聊天窗格，選按合適的建議項目後，自動調整簡報中的文字內容、格式。(可於窗格中選按 **建議** 或 **原始** 瀏覽調整前後差異)。

✦ 透過 AI 調整所有文句的寫作方式

於簡報專案編輯畫面,透過 **使用 AI 編輯** 功能,也能調整整張卡片文句。

step 01 要調整的卡片左上角選按 ✦ ,清單中選按想要調整的寫作方式,或是在對話欄位輸入需求,再按 Enter 鍵送出調整要求。(使用此功能每次會自動扣除 5 點)

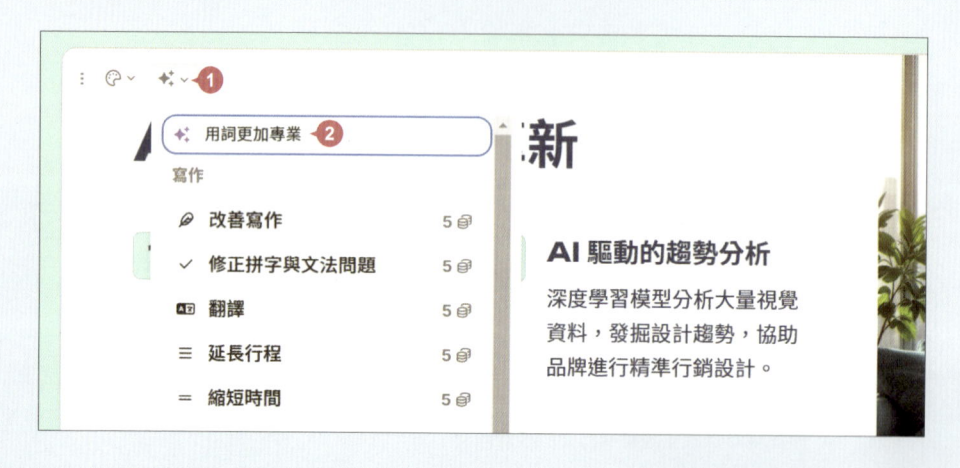

step 02 調整完成後,卡片上方選按 **建議** 或 **原始** 瀏覽調整前後的差異,確認最終調整的結果後,選按 ✓ 完成編輯。

8-16

✦ 插入 AI 圖片

於簡報專案編輯畫面,可使用 **AI 圖片** 功能於卡片中生成合適的圖片。

step 01 於卡片右側簡報編輯工具列選按 ■ **圖片**,按住 **AI 圖片** 不放,拖曳至卡片中要擺放的位置。

step 02 右側會自動開啟 **媒體** 窗格,圖片來源設定為 **AI 圖片**,於 **提詞** 輸入欄輸入生成圖像的描述後,選擇 **樣式**、**長寬比**、**模型**,接著選按 **產生** 鈕,即可生成圖片。(使用此功能每次會自動扣除 10 點)

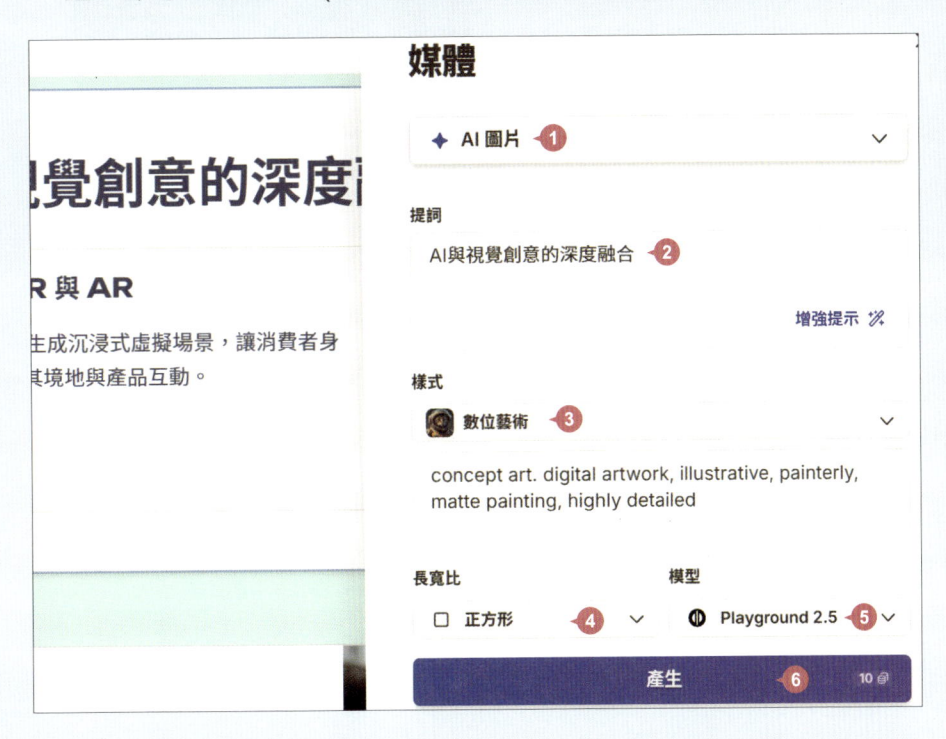

step 03 生成後於右側窗格選按圖片可於卡片中預覽效果，選按合適的圖片後，再選按右上角的 ✕ 關閉，完成圖片插入。

step 04 選取圖片，再將滑鼠指標移到圖片四周控點上呈 ⇔ 狀時，按住拖曳可等比例縮放圖片大小，於快速工具列選按合適的對齊方式 (靠右對齊、靠中對齊、靠左對齊)，將滑鼠指標移到欄位分隔線呈 ⇔ 狀，按住拖曳可調整欄位至合適大小。

小提示

變更 AI 生成的圖片

想變更插入的圖片，可在選擇圖片後，快速工具列選按 **編輯** 開啟右側窗格，可重新生成圖片，或是替換之前已生成好的圖片。

■ 8-18

✦ 新增空白卡片

於簡報專案編輯畫面，可新增空白卡片，將滑鼠指標移到要插入卡片的位置，選按 **+ 新增空白卡片**，就會於該位置插入一張空白卡片 (插入後仍可於卡片中選擇套用範本)。

✦ 透過 AI 新增卡片

於簡報專案編輯畫面，可透過 AI 新增一張有內容並可選擇套用自動生圖、時間軸或項目排列範本的卡片。

step 01 將滑鼠指標移到要插入卡片的位置，選按 **透過 AI 新增卡片**。

step 02 **產生卡片** 輸入卡片內容的提示詞，設定語言，並在 **選擇範本** 中選按合適的樣式，選按 生成一張有內容並套用範本的卡片 (使用此功能每次會自動扣除 5 點)。

step 03 確認生成後的卡片內容沒有問題後，選按 ✓ 鈕即完成。(若覺得不滿意可選按 ↻ 鈕重新生成，或是利用卡片左上角的 ✨ **使用 AI 編輯** 功能調整卡片內容。)

✦ 從範本新增卡片

於簡報專案編輯畫面，可以從內建範本中直接新增卡片，將滑鼠指標移到要插入卡片的位置，選按 ⌄ **從範本新增**，於清單中選按合適的範本即可。

小提示

從側邊工具新增範本卡片

除了以上述方式新增範本卡片外，也可以於右側簡報編輯工具列選按 ▦ **卡片範本**，再拖曳合適範本至要插入卡片的位置即可。

8-20

✦ 複製單張卡片

於簡報專案編輯畫面，在要複製的卡片左上角選按 ⋮ \ ⧉ **複製卡片**，即可複製此張卡片內容並插入至下方，成為下一張卡片。

✦ 複製多張卡片

於簡報專案編輯畫面，可一次複製多張卡片。於左側 **膠片檢視** 按著 `Ctrl` 鍵不放一一選按要複製的多張卡片，再按 `Ctrl` + `C` 鍵複製，接著選按要貼上的位置 (會插入到所選取的卡片下方)，按 `Ctrl` + `V` 鍵即可。

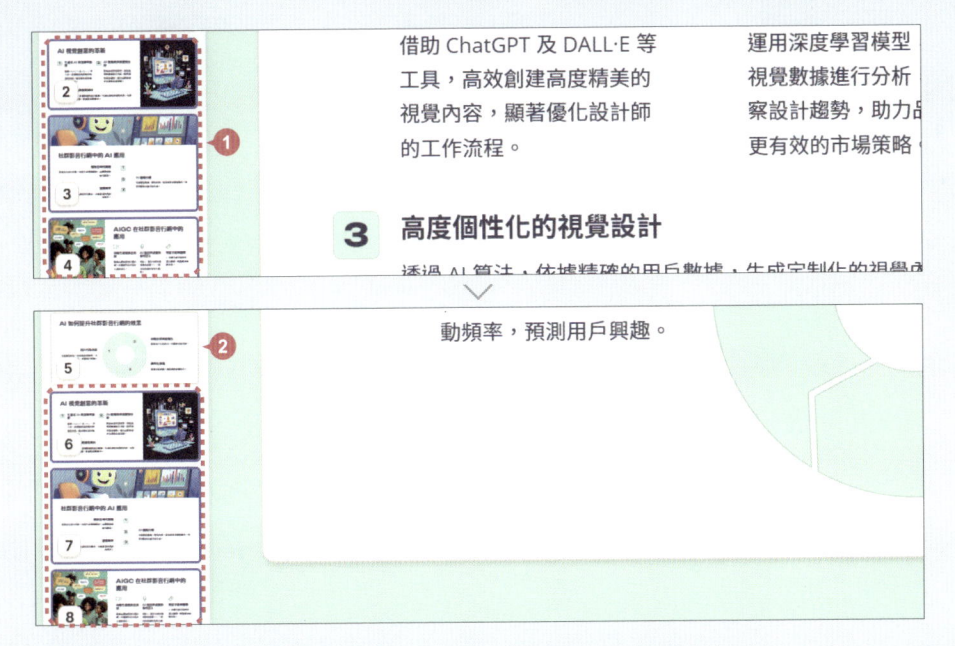

✦ 刪除卡片

於簡報專案編輯畫面，要刪除的卡片左上角選按 ⋮ \ 🗑 刪除，即可刪除此張卡片。

✦ 移動卡片順序

於簡報專案編輯畫面，可調整卡片順序。左側 **膠片檢視** 按住要移動的卡片拖曳至要調整的位置即可；也可按住 Ctrl 鍵不放選取多張卡片再一起拖曳移動。

✦ 插入影片與媒體

於簡報專案編輯畫面，可插入社群平台的影片，也可以由本機上傳，或是輸入影片、媒體網址嵌入，以下將示範插入 YouTube 影片。

step 01　卡片右側簡報編輯工具列選按 🎬 **影片和媒體**，拖曳 **YouTube 影片** 至卡片中合適的位置擺放。

■ 8-22

step 02 **URL 或內嵌程式碼** 欄位貼上 YouTube 影片網址，若要改變縮圖，可選按 **取代縮圖** 鈕，再於本機選擇檔案即可。完成設定後於右上角選按 × 關閉。

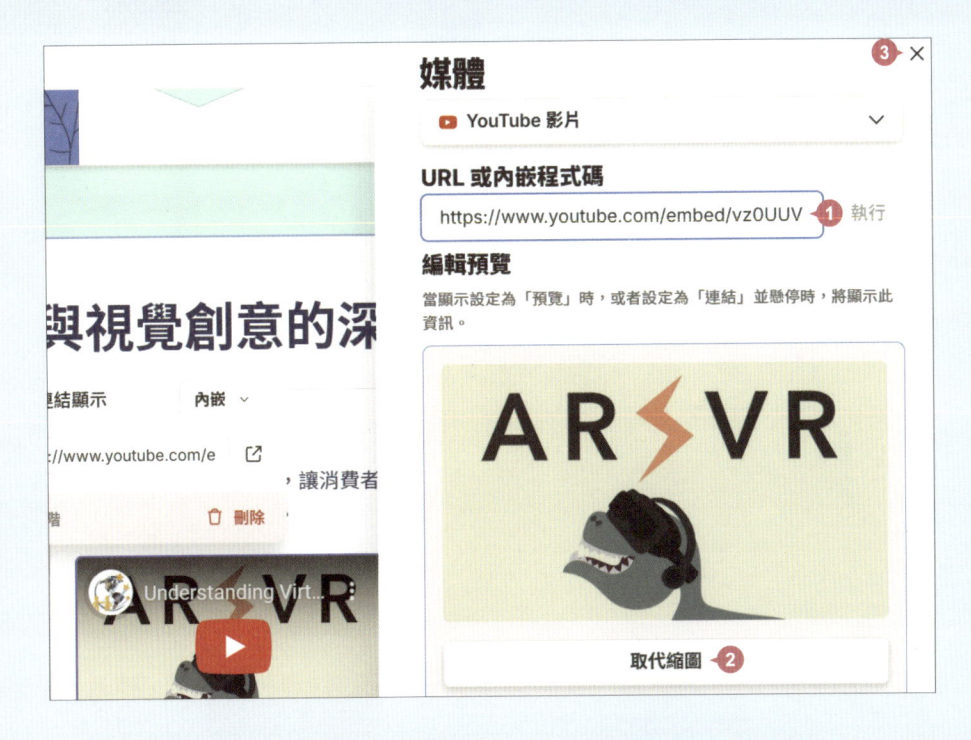

step 03 選按影片縮圖中間 ▶ 可播放影片，於影片縮圖左上角選按 ⋮，快速工具列 ↗ 可於新的索引標籤觀看影片；⚙ 可再次開啟右側窗格設定；於 **連結顯示** 可改變影片以 **連結**、**按鈕**、**預覽** 或 **內嵌** 方式呈現。

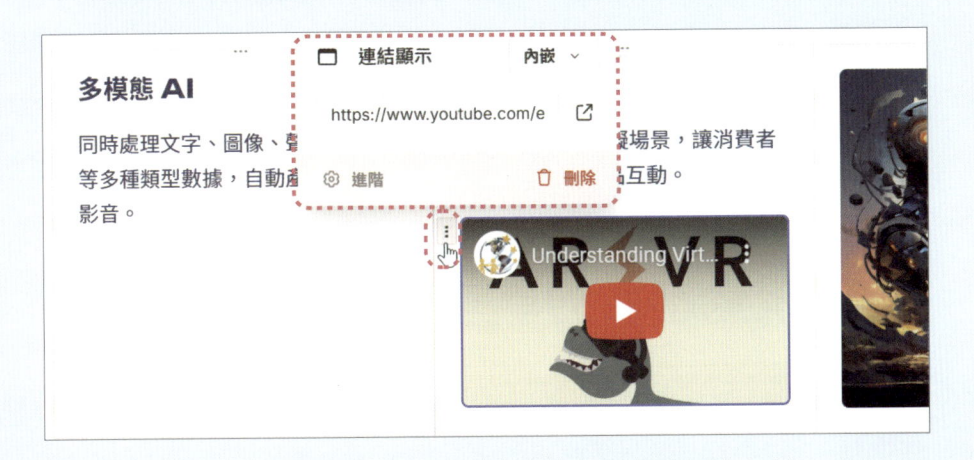

8-23

✦ 插入檔案

於簡報專案編輯畫面，可插入本機檔案，例如：PDF、Office 檔案...等，或輸入網址嵌入部分社群平台或雲端的檔案，以下將示範插入 PDF 檔案。

step 01 卡片右側簡報編輯工具列選按 ■ **將應用程式和網頁嵌入**，拖曳 **PDF 檔** 至卡片中合適的位置擺放。

step 02 選按 **按一下即可上傳**，再於本機選擇檔案後，選按 **開啟** 鈕匯入檔案，完成後於右上角選按 × 關閉。

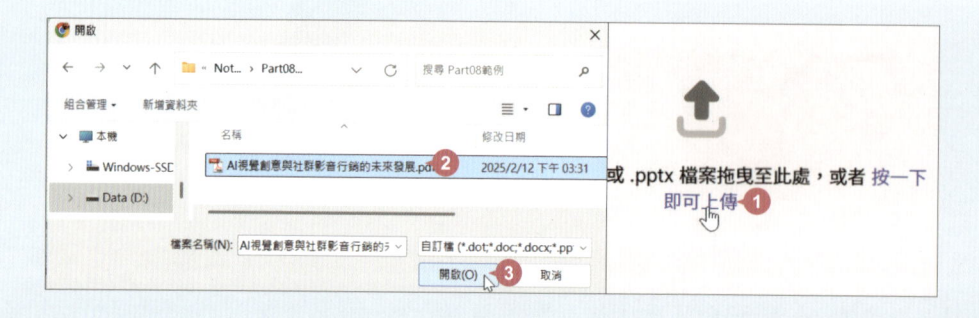

step 03 載入的 PDF 檔案預設為 **預覽** 狀態，會顯示縮圖與說明，如果只想顯示檔案連結，可在選取 PDF 狀態下，於快速工具列選按 **連結顯示** 清單鈕 \ **連結** 即可。

8-24

step 04 在選取連結狀態下，於快速工具列選按 **顏色** 可修改連結的文字顏色；選按 ⬈ 會於新的索引標籤開啟檔案，⚙ 可再次開啟右側窗格設定。

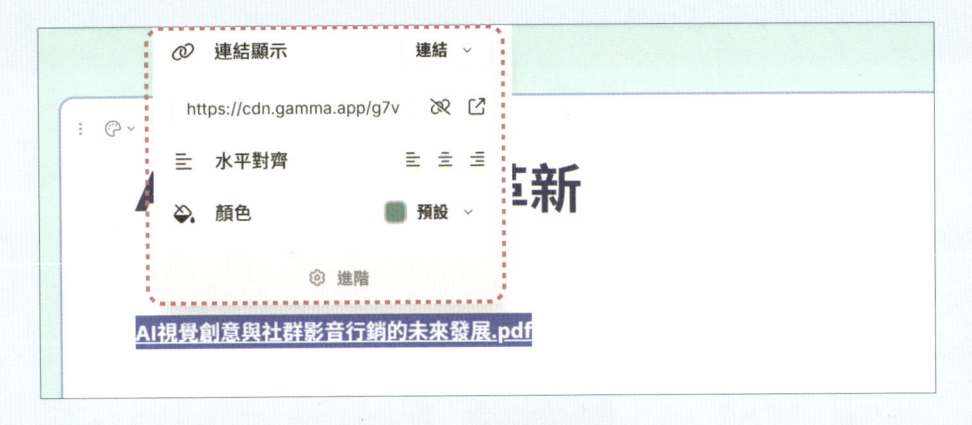

✦ 復原上一個動作

於簡報專案編輯畫面，製作簡報時若不小心誤刪或是想回復上一步的動作，可於畫面右上角選按 **…** \ **復原**，或直接按 `Ctrl` + `Z` 鍵，即可回到上一步。

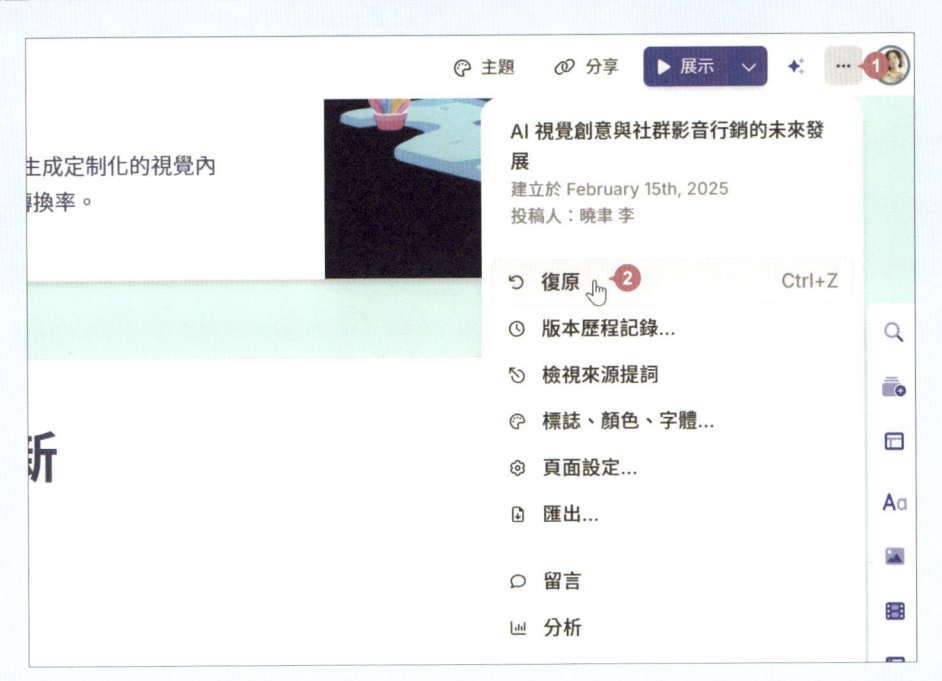

8-25

✦ 回復上一個版本

於簡報專案編輯畫面製作簡報時，Gamma 會自動記錄每個時間點的專案內容，用意在於幫助使用者追蹤和管理簡報的變更過程，也可依需求回溯和恢復到之前的版本。

step 01　簡報編輯畫面右上角選按 ⋯ \ **版本歷程記錄**。

step 02　於左側側邊欄選按要還原的版本，檢視後於畫面右下角選按 **還原** 鈕，簡報就會回到該時間點的編輯狀態。

8-26

> **小提示**
>
> **Gamma 簡報超強助力**
>
> 於簡報專案編輯畫面，可藉由卡片右側簡報編輯工具列插入不同的元素豐富簡報畫面，還支援嵌入多種第三方服務：
>
> - **圖片**：由設備上傳或輸入 URL 從網頁截取，也可以使用 Unsplash 提供的大量高品質圖片和 Giphy 的動態圖片。另外 Gamma 也能配合簡報內容的關鍵字，以 AI 技術生成圖片。
>
> - **影片和媒體**：由設備上傳或輸入 URL 從網頁截取，可透過 Loom、YouTube、Vimeo、TikTok、Wistia、Spotify...等平台，直接崁入平台影片來使用。
>
> - **將應用程式和網頁嵌入**：可輸入 URL 從網頁截取，直接崁入平台影片來使用。
>
> - **圖表與圖解**：有直條圖、長條圖、折線圖、目標圖...等多種圖表可使用。
>
> - **表格和按鈕**：可插入自訂的按鈕，也可嵌入 Airtable、Calendly、Typeform、Jotform、Google Form...等資料庫或表單。

Tip 5 匯出與分享簡報

Do it！

完成的簡報可以直接播放展示、以連結分享，或是匯出為 PDF、PowerPoint 檔。

✦ 展示、播放簡報

開啟要播放的簡報專案，畫面上方選按 **展示** 鈕，可播放簡報。PageUp、PageDown 鍵 (或 ↑、↓ 鍵)，可切換至上一張、下一張卡片。

將滑鼠指標移至畫面上方，會出現工具列：

- 選按 **Spotlight**，藉由 ↑、↓ 鍵會依序高亮顯示特定內容，吸引觀眾的注意力。
- 選按 **+** 或 **−** 可縮放內容。
- 選按 ⛶ 可全螢幕放簡報。

展示完畢後，可按 Esc 鍵或 **結束** 鈕回到編輯畫面。

小提示

簡報同時檢視備註

於展示簡報狀態下，選按 **結束** 清單鈕 \ **簡報者檢視**，就可以在播放簡報的同時新增及檢視簡報備註。

8-28

✦ 分享簡報連結

step 01 開啟要以連結分享的簡報,畫面上方選按 **分享** 鈕。

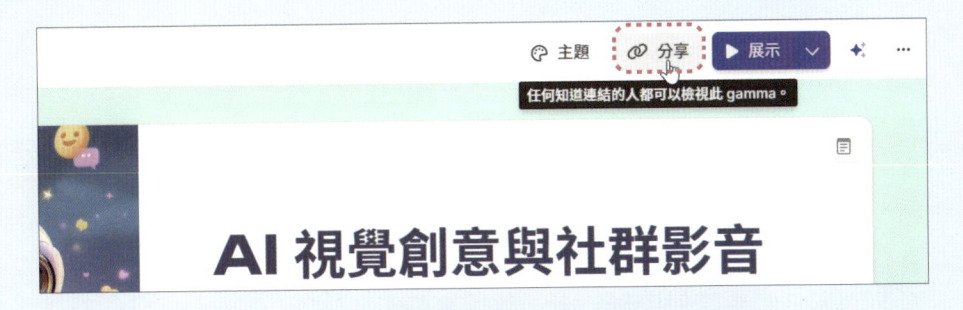

step 02 選按 **分享** 標籤,於 **任何有連結的人** 右側選按 **檢視** (朋友可檢視、留言、編輯,但不能與他人分享),清單中可以設定 **編輯、留言、無存取權限**...等項目,可依需求設定權限。

step 03 完成後,選按 **複製連結** 鈕,再將連結傳送給要分享的朋友。選按 **完成** 鈕,可回到編輯畫面。

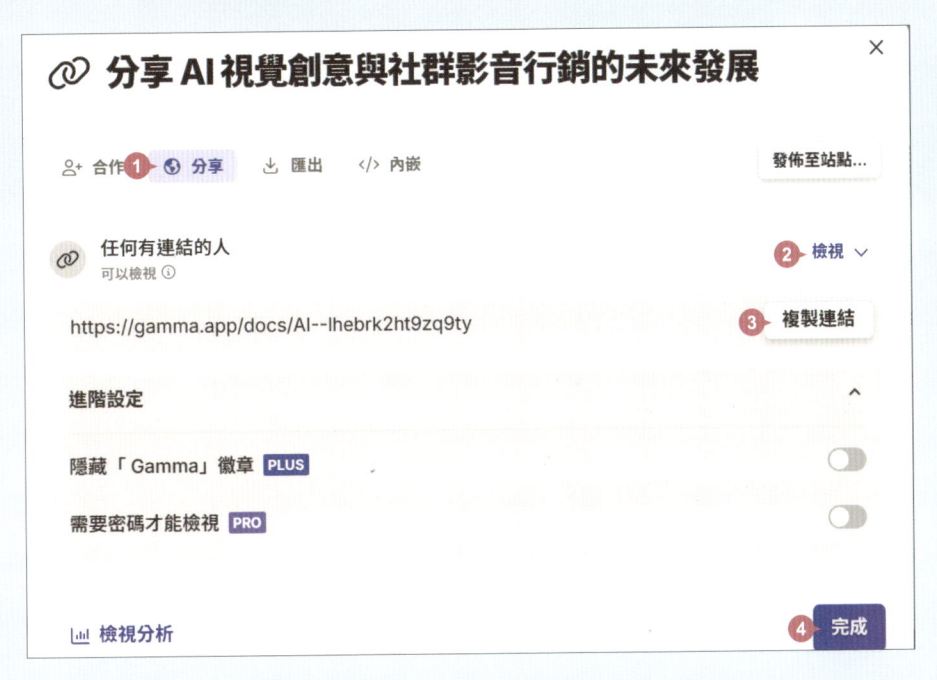

8-29

✦ 匯出 PDF 或 PowerPoint 檔案

step 01 開啟要匯出的簡報，畫面上方選按 **分享** 鈕。

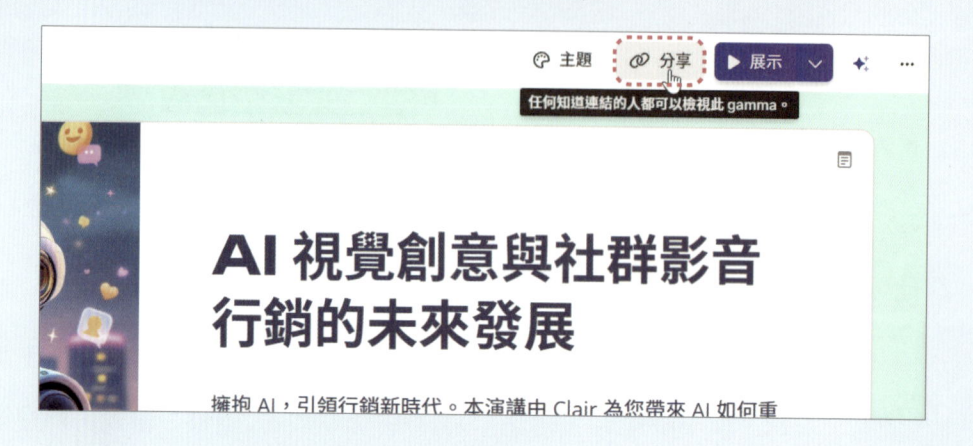

step 02 選按 **匯出** 標籤，下方設定欲匯出的內容及檔案格式，即開始轉換並自動下載至本機儲存。(使用免費帳號匯出的檔案，各頁面右下角會有 Gamma 的浮水印)

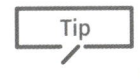

Tip 6 管理 Gamma 簡報專案

Do it！

完成 Gamma 簡報專案設計之後，可以於首頁瀏覽所有簡報專案，或是複製及刪除簡報...等管理。

✦ 回到首頁

於編輯畫面左上角選按 ⌂ 即可回到 Gamma 首頁。

✦ 編輯簡報專案

於首頁側邊欄選按 **Gammas**，可看到目前所有的專案，接著選按想要編輯的簡報專案縮圖，即可進入簡報編輯畫面。

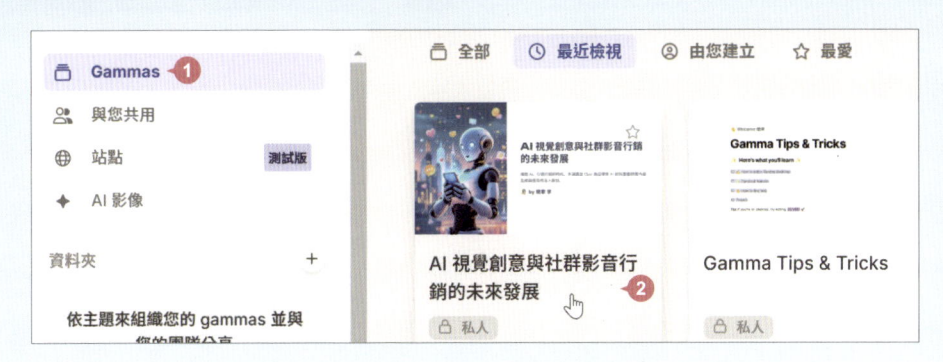

✦ 複製、刪除或修改簡報專案名稱

於首頁簡報專案縮圖右下角選按 ...，清單中可選擇將簡報專案重新命名、複製、傳送至垃圾桶...等功能。

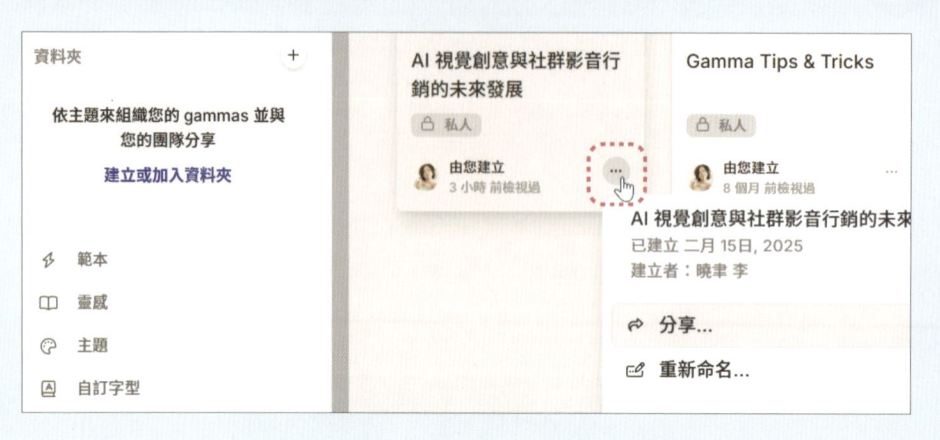

小提示

永久刪除垃圾桶內的簡報專案

於首頁側邊欄選按 **垃圾桶**，於欲永久刪除的簡報專案縮圖右下角選按 ... \ **永久刪除**，再選按 **永久刪除** 即可。

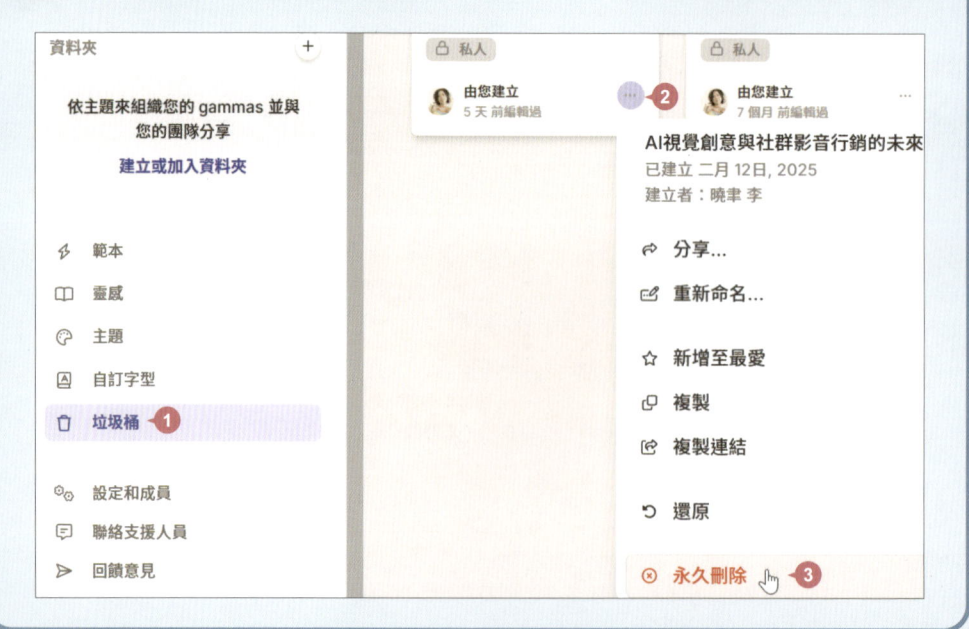

8-32

PART

09

打造全新影音創作體驗

NotebookLM × Sora × FlexClip × 123APPS

單元重點

使用 Sora 快速生成符合場景需求的雙人對話影片，再透過 FlexClip 將影片與 NotebookLM 生成的語音摘要結合並加上字幕，打造完整且流暢的影片內容。

- ☑ 認識 Sora
- ☑ 開始使用 Sora
- ☑ 用 Sora 為語音摘要生成相對影片
- ☑ 用 FlexClip 結合畫面與聲音

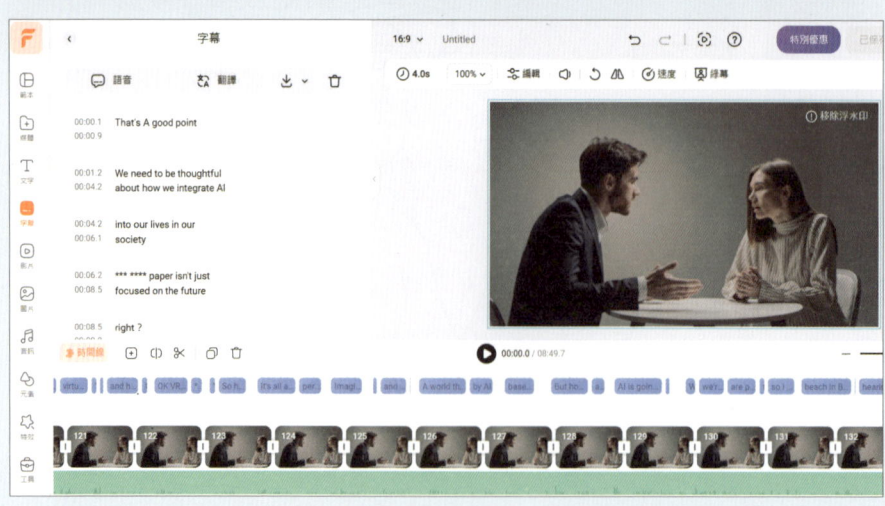

Tip 1 認識 Sora

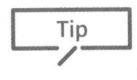

Do it！

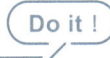

Sora 不僅有強大的文字生成影片功能，還能加入各種特效讓影片更專業、更具吸引力，為影像世界揭開視覺饗宴的序曲。

✦ Sora 是什麼？

Sora 是一款由 OpenAI 開發的 AI 影片生成工具，使用簡單提示詞即可生成高品質的影片，上傳圖像或照片也能快速製作成動圖或簡短影片；使用內建的影片效果：定格動畫、黑白電影...等，變更呈現效果，簡單好上手，無論是新手、藝術家還是專業的影片製作者都能使用 Sora 創造前所未有的創意效果。

✦ Sora 影片生成優勢

- **中、英文提示詞生成**：可使用中文與英文提示詞，以簡短或詳細描述生成影片。
- **上傳圖像或影片生成**：可上傳圖像生成影片，或上傳影片輸入欲更改的提示詞，重新生成新的影片。
- **故事板規劃劇情**：Storyboard 也稱故事板，用提示詞安排影片時間軸的呈現，能快速完成劇情與分鏡的雛型。
- **無縫銜接迴圈**：Loop 也稱環形，影片頭尾相連，製作無縫銜接、循環播放的影片。
- **混合影片**：Blend 也稱混合，將兩部影片流暢融合的功能，製造令人眼前一亮的視覺效果。

✦ Sora 影片生成限制

- **付費版本**：Sora 目前僅開放 ChatGPT 付費帳戶使用，分為 ChatGPT Plus 與 ChatGPT Pro 版本。
- **數量限制**：Plus 版本每個月最多生成 50 部影片；Pro 版本最多生成 500 部影片。
- **影片長度**：Plus 版本生成影片最長 10 秒，較無法進行完整的劇情安排；Pro 版本為 20 秒。
- **生成點數**：Plus 版本每月有 1000 點生成點數；Pro 版本為 10000 點。
- **艱深詞彙**：雖然 Sora 正飛速進步，但目前若使用過於艱深的中文詞彙生成影片，可能使生成物件重複跳動、呈現非常規的運鏡方式或生成超自然生物...等，建議避免使用成語或過於詩意的表達方式...等，以更精準地達成預期的結果。(專業用語或艱深詞彙，使用英文提示詞效果較佳。)

小提示

Sora 生成點數計算

畫面比例、畫質、長度、生成影片數量皆會影響影片生成所需的點數，以下表格簡單整理不同條件以及生成需花費的點數：

畫面比例	畫質	長度	生成數量	花費點數
1：1	480p	5 秒	1 部	20 點
1：1	720p	5 秒	1 部	30 點
1：1	480p	10 秒	1 部	40 點
16：9	480p	5 秒	1 部	25 點
16：9	720p	5 秒	1 部	60 點
9：16	480p	5 秒	4 部	100 點
9：16	720p	5 秒	2 部	120 點

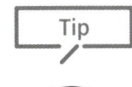

Tip 2 開始使用 Sora

Do it！

ChatGPT Plus 與 ChatGPT Pro 都能使用 Sora 生成影片，在開始使用前先了解進入方式。

✦ 登入帳號

step 01 於瀏覽器網址列輸入：「https://sora.com/」，進入 Sora，右上角選按 **Log in** 鈕。

step 02 需以 ChastGPT 付費帳號登入才能使用 Sora，在此示範選按 **使用 Google 帳戶繼續** 鈕。

step 03 輸入 ChastGPT 付費帳號後選按 **下一步** 鈕，輸入密碼後選按 **下一步** 鈕，即完成 Sora登入。

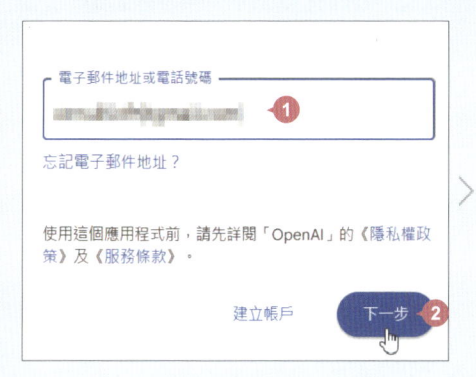

9-5

✦ 畫面與功能導引

Sora 有豐富的影片生成功能，如：使用提示詞規劃影片走向、無縫銜接效果與影片混合...等功能，生成影片前，先了解各項功能及位置。

Sora 介面目前僅提供英文服務，於畫面空白處按一下滑鼠右鍵，選單中選按 **翻譯成中文 (繁體)**，可將英文介面改為中文 (後續操作應用會以英文介面示範並說明，若操作時產生無法執行的訊息，則建議回到英文介面操作。)。

- 進入 All videos
- 影片生成顯示區
- 篩選、佈局、活動
- 帳號、設定相關管理
- 探索範本與管理
- 影片生成管理
- 提示詞輸入欄

9-6

- **篩選、佈局、活動**：選按 ▼ 依照 Prompts、Storyboards...等不同製作方式篩選生成的影片；選按 ☰ 可選擇生成影片的排列與展示方式；選按 🔔 展開生成紀錄，選按欲觀看的影片開啟檢視。

- **帳號管理**：帳號設定、幫助、訂閱計畫和帳號登出...等功能。選按 **My plan** 可於 **Credits** 查看當月剩餘生成點數。

- **探索範本與管理**：選按 ◎ **Recent** 與 ✦ **Featured** 會顯示其他用戶生成的影片範本，滑鼠指標移至欲儲存的影片上，選按 ◎ 以提示詞調整影片呈現效果；選按 🔍 尋找類似影片；選按 ♡ 將影片儲存於 **Likes**。選按影片查看生成影片的提示詞、**Storyboard** 與更多編輯功能。

- **生成影片管理**：生成的影片會儲存於 🎞 **All videos** 中，將滑鼠指標移至影片右上角，選按 ⋯ \ ☆ **Favorite** 即可將影片儲存於 **Library** \ ☆ **Favorites**；所有上傳的圖像及影片皆會儲存於 📁 **Uploads**。

- **提示詞輸入欄**：輸入提示詞，並設定影片風格、尺寸、畫質、長度、生成數量後，滑鼠指標移至 ❓ 上會計算該次生成影片將花費的點數；選按 ➕ 可上傳附加圖片或影片檔案生成影片；選按 **Storyboard** 進入設計區，使用提示詞安排劇情走向。

Tip 3 用 Sora 為語音摘要生成相對影片 　Do it！

為 NotebookLM 的語音摘要打造符合對話場景的影片情境，並使用 Loop 功能快速設計循環效果，生成自然流暢的影片效果。

✦ 輸入提示詞生成影片

step 01 於提示詞輸入欄輸入：「靜止鏡頭拍攝一男一女面對面進行訪談節目，兩人邊說話邊比手畫腳。」，並設定畫面比例：16:9、畫質：720p、長度：5秒、生成影片數量：2，送出生成影片。

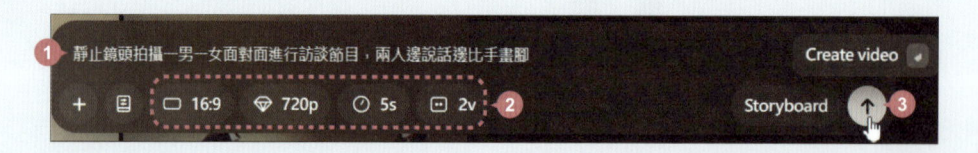

step 02 於 **All videos** 顯示生成進度，生成完成後，滑鼠指標移至影片上方可預覽影片效果。

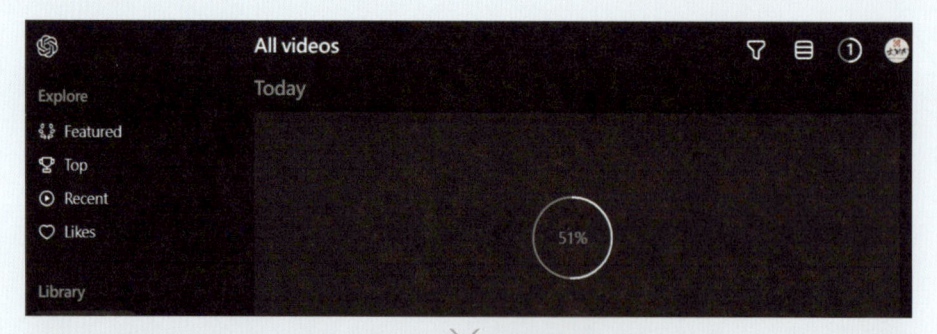

9-8

✦ Loop 生成無限循環影片

使用 Sora 的 Loop 能讓影片第一幀與最後一幀畫面無縫連接，輕鬆製作可無限循環的對談影片。

step 01 選按合適的影片，於影片檢視畫面選按 **Loop**。

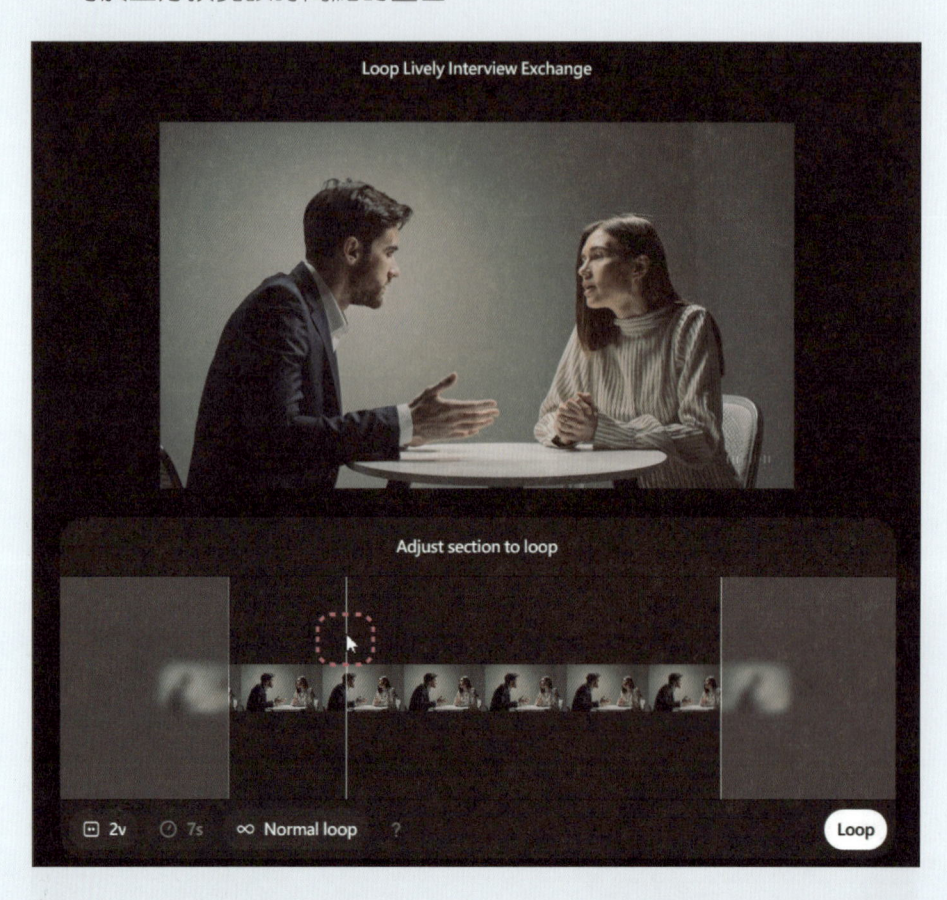

step 02 將滑鼠指標移至時間軸上方會出現時間軸指標線，選按任一位置，即可於上方預覽該時間點的畫面。

step 03 選按 **Normal loop \ Short**。

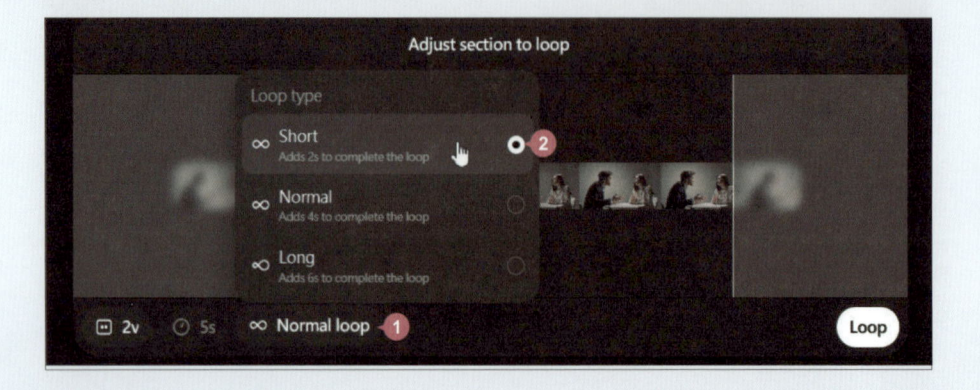

9-10

step 04 將滑鼠指標移至時間軸指標線上呈 ↔，往左或往右拖曳可設定起始與結束時間點，參考下圖將結束時間點調整至合適位置，選按 **Loop** 鈕。

step 05 選按左上角 ✕ 回到 **All videos** 畫面，生成的影片會顯示此處，滑鼠指標移至影片上方可預覽影片效果。

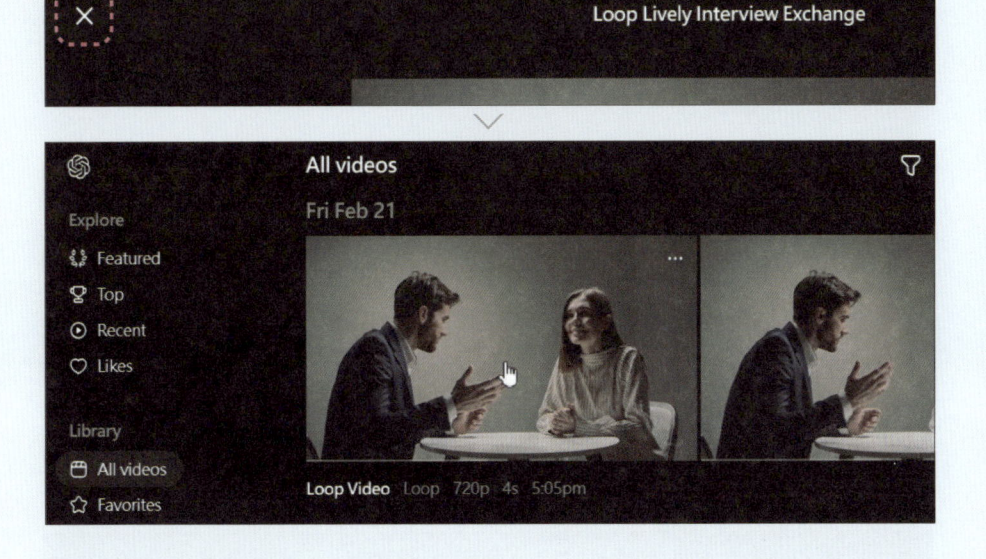

── 小提示 ──

調整 Loop 影片長度

Loop 功能會自動生成幾秒的片段，融入原本的影片中，使頭尾畫面流暢連接。若為 Plus 版本，使用畫質為 720p 的影片設計循環效果，無法生成超過 5 秒的影片，選按 **Loop type** 可調整生成的長度。

✦ 下載生成影片

step 01　選按欲儲存的影片。

step 02　於檢視影片畫面右上角選按 ⊙ \ **Video** \ **Download** 鈕，將影片以 .mp4 的檔案格式儲存至本機。

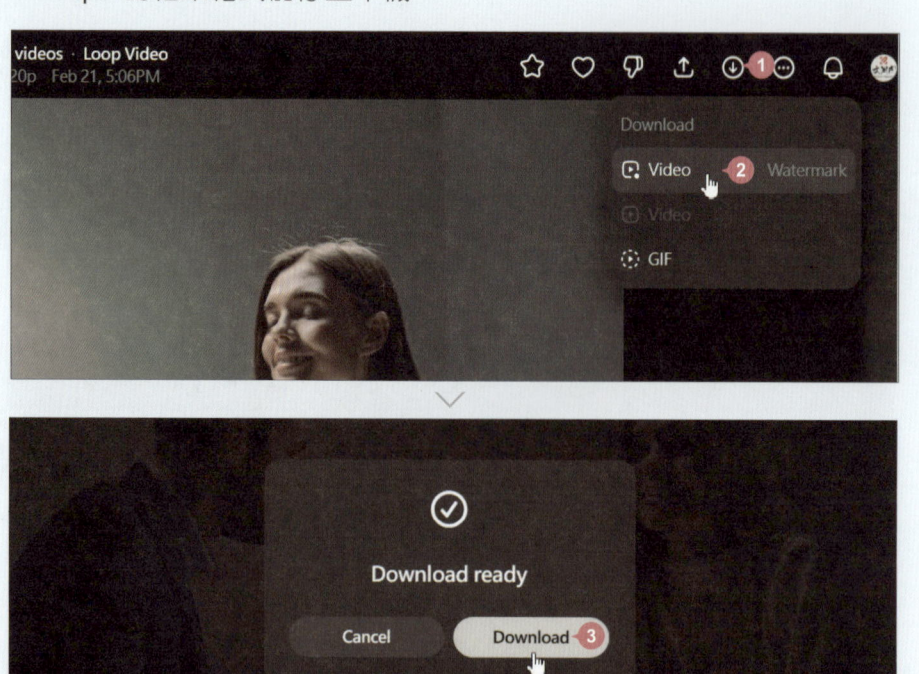

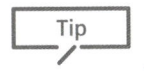

Tip 4　用 FlexClip 結合畫面與聲音　(Do it！)

FlexClip 是一款免費線上影片編輯工具，不僅使用介面簡單直覺，還有豐富的 AI 工具，讓影片編輯工作更高效，效果更專業。

✦ 全方位的線上影片編輯器

FlexClip「https://www.flexclip.com/tw/」是一個功能強大且操作容易的線上影片創作平台，提供了廣泛的影片編輯工具和資源，且不需下載或安裝，只要使用瀏覽器開啟網頁，即可使用需要的編輯功能。無論是新手還是專業人士，都能滿足所有影片編輯的需求。

FlexClip 結合了最新的的 AI 功能，不僅有 AI 生成腳本、AI 翻譯...等，還有 AI 自動生成字幕的強大輔助功能，讓創作影片、剪輯變得非常輕鬆！

FlexClip 除了免費方案，也有需要付費訂閱的高級方案以及商業方案，包含更多的服務項目，更詳盡的說明請參考 FlexClip 官網：「https://www.flexclip.com/tw/pricing.html」。

✦ 註冊並登入 FlexClip

開始使用 FlexClip 前要先註冊帳號，可以使用 Google、Facebook 帳號或是電子信箱直接註冊，以下將示範以 Google 帳號註冊並登入 FlexClip：

step 01 開啟瀏覽器，在網址列輸入：「https://www.flexclip.com/tw/」進入 FlexClip 首頁，畫面右上角選按 **註冊** 鈕，再選按 **以 Google 帳號繼續**。

step 02 於 **登入** 輸入帳號，選按 **下一步** 鈕，再輸入密碼，選按 **下一步** 鈕。

✦ 認識 FlexClip 首頁畫面

註冊完成會直接進入 FlexClip 首頁，在開始操作前先熟悉一下主要介面：

- 建立影片
- 管理專案、範本、團隊
- 已儲存的專案
- AI 工具
- 個人帳號管理
- 快速模板區

✦ 剪輯音訊檔案

FlexClip 免費方案的最長影片製作長度為 10 分鐘，在此使用免費方案示範操作。請先取得 Part 07 NotebookLM 生成的語音摘要 wav 音檔 (也可下載此章 **資料來源 2** ((完整版) AI 影響力：視覺創意與影音行銷新世代.wav) 練習)。

根據其時長將音檔切割成 10 分鐘以內的片段，並分別製作對應的影片。(若為付費方案則可跳過此步驟至 P9-18 操作)

step 01 開啟瀏覽器，在網址列輸入：「https://www.flexclip.com/tw/tools/audio-cutter/」進入 FlexClip 線上裁切音訊畫面。

step 02 選按 **上傳音檔** 鈕,指定存放路徑並選按語音摘要音檔,選按 **開啟** 鈕。

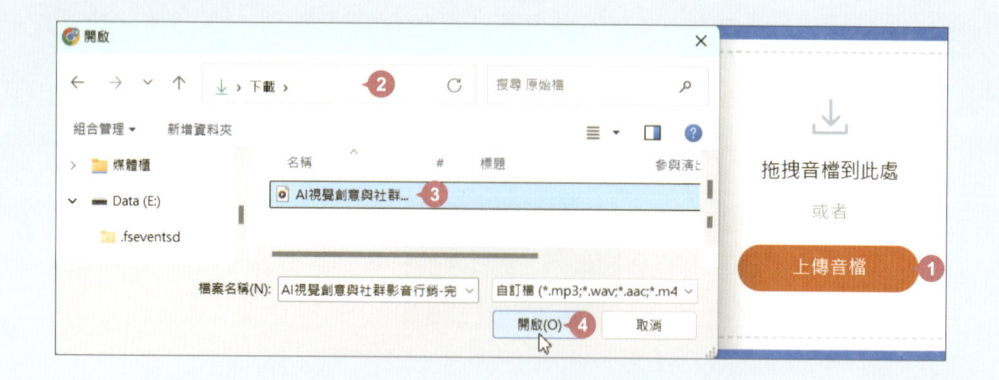

step 03 於音軌選按任一接近欲裁切的時間點,選按 ▶ 由該時間點播放聲音。

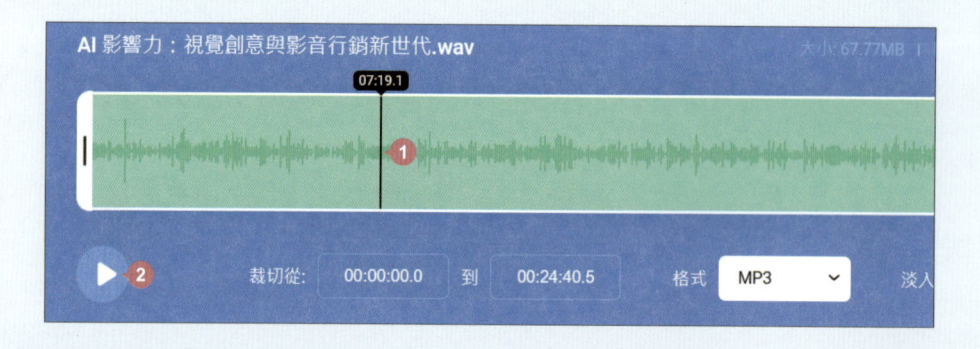

step 04 依音檔內容選擇斷句處為結束時間點,方便後續編輯,此範例於下方結束時間輸入:「00:09:47.6」、選按檔按格式:**WAV**,選按 **開始** 鈕。

step 05 選按 ▶ 可預覽聲音，選按 **下載** 鈕，儲存至本機。

step 06 選按 **返回** 回到影音訊剪輯畫面，依相同方法，將其餘音檔分為兩段，裁切時間分別是：00:09:47.6-00:17:47.0 與 00:17:47.0-00:24:40.5。

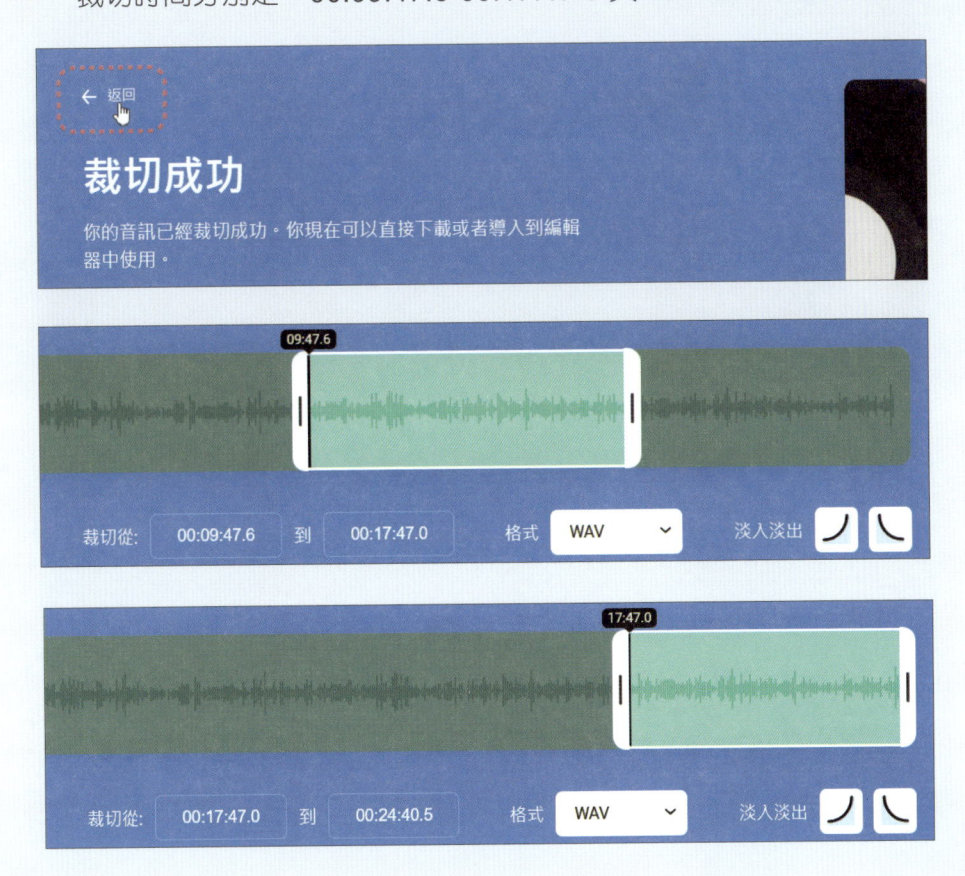

✦ 建立影片

於 FlexClip 首頁選按 建立影片 \ 16：9。

✦ 上傳並插入影片

step 01　於 輸入媒體 選按 瀏覽，指定存放路徑並選按於 Sora 生成的影片，選按 開啟 鈕。

9-18

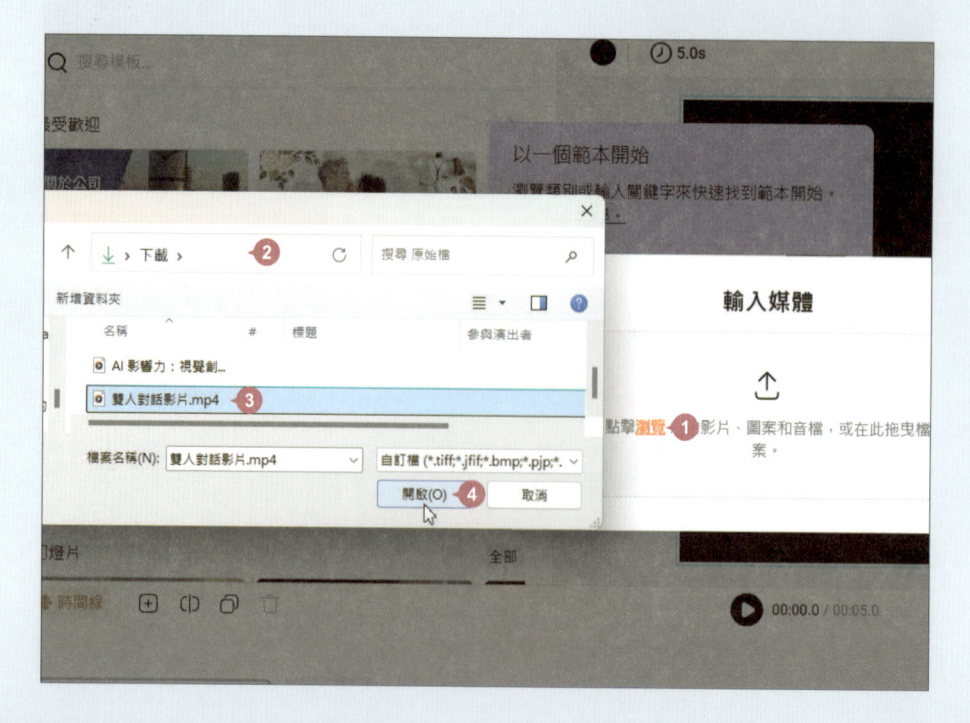

step 02 於 **媒體 \ 這個專案** 標籤，拖曳影片於時間軸第一頁縮圖上放開，完成影片插入。

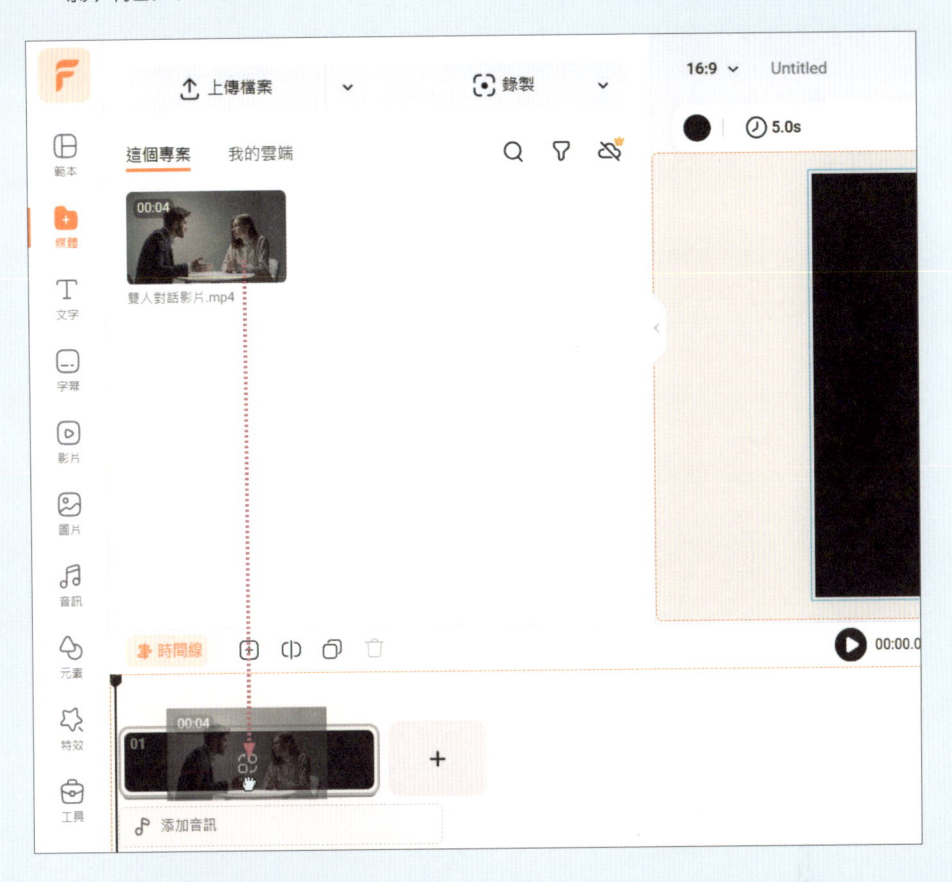

step 03 選取時間軸縮圖第一頁狀態下，按 Ctrl + D 鍵複製第一頁，重複動作到複製第 147 頁。

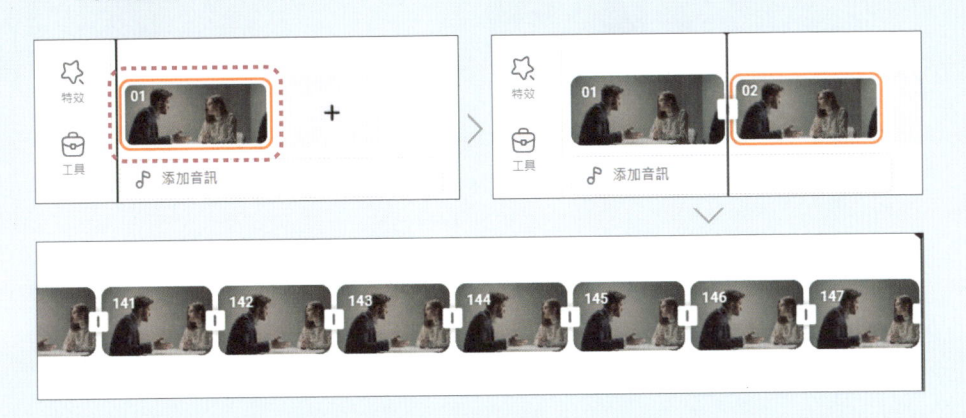

✦ 上傳並加入音訊

上傳對談音訊檔案並加入至影片中，並去除多餘的影片。

step 01　於 **媒體** 選按 **上傳檔案**，指定存放路徑並選按對談音訊檔案，選按 **開啟** 鈕。

step 02　滑鼠指標移至音訊檔案上，選按 ➕ 將音軌添加到時間線中。

step 03　拖曳卷軸至時間軸最後方，滑鼠指標移至影片上呈 ↔ 狀，按住滑鼠左鍵不放，向左拖曳至如圖位置，將多出音軌的影片部分刪除。

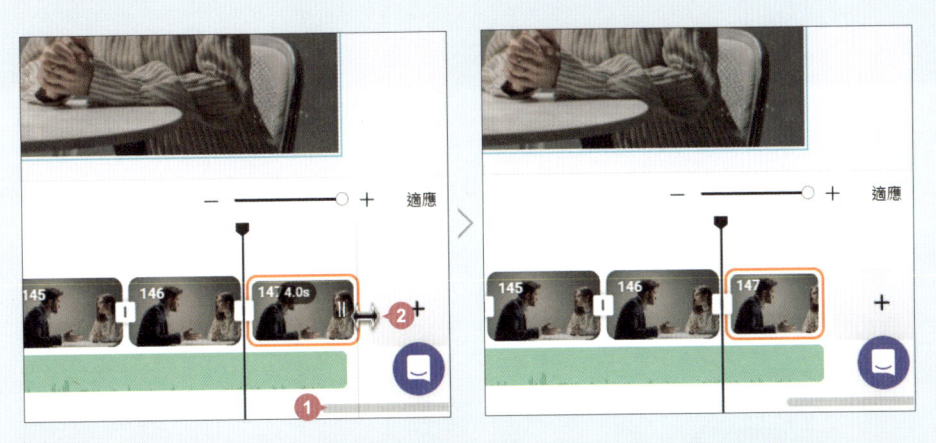

✦ AI 生成影片字幕

FlexClip 的 **AI 字幕** 功能，可以自動辨識影片中的語音，生成字幕，並可於生成完成後編輯，並調整其在影片畫面中的位置。

step 01　於側邊面板選按 **字幕 \ AI 字幕**。

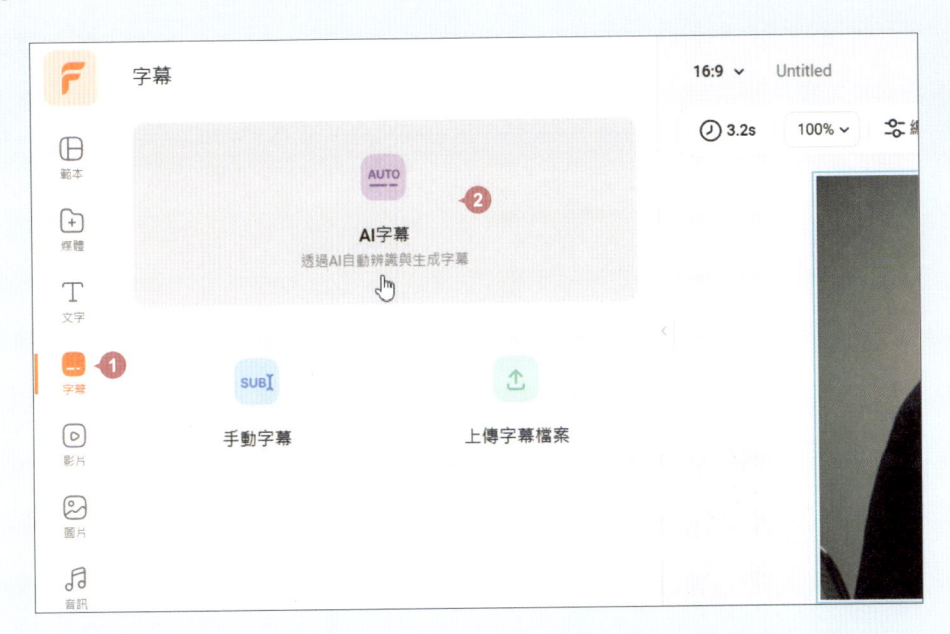

step 02 選擇對話音訊語言,此章範例選按 **英語(美國)**,**選擇內容** 選按 **音訊**,**字幕風格** 選按 **邊框**,完成設定後選按 **生成** 鈕。(免費版有 3 次免費字幕生成次數)

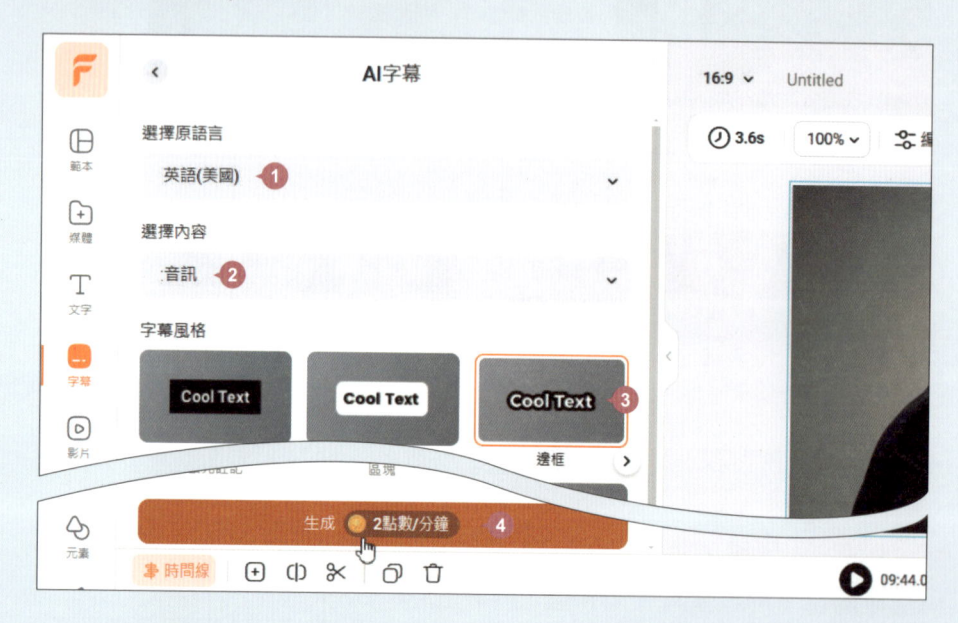

✦ 編輯生成的字幕

step 01 待 AI 分析完成後,即會自動生成字幕,選按文字可進行內容編輯;將滑鼠指標移至字幕上呈 ✥ 狀,按住滑鼠左鍵拖曳可調整位置。

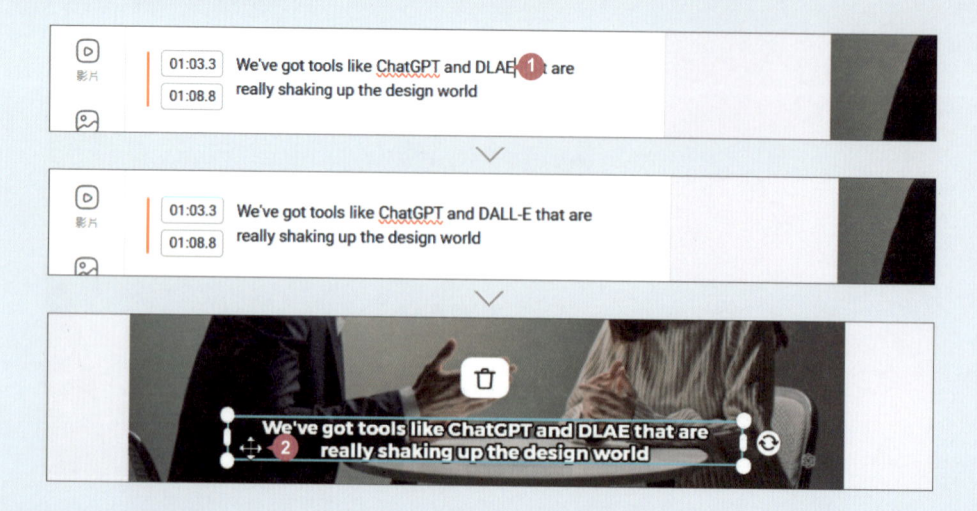

9-22

step 02 若要新增字幕，於前一組字幕右側選按 ➕ 即可於下方插入新的字幕，再輸入合適的文字即可。

step 03 於要刪除的字幕右側選按 🗑 可刪除不要的字幕。

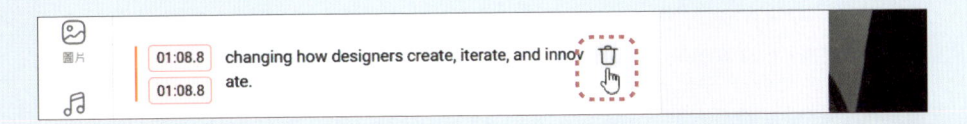

✦ 翻譯成中文字幕

若要翻譯字幕，選按 **翻譯** 鈕，設定 **目標語言**、**翻譯模式**、**選擇內容**，選按 **翻譯** 鈕，翻譯完成後生成字幕會覆蓋原本的字幕 (免費版有 3 次免費翻譯次數)。

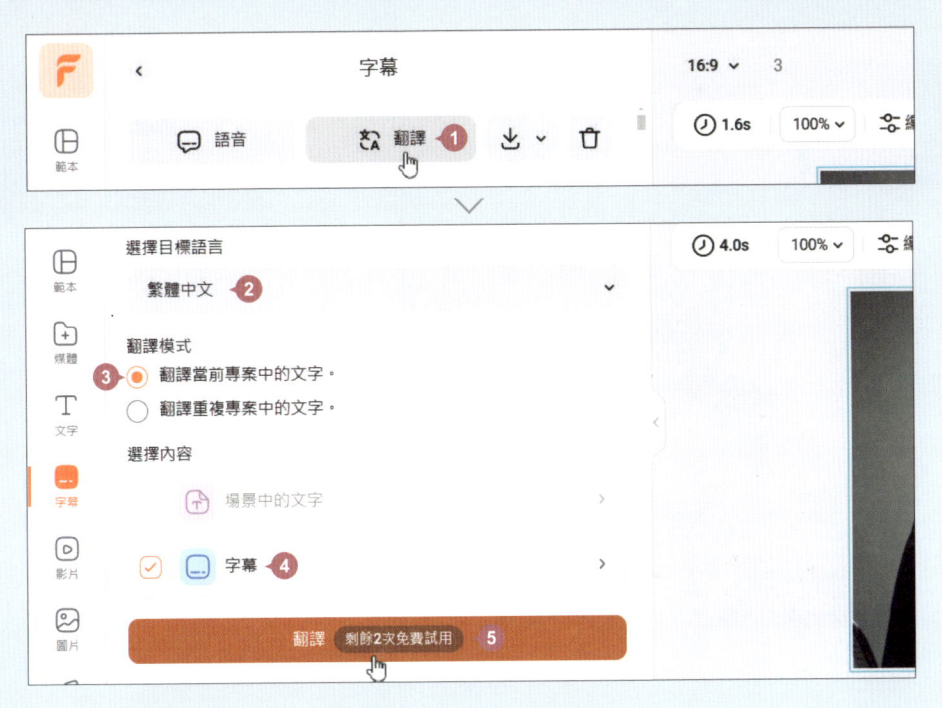

✦ 下載影片

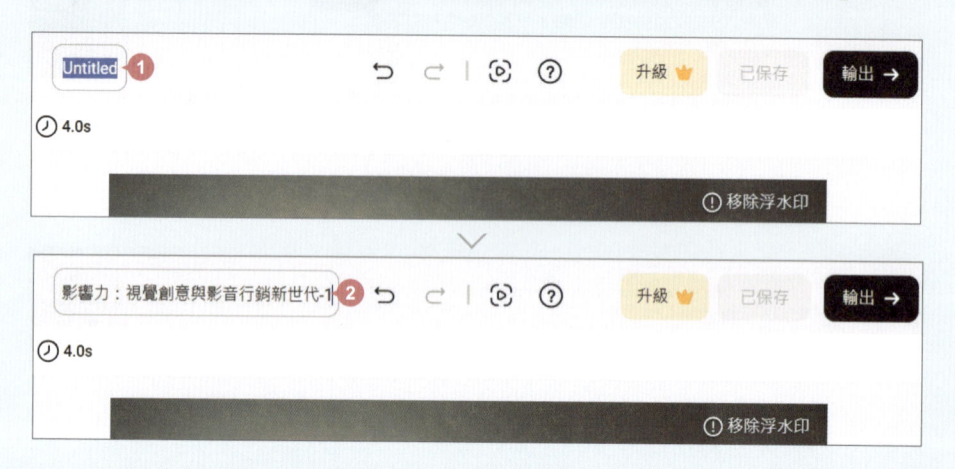

step 01　於影片預覽畫面上方選取預設的名稱 **Untitled**，輸入合適的影片名稱，此範例輸入「AI 影響力：視覺創意與影音行銷新世代-1」。

step 02　畫面右上角選按 **輸出** 鈕，設定 **解析度**：480p、**幀率**：30fps、**品質**：**普通品質**，設定完成選按 **帶浮水印輸出** 鈕。(為配合後續使用的影片融合工具，在此以該設定輸出影片)

9-24

step 03 處理完成後,會自動以 .mp4 檔案格式儲存至本機。若要分享影片,選按 **複製** 鈕複製連結,貼上至要分享的位置。

step 04 若欲發布至社群平台,選按平台,此範例選按 🎵 \ **綁定抖音** 鈕,依步驟完成帳號綁定後,再完成影片發布即可。

step 05 到此即完成第一部影片的製作,再依相同步驟,完成另外兩部影片的製作。

Tip 5　123APPS 合併影片

Do it !

將製作好的三部影片至免費的線上合併影片工具：123APPS 合併成完整的影片並下載。

step 01 開啟瀏覽器，在網址列輸入：「https://online-video-cutter.com/merge-videos」進入 123APPS 的影片合併畫面。

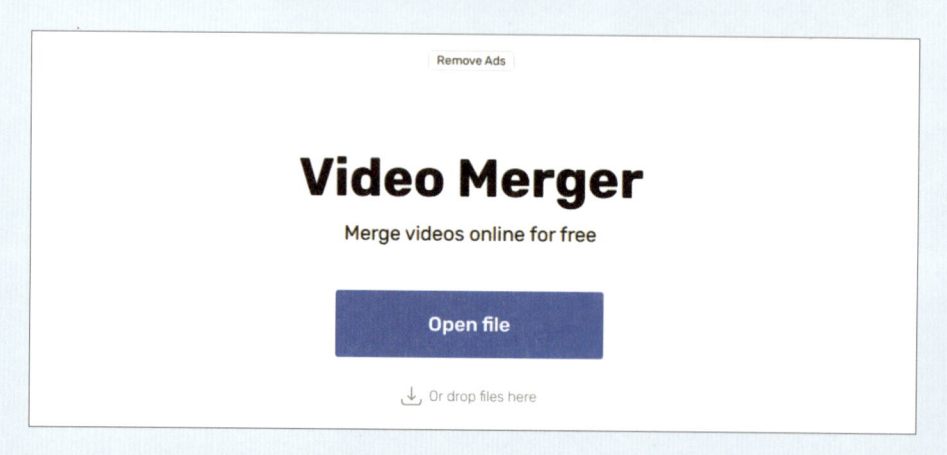

step 02 選按 **Open file** 鈕開啟對話方塊，指定存放路徑並選取三個影音檔案，選按 **開啟** 鈕。

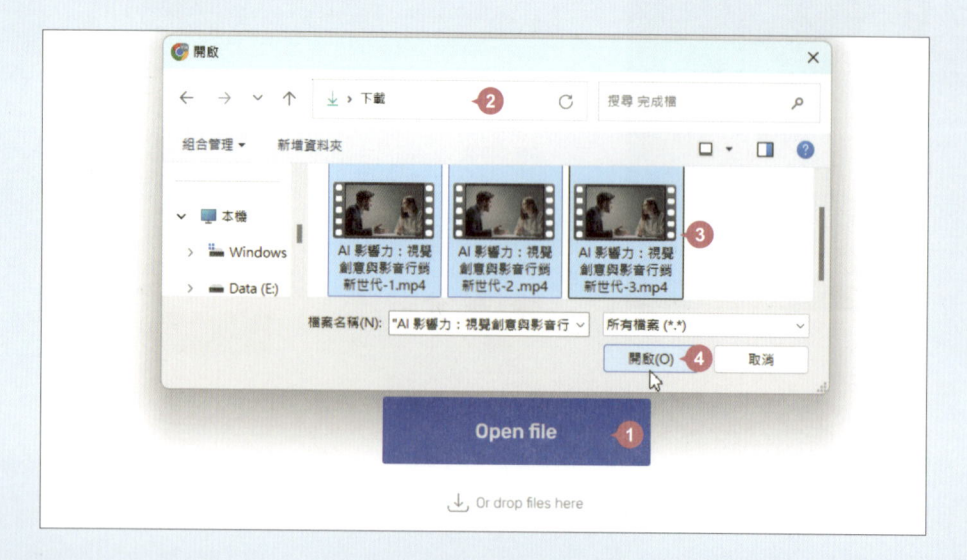

9-26

step 03 置入編輯工具中的影片不會依檔名編號順序排列，若要調整影片片段順序，只要按住欲調整的影片不放，再拖曳至合適位置擺放。

step 04 於側邊面板選按 **Save**，選擇檔案格式與畫質，此範例選按格式：MP4、畫質：720p，選按 **Export** 鈕。

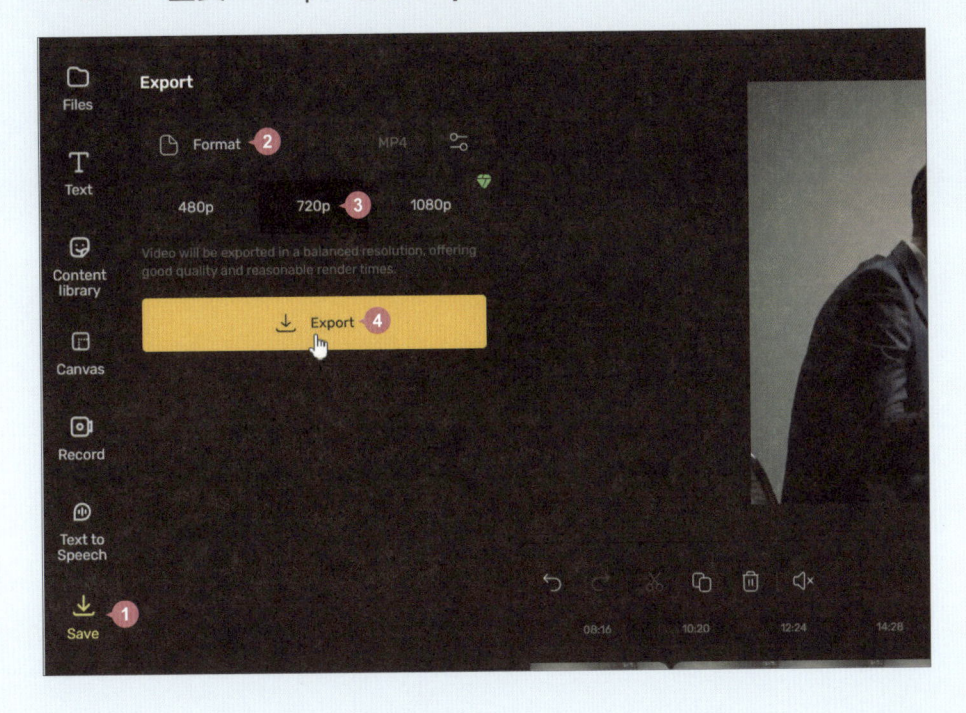

step 05 待處理完成後選按 **Save** 鈕,即儲存到本機。

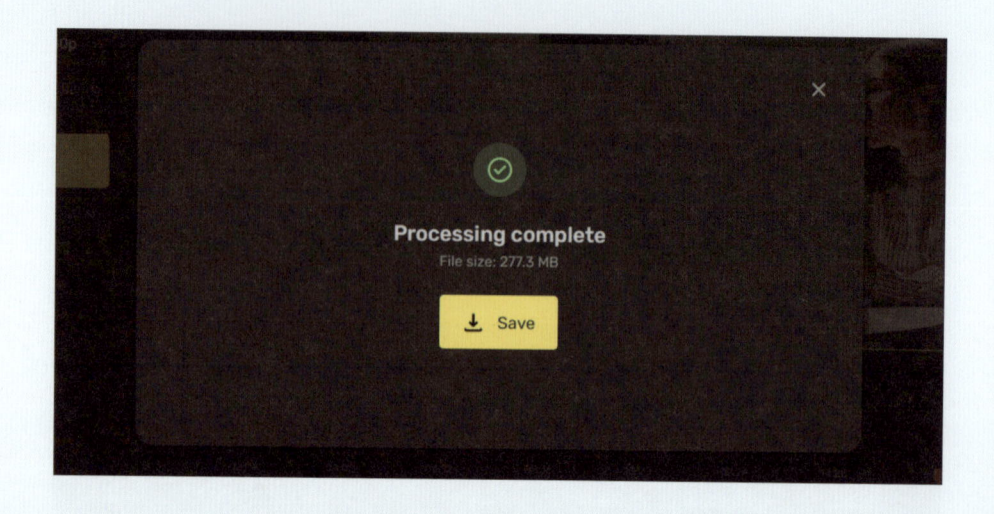

小提示

合併影片檔案大小上限

123APPS 分為免費版與付費版,免費版可上傳的檔案大小上限為 500 MB,影片長度上限為 30 分鐘。若欲添加更多檔案或製作更長的影片,可調整影片的檔案大小或參考官方網站的方案說明。

PART 10
強化團隊知識整合力
筆記本共用協作

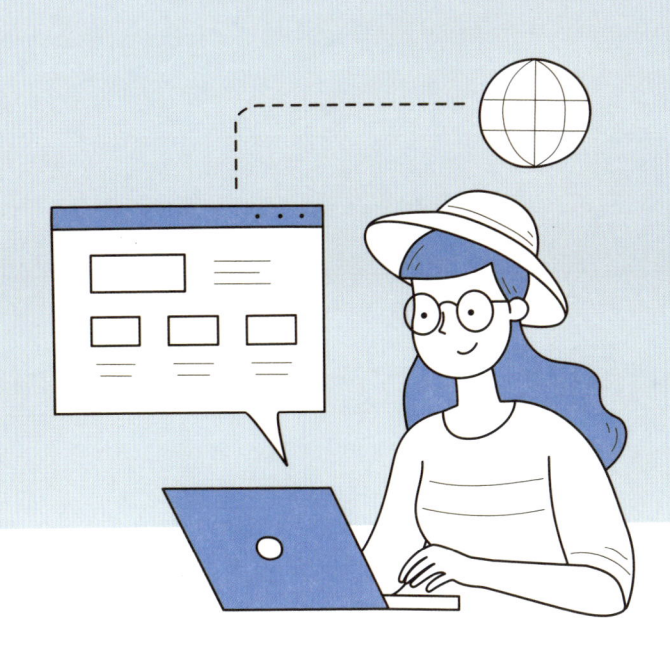

單元重點

NotebookLM 能讓使用者邀請夥伴共享筆記本內容，支援即時協作，提升團隊資訊交流與知識管理效率。

- ☑ 邀請夥伴加入筆記本
- ☑ 協作夥伴開始與你共用筆記本
- ☑ 變更共用存取權或移除協作者

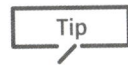

Tip 1　邀請夥伴加入筆記本　　Do it！

NotebookLM 每個筆記本均可以分別邀請夥伴共同協作，透過交流與補充資訊，豐富筆記內容。

✦ 邀請的限制

NotebookLM 是以 Google 帳號登入使用，Google 帳號又分為個人帳戶和 Google Workspace 帳戶，在邀請夥伴加入筆記本時兩者存在以下差異：

- **Google 個人帳戶**：任何人皆可免費申請，適用於個人用途；個人帳號可邀請個人帳號使用者共用 NotebookLM 筆記本 (無法與 Google Workspace 共用)，最多可與 50 位使用者共用筆記本。
- **Google Workspace 帳戶**：適用企業、學校或組織管理；限制只能與組織內部帳戶共用 NotebookLM 筆記本，共用對象數量不限。

✦ 分享筆記本與指定共用者

確認目前登入 NotebookLM 的 Google 帳號類型後，即可開始分享筆記本並邀請夥伴共同協作。

step 01　開啟一本欲分享的 NotebookLM 筆記本，畫面右上角選按 **分享** 鈕。

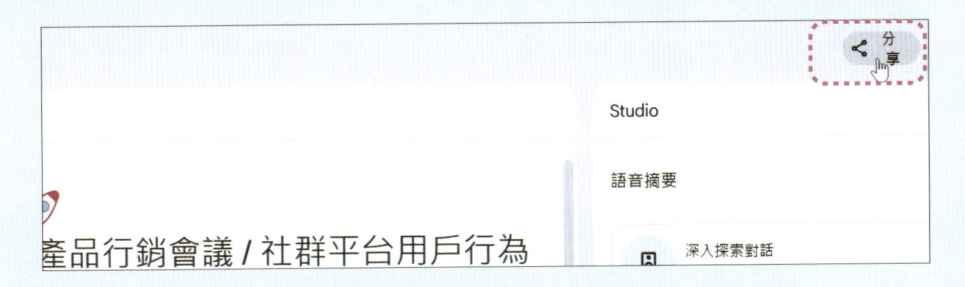

step 02 於 **新增使用者** 欄位輸入夥伴登入 NotebookLM 的 Google 帳號電子郵件，需留意不同 Google 帳號類型的限制 (參考前頁說明)，若為可邀請的對象則會於下方清單出現該帳號選項，選按即可加入。

✦ 設定共用存取權

接續前面的操作，為新增的使用者設定共用存取權：

- **檢視者**：可以瀏覽來源資訊、記事內容，或於 **對話** 區塊使用目前的來源項目進行提問，無法在共用筆記本中新增、編輯來源和記事。
- **編輯者**：可以對話、查看、新增、編輯或移除共用筆記本中的來源文件和記事，還能邀請其他夥伴共用。

新增的使用者會列項在 **具備存取權的使用者** 清單中，選按該名使用者右側存取權清單鈕，可為其指定為 **檢視者** 或 **編輯者** 權限。

10-4

✦ 取得分享連結

接續前面的操作，新增共用夥伴的帳號與設定存取權權限後，可選按 **複製連結** 鈕，待後續開始分享，可將複製的連結以訊息與該夥伴分享。

✦ 完成分享共用設定

接續前面的操作，依相同的方法可再新增其他使用者，最後選按 **傳送** 鈕，開始分享與共用這本筆記本。(若複製連結給夥伙，但沒選按 **傳送** 鈕，則不算完成分享筆記本存取權的設定。)

Tip 2 與協作夥伴共用筆記本 　Do it！

與協作夥伴共用筆記本時，可設定不同的存取權限，讓對方查看筆記內容、對話或補充資訊，並交流想法。

✦ 協作夥伴開啟共用筆記本

協作夥伴可直接選按你傳送的分享連結或於瀏覽器輸入連結，即可進入共用的 NotebookLM 筆記本。

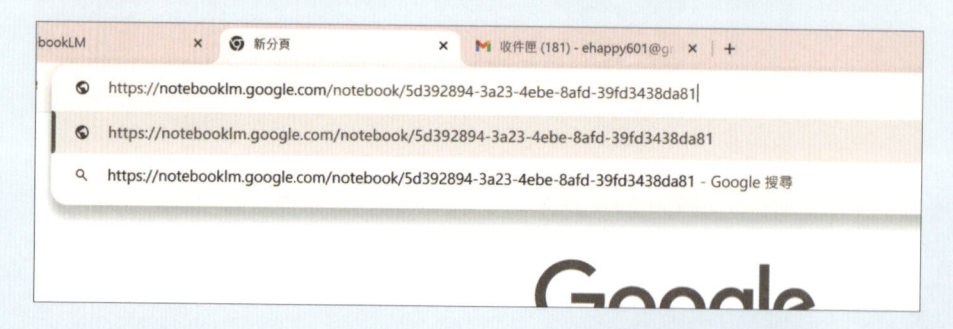

✦ 檢視者角色

擁有 **檢視者** 存取權的協作夥伴：進入筆記本後可看到 **對話** 區塊可依指定的來源項目提問或運用下方建議問題提問；其他功能按鈕呈灰色無法使用的狀態。

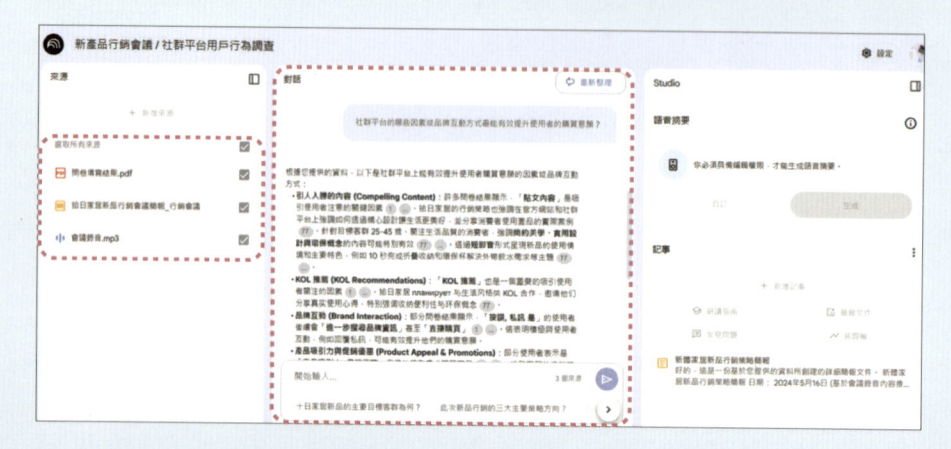

10-6

✦ 編輯者角色

擁有 **編輯者** 存取權的協作夥伴：進入筆記本後可使用筆記本內所有功能，新增的來源與記事均會保留在筆記本中，與其他夥伴協作分享與交流。

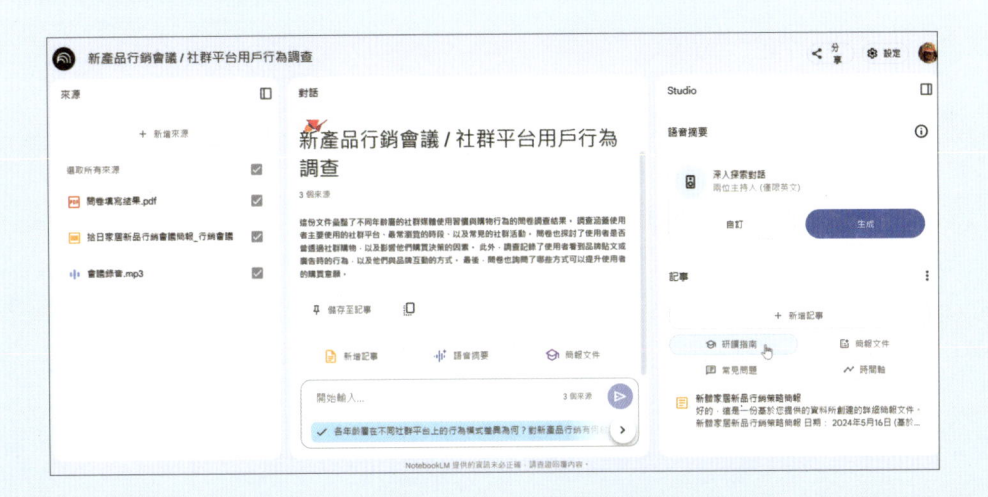

✦ 識別共用筆記本與自己的筆記本

回到 NotebookLM 首頁，筆記本清單中，若筆記本項目右下角有 🧑 圖示，表示該筆記本為共用筆記本，無圖示與 🧑 圖示的筆記本是自己建立的筆記本。

若 "非擁有者" 的角色，於共用筆記本選按 ⋮ \ **移除筆記本**，只會於自己的筆記清單中移除此本共用筆記本，無法刪除實際的筆記本。

Tip 3 變更共用存取權或移除協作者　Do it！

NotebookLM 可變更共用存取權或移除協作者，確保筆記本的存取控制符合需求與安全性。

✦ 變更共用存取權

存取權為 **擁有者** 或 **編輯者** 的使用者，可選按 **分享**，再於要變更存取權的使用者帳號右側選按存取權清單鈕，重新指定權限即可；兩者存在以下差異：

- **擁有者**：即為建立筆記本的帳號，可變更任一位協作者的存取權。
- **編輯者**：即為共用協作者，無法變更 **擁有者** 與自己的存取權。

重新指定存取權權限設後，選按 **傳送** 鈕即完成變更。

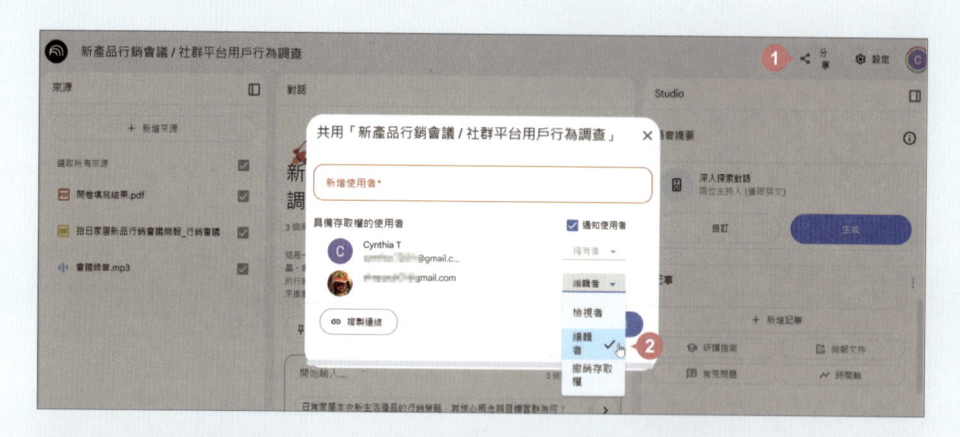

10-8

✦ 移除協作者

存取權為 **擁有者** 或 **編輯者** 的使用者，可選按 **分享**，再於要移除的使用者帳號右側選按存取權清單鈕，指定為 **撤銷存取權**；兩者存在以下差異：

- **擁有者**：即為建立筆記本的帳號，可移除任一位協作者。
- **編輯者**：即為共用協作者，無法移除 **擁有者** 與自己。

移除不合適的協作者後，選按 **傳送** 鈕即完成變更。

AI 超神筆記術：NotebookLM 高效資料整理與分析 250 技

作　　者：文淵閣工作室 編著　鄧君如 總監製
企劃編輯：王建賀
文字編輯：王雅雯
設計裝幀：張寶莉
發 行 人：廖文良

發 行 所：碁峯資訊股份有限公司
地　　址：台北市南港區三重路 66 號 7 樓之 6
電　　話：(02)2788-2408
傳　　真：(02)8192-4433
網　　站：www.gotop.com.tw
書　　號：ACV048000
版　　次：2025 年 04 月初版
2025 年 09 月初版四刷
建議售價：NT$480

國家圖書館出版品預行編目資料

AI 超神筆記術：NotebookLM 高效資料整理與分析 250 技 / 文淵閣工作室編著. -- 初版. -- 臺北市：碁峯資訊, 2025.04
　面；　公分
ISBN 978-626-425-052-8(平裝)
1.CST：資料處理　2.CST：筆記　3.CST：人工智慧
4.CST：電腦軟體
312.83　　　　　　　　　　　　　　　114003684

商標聲明：本書所引用之國內外公司各商標、商品名稱、網站畫面，其權利分屬合法註冊公司所有，絕無侵權之意，特此聲明。

版權聲明：本著作物內容僅授權合法持有本書之讀者學習所用，非經本書作者或碁峯資訊股份有限公司正式授權，不得以任何形式複製、抄襲、轉載或透過網路散佈其內容。
版權所有 ‧ 翻印必究

本書是根據寫作當時的資料撰寫而成，日後若因資料更新導致與書籍內容有所差異，敬請見諒。若是軟、硬體問題，請您直接與軟、硬體廠商聯絡。